U0323064

矿山顶板灾害预警
研究论文集

何富连　马念杰　张守宝　主编

北　京
冶 金 工 业 出 版 社
2016

内 容 提 要

本书内容是受国家自然科学基金重点项目"矿山顶板灾害预警（编号51234005）"资助召开的矿山顶板灾害全国性学术会议的论文集。论文集内容涉及以下五个方面：(1) 矿山顶板灾害活动特征及其力学机制；(2) 矿山顶板大面积破断失稳致灾机理及预警响应；(3) 矿山顶板岩体局部破碎失稳的灾变与预警理论；(4) 矿山顶板灾害风险程度分区量化评估；(5) 矿山顶板灾害的预警系统。

本书可供煤矿开采及相关行业生产、科研、设计人员阅读，也可供高等院校师生参考。

图书在版编目(CIP)数据

矿山顶板灾害预警研究论文集/何富连,马念杰，张守宝主编．—北京：冶金工业出版社，2016. 7

ISBN 978-7-5024-7302-0

Ⅰ. ①矿…　Ⅱ. ①何…　②马…　③张…　Ⅲ. ①矿山—顶板—灾害—预警系统—文集　Ⅳ. ①TD322-53

中国版本图书馆 CIP 数据核字(2016) 第 154674 号

出 版 人　谭学余
地　　址　北京市东城区嵩祝院北巷 39 号　邮编　100009　电话　(010)64027926
网　　址　www. cnmip. com. cn　电子信箱　yjcbs@ cnmip. com. cn
责任编辑　杨秋奎　美术编辑　杨　帆　版式设计　孙跃红
责任校对　石　静　责任印制　牛晓波
ISBN 978-7-5024-7302-0
冶金工业出版社出版发行；各地新华书店经销；三河市双峰印刷装订有限公司印刷
2016 年 7 月第 1 版，2016 年 7 月第 1 次印刷
787mm × 1092mm　1/16；12 印张；279 千字；183 页
45. 00 元

冶金工业出版社　投稿电话　(010)64027932　投稿信箱　tougao@cnmip. com. cn
冶金工业出版社营销中心　电话　(010)64044283　传真　(010)64027893
冶金书店　地址　北京市东四西大街 46 号(100010)　电话　(010)65289081(兼传真)
冶金工业出版社天猫旗舰店　yjgycbs. tmall. com

(本书如有印装质量问题，本社营销中心负责退换)

前　言

煤炭开采在我国已有几千年的历史。目前我国仍然是世界上第一大产煤国和消费国。煤炭开采面临着五大灾害，其中顶板灾害连续多年位居矿山灾害发生数量和致死人数的首位。煤层赋存条件的复杂多变、顶板岩性和分层厚度不尽相同，因此顶板灾害发生的条件和位置也存在极大差异，研究矿山顶板灾害发生的环境特征、致灾机理、灾变条件、预警指标和预警系统等工作成为解决矿山顶板灾害的必经之路。

近年来，许多煤矿科技工作者致力于从事矿山顶板灾害的研究，从矿山顶板发生的机理、预警方法等方面开展了矿山顶板灾害程度、矿山矿压规律的监测与分析、矿山巷道围岩控制方法与策略以及矿山顶板灾害治理的研究。本次全国性学术会议的目的是通过会议搭建一个在矿山顶板灾害的研究结论分享与讨论的平台，会议的内容主要是偏向于矿山岩石与岩体力学、矿山压力与岩层控制、矿山采场与巷道围岩控制以及顶板灾害预警等方面的理论与实践。以期通过会议讨论活跃本专业领域内的学术交流，提高矿山顶板灾害研究的水平，为推动我国矿山顶板灾害研究贡献力量。

本次会议经过筛选和评审，共收录相关科技论文34篇，内容涉及矿山岩石力学、矿山顶板运移规律、顶板灾害发生机理、巷道围岩控制技术、矿山顶板灾害预警系统等方面，基本覆盖了矿山顶板灾害的各个方面的研究，反映了国内各个单位在矿山顶板灾害研究方向的新进展。

论文集的出版得到了国家自然科学基金重点项目“矿山顶板灾害预警（编号51234005）”的资助。在会议组织过程中还受到中国矿业大学（北京）资源与安全工程学院院长王家臣教授等专家的亲切指导；会议组织秘书处张拥军、谢生荣、刘洪涛、赵志强等做了许多具体的工作，在此一并表示感谢。

编　者

2016年6月

目　录

缝合线对石灰岩变形强度的影响

鲁建涛，徐涛，杨天鸿，于庆磊，周广磊，陈崇枫

（东北大学岩石破裂与失稳研究中心，辽宁沈阳　110819）

摘　要：缝合线是沉积岩中一种显著的粒间局部压溶形成的地质构造。本文获取了含复杂几何形态的缝合线石灰岩样品，并获得 CAD 与离散元软件（PFC^{2D}）相互耦合的数字模型，对石灰岩样品开展了一系列的单轴压缩试验，通过离散元数值软件对不同倾角的数字模型模拟实验研究缝合线对石灰岩破坏过程中变形强度的影响以及岩样变形破裂过程中声发射的演变过程和裂纹贯通过程。实验结果和数值模拟结果一致。研究表明石灰岩中缝合线显著降低了石灰岩的强度；水平缝合线石灰岩模型变形强度比其他角度模型高，其破坏模式与完整模型的破坏模式相似；倾斜近 60°的缝合线石灰岩模型强度最低，其破裂面沿缝合面滑动。

关键词：缝合线；声发射；变形强度；耦合

0　引言

缝合线是沉积岩中常见的一种由压溶作用形成的锯齿状裂缝构造。在沿裂缝破裂面上，它呈现为参差不平凹凸起伏的面，即缝合面；从立体上看，这些凹下或凸起的大小不等的柱体，称为缝合柱[1,2]。煤层开采造成的岩体失稳和工程破坏对工程安全至关重要。岩体中裂隙、节理、结构面等显著影响岩石的力学性能。缝合线作为石灰岩中一种特殊的地质构造，其几何分布特征对石灰岩的力学性能具有显著的影响。为了保证地下工程安全生产及工程岩体的稳定，研究缝合线对石灰岩变形强度的影响尤为重要。

压溶作用使缝合线具有复杂的多尺度粗糙度特征。多数学者采用分形理论来描述缝合线的复杂几何形态和定性的研究其粗糙度程度[3~8]，近期研究表明缝合线具有不变的切割尺度[9,10]，可预测成岩过程中的构造应力；压溶作用造成缝合面含有方解石、氧化铁、黏土等众多不溶物残渣[11]，改变了岩石孔隙率，对岩石的渗透性能和吸附作用有显著影响[12,13]，众多研究表明，缝合线对油气的生排运储有积极作用[14~17]；同时，压溶过程物质溶解岩层下移，可用来估测岩层收缩应变和位移量[18]。目前针对缝合线对灰岩力学特性影响的研究工作开展较少。基于此，本文基于室内物理实验结果，通过 CAD 与 PFC 耦合数值模拟探究缝合线的几何分布特征对岩石变形强度影响及不同倾角情况下岩石强度各向异性现象。

1　数值模拟软件

1.1　离散元 PFC 基本原理

颗粒流 PFC^{2D}软件属于不连续介质力学的一种方法[19]，在 PFC 模型中，颗粒被认为是刚性体，颗粒间的接触方式和力学特征符合基本的牛顿运动定律。在计算模型中，通过墙体单元施加速度边界条件，模拟加载。加载模型如图 1 所示。PFC 在计

算中循环中交替运用牛顿第二定律与力-位移定律，来获取系统的宏观力学响应。

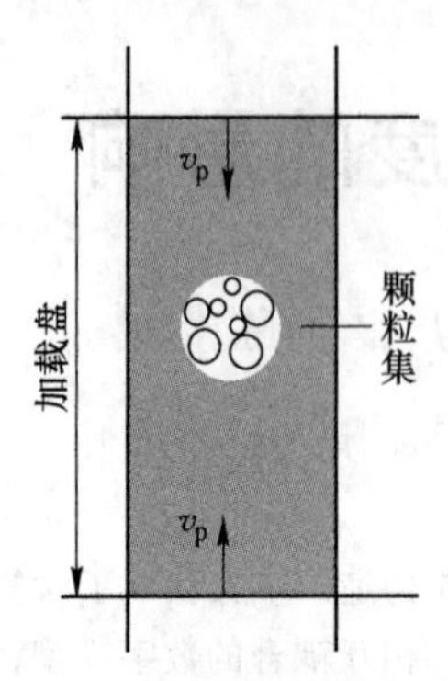

图 1　颗粒流加载模型

1.2　CAD 与离散元 PFC 耦合

鉴于 PFC 不能直接建立复杂模型的缺点，利用 CAD 构造复杂模型的优势，将 PFC 与 CAD 耦合[20]，将 PFC 建立的模型信息导入到 CAD 中，利用 CAD 中的 polyline 多段线表示边界，重新生成 PFC 命令流，在 PFC 中识别不同分组材料，赋值不同的细观属性，区分原岩材料和缝合线材料。伺服控制使模型达到基本的应力平衡状态，然后加载计算，监测裂纹演变和声发射演变信息。CAD 与 PFC 耦合流程见图 2。

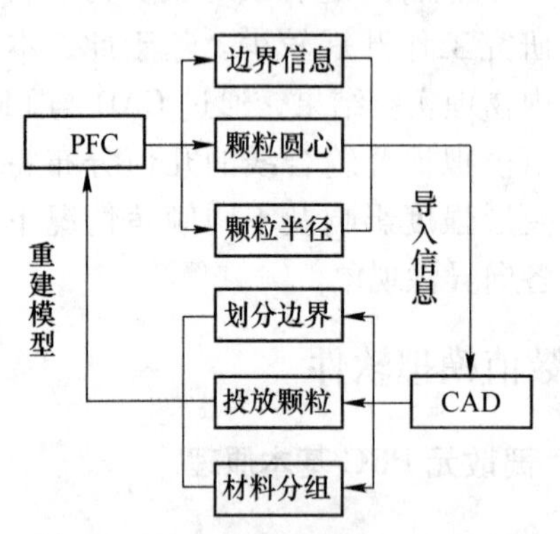

图 2　PFC 与 CAD 耦合流程

2　数值模型

2.1　模型建立

室内物理实验样品采自法国南部地下研究工作室（ANDRA）附近比尔煤矿地下 159m 的牛津段石灰岩，分别从石灰岩中钻取不含缝合线的完整岩样及含不同倾斜角度（0°，63°和 90°）缝合线的岩样，岩样直径 20mm，高度为 40mm，试验详细结果参见文献［21］。采用 PFC^{2D} 程序计算，建立模型尺寸与实验室样品尺寸一致，模型尺寸为 20mm × 40mm，默认设置颗粒厚度为一个单位长度，经过伺服膨胀法共得到颗粒数目 2897 个，模型细观参数见表 1。经过 CAD 处理后将颗粒重新导入到 PFC 中，获得分组后的数值模拟模型见图 3。

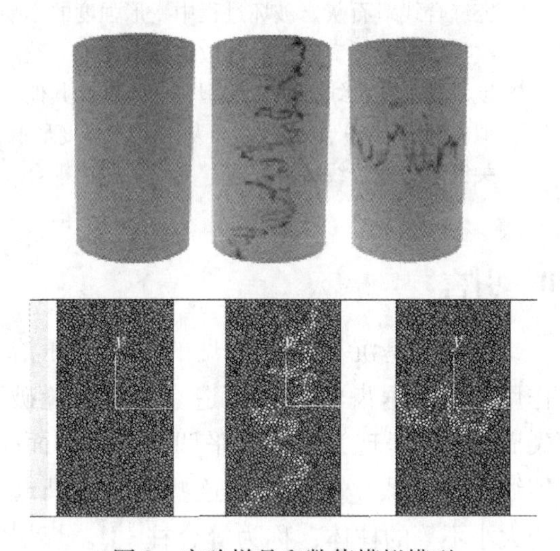

图 3　实验样品和数值模拟模型

在标定细观参数时，采用了一系列的单轴压缩试验，最终标定参数见表 1。物理试验中岩石全应力应变曲线的初始弯曲阶段（对应于初始裂纹闭合、压头与试样的接触调整等）在数值模拟中还不能很好地展示（图 4），采用文献［22］初始段平移的方法来消除其影响。图 5 是完整岩石实验和数值模拟的应力应变曲线及声发射演变过程和破坏模式。分析结果可以得到岩石的单轴抗压强度是 46.95MPa，弹性模量为 17.40GPa，实验室中得到的单轴抗压强度是 45.31MPa，弹性模量是 17.26GPa，实验和数值模拟一致性较好。加载初期，在岩石内部出现声发射事件，表明岩石内部裂纹开始萌生，加载中期，岩石内部各处都有声发射事件出现，但能量较大的事件主要出现在内部，表明裂纹的发展主要在岩石内部，最后岩石内部出现大量能级高的声发射事件，裂纹破坏并且贯通，直至整个岩石破坏。力链图和裂纹模式图也表明完整岩石以内部劈裂破坏为主。

表1 颗粒和缝合线的细观材料参数

材　料	细　观　参　数	数　值
颗粒/Ball	颗粒半径比值 R_{max}/R_{min}	1.66
	颗粒密度/kg·m^{-3}	2660
	颗粒接触模量 E_c/GPa	12.0
	k_n/k_s	1.0
	颗粒摩擦系数	0.5
	法向接触强度均值(方差)/N	30e6 (15e6)
	切向接触强度均值(方差)/N	75e6 (20e6)
	平行黏结接触刚度/GPa	12.0
	颗粒最小半径	0.02
缝合线/Stylolite	刚度 k_n	9.6e9
	k_n/k_s	1.0
	颗粒摩擦系数	0.5
	法向接触强度/N	24e6
	切向接触强度/N	60e6

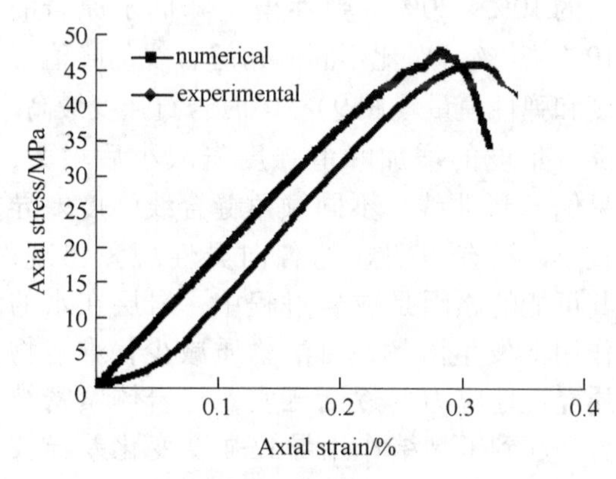

图4 原始数据与测试数据的应力应变曲线

水平缝合线的破坏模式与完整岩石破坏模式相似（图6），加载初期，声发射主要集中在缝合线区域或者靠近缝合线的区域，表明缝合线区域最先出现裂纹萌生，从最后的破裂模式看出，裂纹从缝合线区域萌生，逐渐向上下发展，直至失稳破坏，岩石底部声发射事件多且能级较高，声发

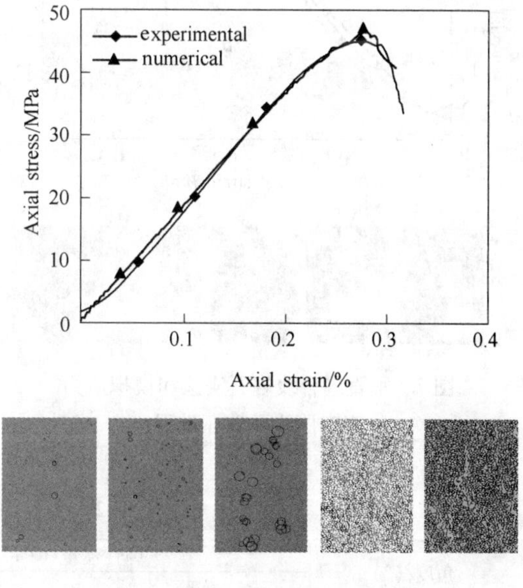

图5 完整岩石模拟的破坏过程

射图与裂纹图相对应，底部出现较多的劈裂裂纹，这是整个样品破坏的主要原因。

垂直缝合线的破坏模式以剪切破坏为主（图7），声发射图表明裂纹初始萌生主要集中在缝合线区域或者靠近缝合线的区域，在加载过程中，声发射也主要集中在缝合线区域，裂纹进一步发展贯通直至剪切破坏，裂纹图和力链图与声发射图对应效果很好，揭示了破裂的过程。倾斜缝合线的破坏模式是沿缝合线滑动剪切破坏（图8），纵观整个声发射演变过程，裂纹萌生、发展、贯通都集中在缝合线区域，对比裂纹图和力链图，表明缝合线弱面存在是导致岩石整体破裂失稳的主要原因。

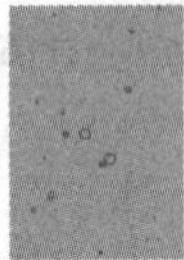
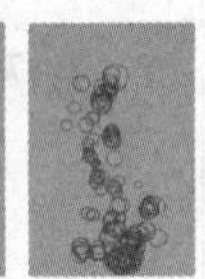
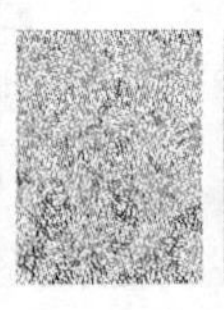
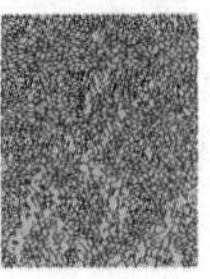

图6 水平缝合线岩石实验的破坏过程

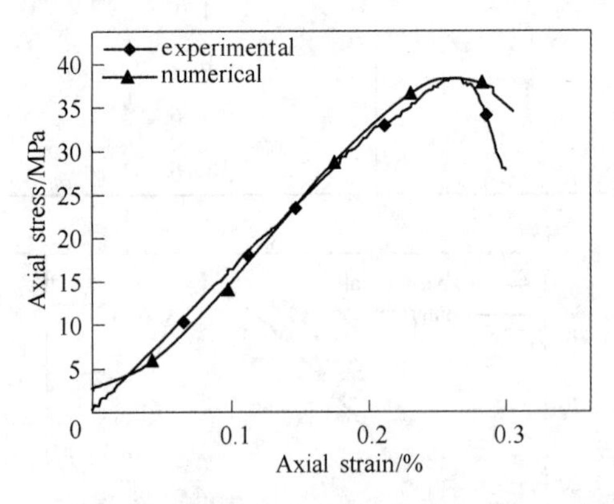

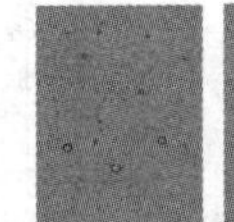
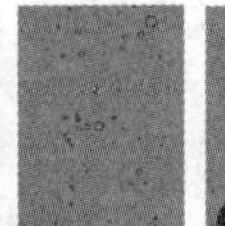
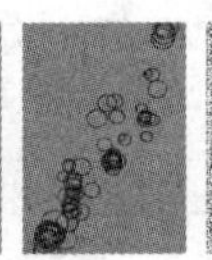
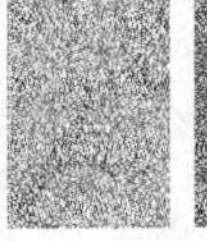

图7 垂直缝合线岩石实验和模拟应力应变曲线及破坏过程

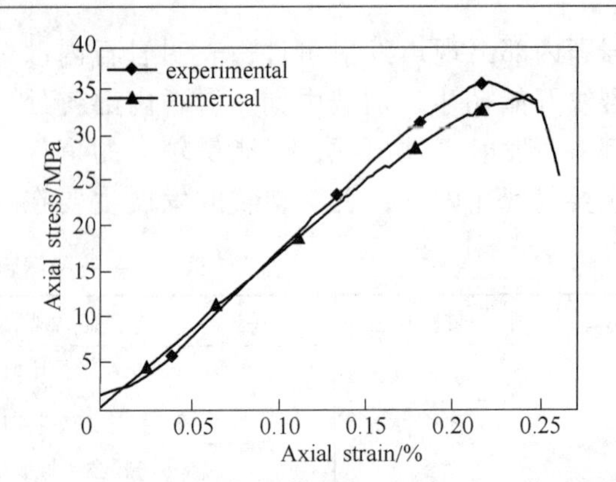

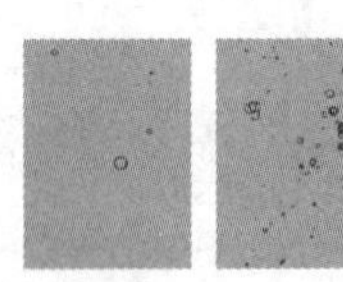

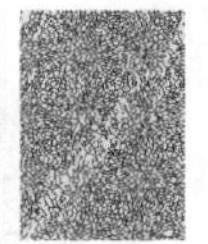

图8 倾斜缝合线岩石实验和模拟应力应变曲线及破坏过程

2.2 实验与数值模拟对比分析

通过对完整岩石和0°、63°、90°岩石在单轴压缩下峰值强度和弹性模量的实验数据和数值模拟数据对比（表2），发现缝合线降低了岩石强度，大约降低了完整岩石的10%~20%，弹性模量降低了原岩的10%~30%。对比不同倾角缝合线的峰值强度和弹性模量（图9），0°时岩石强度最高，随着角度的增加峰值强度先减小后增大，呈倒U形曲线，不同倾角缝合线强度差异较小，没有很明显的各向异性现象出现，其可能的原因是成岩过程中，岩层在水的作用下发生溶解，可溶物质减少，难溶物质经过地应力的逐渐压实，与岩体紧密结合，起到了黏结作用导致强度变化差异较小。弹性模量的变化近似呈线性变化，在15GPa上下浮动。

表2 实验与数值模拟对比结果

角度/(°)	弹性模量/GPa		强度/MPa	
	实验	数值模拟	实验	数值模拟
无缝合线	17.26	17.40	45.31	17.26
0	15.07	15.25	0	15.07
63	16.10	14.70	63	16.10
90	15.70	15.00	90	15.70

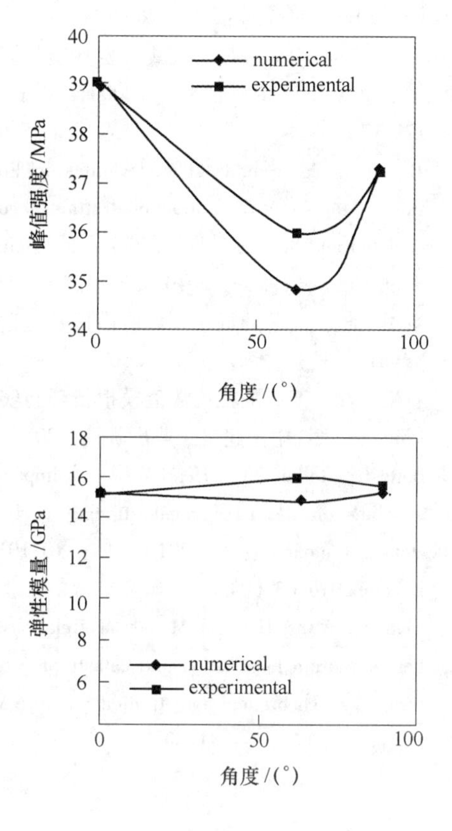

图 9　实验与数值峰值强度和弹模对比

3　结论

通过数值模拟同室内物理实验结果的对比分析，研究了缝合线对灰岩变形强度特性的影响。数值模拟结果同实验结果一致性很好。数值模拟较好地记录了岩石损伤破裂过程中声发射演化特征及力链图演化特征，声发射图解释了裂纹萌生发展和贯通破坏的全过程，裂纹图和力链图揭示了岩石破坏的模式。完整岩石和水平缝合线破坏模式相似，以劈裂破坏为主，垂直缝合线和倾斜缝合线破坏模式相似，都是剪切破坏，倾斜缝合线的剪切面沿着缝合线走向。本文研究表明：

（1）缝合线会降低岩石强度，大约降低了完整岩石强度的 10%~20%，弹性模量降低了 10%~30%。

（2）加载过程中，岩石内部裂纹初始萌生主要集中在缝合线区域或者靠近缝合线的区域，以此为基础裂纹向四周发展，最终裂纹贯通岩石失稳破坏。

（3）通过研究不同倾角缝合线岩石变形强度，0°时峰值强度最高，63°时峰值强度最低，各倾角下峰值强度差异较小，没有出现明显的各向异性。

参 考 文 献

[1] 蔡杰兴. 缝合线特征及成因机理 [J]. 岩石学报，1990，2：51-61.

[2] 谭钦银，王瑞华，等. 缝合线成因新认识 [J]. 地质前缘，2011，18（3）：241-248.

[3] Brouste A，Renard F，Gratier J P，et al. Variety of stylolites′morphologies and statistical characterization of the amount of heterogeneities in the rock [J]. Journal of Structural Geology，2007，29：422-434.

[4] Drummond C N，Sexton D N. Fractal structure of stylolites [J]. Journal of Sedimentary Research，1998，68：8-10.

[5] Renard F. Three- dimensional roughness of stylolites in limestones [J]. Journal of Geophysical Research，2004，109.

[6] Schmittbuhl J，Renard F，Gratier J P，et al. The roughness of stylolites：Implications of 3D high resolution topography measurements [J]. Physical Review Letters，2005，93.

[7] Gratier J P，Muquet L，Hassani R，et al. Experimental microstylolites in quartz and modeled application to natural stylolitic structures. Journal of Structural Geology，2005，27：89-100.

[8] Karcz Z，Scholz C H. The fractal geometry of some stylolites from the Calcare Massiccio Formation，Italy [J]. Journal of Structural Geology，2003，25：1301-1316.

[9] Ebner M，Koehn D，Toussaint R，et al. The influence of rock heterogeneity on the scaling properties of simulated and natural stylolites [J]. Journal of Structural Geology，2009，31：72-82.

[10] Ebner M，Koehn D，Toussaint R，et al. Stress

sensitivity of stylolite morphology. Earth and Planetary Science Letters, 2009, 277: 394-398.

[11] Stockdale P B. The Stratigraphic Significance of Solution in Rocks [J]. Journal of Geology, 1926, 34: 399-414.

[12] Olierook H K H, Timms N E, Hamilton P J. Mechanisms for permeability modification in the damage zone of a normal fault, northern Perth Basin, Western Australia [J]. Marine and Petroleum Geology, 2014, 50: 130-147.

[13] Heap M J, Baud P, Reuschle T, et al. Stylolites in limestones: Barriers to fluid flow? [J]. Geology, 2013, 42: 51-54.

[14] 高岗. 缝合线对碳酸盐岩油气生排运聚的作用 [J]. 西安石油学院学报, 2000, 15 (4): 32-35.

[15] 黄传卿, 张金功, 张建坤. 缝合线构造与油气地质意义 [J]. 地下水, 2014, 36 (2): 171-173.

[16] 高岗. 碳酸盐岩缝合线研究及油气地质意义 [J]. 2013, 24 (2): 218-224.

[17] 高岗, 郝石生, 王晖. 碳酸盐岩基质与缝合线的生烃和排烃特征 [J]. 2000, 30 (2): 175-179.

[18] Benedicto A, Schultz R A. Stylolites in limestone: Magnitude of contractional strain accommodated and scaling relationships [J]. Journal of Structural Geology, 2010, 32: 1250-1256.

[19] 罗勇. 土工问题的颗粒流数值模拟及应用研究 [D]. 杭州: 浙江大学, 2007.

[20] 石崇, 徐卫亚. 颗粒流数值模拟技巧与实践 [M]. 北京: 中国建筑工业出版社, 2015.

[21] Baud P, Rolland A, Heap M, et al. Impact of stylolites on the mechanical strength of limestone. Tectonophysics, 2016. doi: 10.1016/j.tecto.2016.03.004

[22] Hao S, Wang H, Xia M, et al. Relationship between strain localization and catastrophic rupture [J]. Theoretical and Applied Fracture Mechanics, 2007, 48: 41-49.

过断层掘进诱发煤岩破坏过程

倪俊蓉[1]，韩正林[2]，谭志宏[1]

（1. 河南理工大学安全科学与工程学院，河南焦作 454003；
2. 淮南矿业集团谢桥煤矿，安徽淮南 232000）

摘 要：运用RFPA软件进行计算分析（模型为30m×30m，单元划分为300×300），对上盘过断层掘进和下盘过断层掘进煤岩破坏进行研究。分析了掘进过程中煤岩应力场演化，将掘进诱发煤岩破坏分为四个阶段：应力集中阶段、应力诱发断层破裂阶段、煤岩破裂阶段和煤与瓦斯突出阶段。分析了掘进过程煤岩体的破坏损伤演化，下盘掘进时，瓦斯压力可能使上盘破碎的煤块沿断层破裂面压入掘进巷道诱发煤与瓦斯突出；上盘掘进时，随着巷道掘进，上部煤层受力增大，易诱发上盘煤层破坏，导致破坏更严重。分析了掘进过程瓦斯场的演化，认为掘进诱发的煤岩破坏对过断层后的煤层瓦斯有明显的卸压效果，但是上盘掘进时，由于断层周围煤岩体的破坏，因此对上盘煤层瓦斯也有明显卸压效果。

关键词：过断层；掘进；煤与瓦斯突出；煤岩破坏

0 引言

在煤矿巷道掘进过程中，经常会遇到一些断层方面的构造。如何安全顺利通过断层，对实现安全生产意义重大[1,2]。及时总结影响瓦斯赋存规律的各种地质因素，对有效防治煤与瓦斯突出具有重要的意义[3~6]。但在矿山安全评价方面，也经常忽视断层特别是逆断层对采动煤岩层的危害性和影响作用[7]。

进入21世纪以来，随着开采深度的不断加深、开采规模的扩大和新技术的应用，地质条件日趋复杂，数值模拟技术的引入对于分析复杂条件下的破坏过程具有较好的效果[8~10]。目前断层带附近应力变化情况不明确，研究采掘过程中断层带附近应力变化，对煤矿在采掘过程中的安全生产有现实意义。

1 计算模型情况

主要研究逆断层条件下的掘进，分上盘掘进和下盘掘进两种情况，如图1所示。

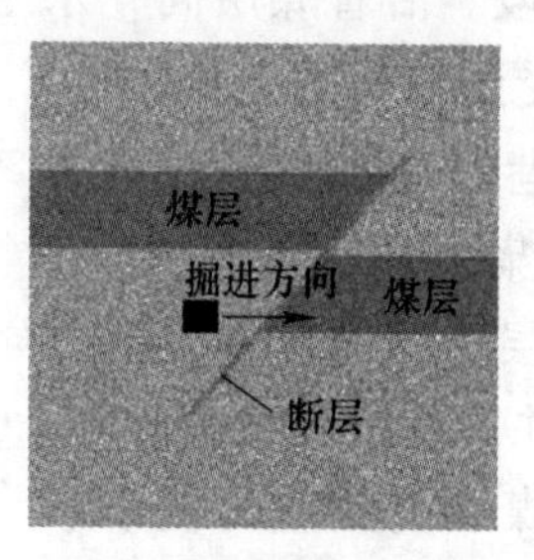

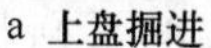

a 上盘掘进

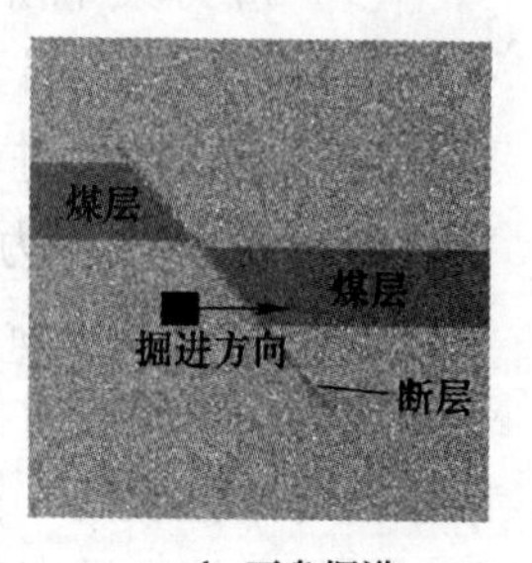

b 下盘掘进

图1 计算模型

收稿日期：2016. 4. 25。

基金项目：中国博士后基金资助项目（2012M511577），国家自然科学基金资助项目（51004044）。

作者简介：倪俊蓉（1978—），女，辽宁海城人，在读硕士。E-mail：51647130@ qq. com。

通讯作者：谭志宏（1979—），男，湖南洪江人，副教授。电话：0391-3986283，E-mail：tanzhihong@ hpu. edu. cn。

逆断层落差为10m，断层上下盘煤厚为5m，断层面倾角为45°。煤层顶、底板为强度较大，变形较小的岩层，岩层封闭条件较好。在煤层同一水平开挖，沿平巷向前掘进，掘进巷道高度2m。

采用RFPA软件进行数值建模和计算分析。模型尺寸为30m×30m，划分为300×300共90000个计算单元。模型的加载方式为载荷加载，水平压力为5MPa，垂直压力为12MPa。岩层和煤层参数见表1。

表1 煤岩物理力学参数取值

	顶底板	煤
均值度	3	2
弹性模量/MPa	50000	15000
抗压强度/MPa	30	8
泊松比	0.25	0.31
自重/N·mm^{-3}	2.2×10^{-5}	1.7×10^{-5}

2 煤岩破坏结果及分析

2.1 破坏过程应力迁移

研究发现过断层掘进过程中，如果满足煤岩破坏的条件，整个破坏过程可以分为4个阶段。

(1) 应力集中阶段。沿着煤层同一水平开挖，断层和煤层受到的初始损伤较小。在掘进过程中，掘进巷道周围发生应力集中，断层周围的应力集中程度不断增大，在掘进巷道前方与断层之间的岩体形成一个高应力区，但应力并未使断层发生破坏，断层的封闭性良好。煤层受到应力扰动影响，但扰动较小没有破坏煤层的平衡状态，煤层未发生破坏。这个阶段沿断层上下盘掘进的过程相差不大，但下盘掘进应力集中程度较上盘掘进大（图2）。

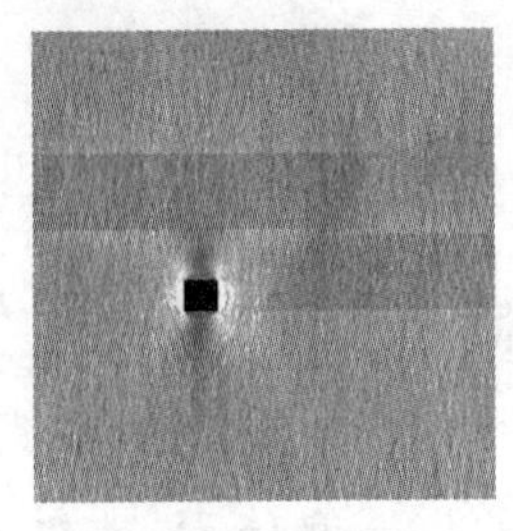

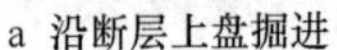

a 沿断层上盘掘进

b 沿断层下盘掘进

图2 第一阶段剪应力分布图

(2) 应力诱发断层破裂阶段。巷道向前掘进过程中，随着距离断层面更近，断层受到的切向应力不断增大，沿断层上盘掘进时，断层破坏比较慢，巷道开挖至断层附近，断层受到的应力集中，达到足以使断层发生破坏，这时断层下端部出现微小破裂，裂纹随着应力的增大而逐渐增多，并且是沿着断层面向上扩展；破裂增多使得断层封闭性变差，不能很好地封闭煤层；煤层局部开始受到应力扰动的影响，但扰动还不足以使煤层发生破坏。而沿着断层下盘掘进时，断层受到的应力扰动更大，断层正对开挖巷道底部开始出现有一些微小的裂纹。巷道向前掘进过程中，应力不断增大，断层产生更多更大的破裂，破裂大多发生在正对煤层的断层部位，破裂降低了断层的封闭性，煤层受到应力的影响，但应力还未使煤层发生破坏（图3）。

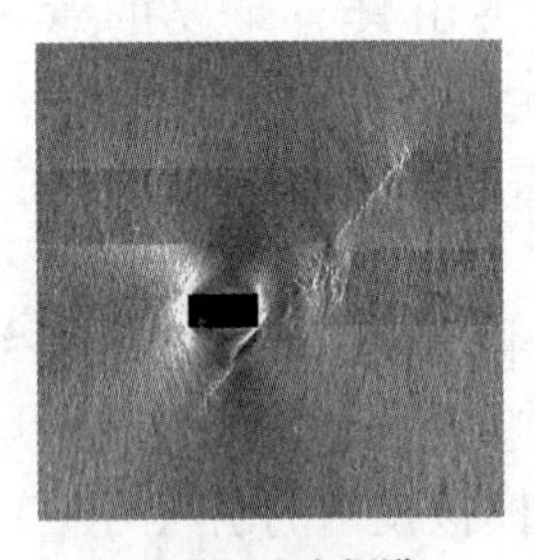

a 沿断层上盘掘进

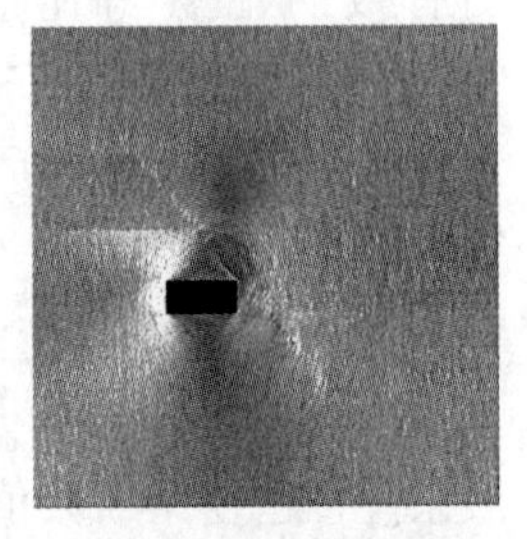

b 沿断层下盘掘进

图3 第二阶段剪应力分布图

(3) 瓦斯、应力促使煤层破坏阶段。沿断层下盘向前掘进，断层受到的应力增大，产生更严重的破裂，但断层发生的破裂使断层的封闭性效果变差；煤层受到的应力扰动变大，这时主要受拉应力的影响而发生轻微的破坏，产生部分裂隙，这时发生的都是零星破坏，裂隙的产生导致煤层中瓦斯开始解析。瓦斯解析产生瓦斯压力，这时断层主要受到煤层中的瓦斯压力作用，同时还受到切向应力作用而产生更大的破坏，随着瓦斯的大量解析，瓦斯压力对煤体做更多的功，煤层与断层面之间形成了破裂面，断层封闭性变差，透气性增大，形成的破裂面为煤层中瓦斯的运移提供了通道。由于掘进巷道与煤层之间还有一段安全距离，瓦斯压力不足以使煤体发生突出。沿断层上盘掘进，断层和煤层受到的破坏大，煤层产生很多裂隙。而沿断层上盘掘进过程中，煤层受到的应力也随着增大，拉应力增大而使煤层的破坏增多，产生更多裂隙，瓦斯大量运移。当巷道开挖过断层时，巷道上部煤层受到破坏(图4)。

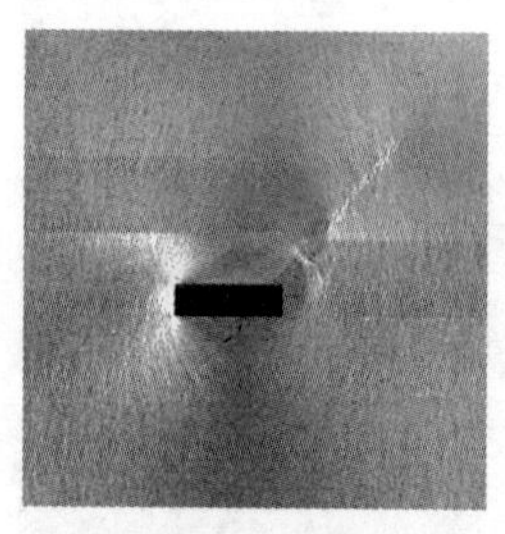

a 沿断层上盘掘进

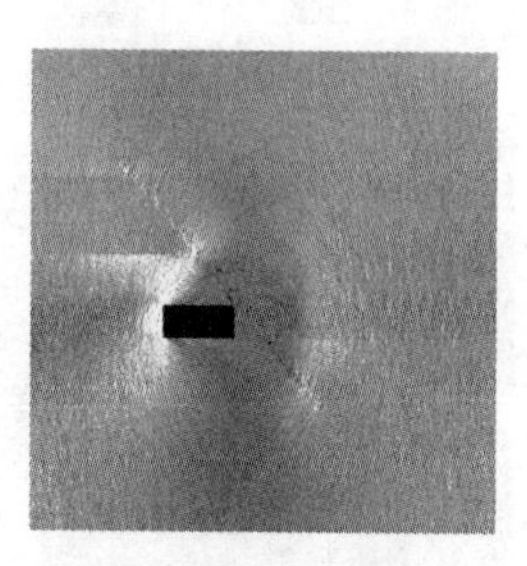

b 沿断层下盘掘进

图4 第三阶段剪应力分布图

(4) 突出发生阶段。沿断层上盘掘进过程中，过断层后，巷道上方煤层发生破坏，瓦斯大量解析，断层主要受到瓦斯压力作用，靠近上盘煤层的断层发生较大破坏，从而引起上盘煤层受到应力的影响，而产生破坏，随着巷道在煤层的掘进，上部煤层受力增大，有可能发生更大的突出危险性。

而沿着断层下盘开挖，随着平巷往前掘进，断层受到的剪应力增大并发生更严重的破坏，裂隙更大，断层对煤层的阻隔作用减小。煤层受到的拉应力随着裂隙的增大而逐渐减小，瓦斯压力对煤体做更多的功，压应力增大使煤体产生更严重的破坏，并产生很多煤体碎块。当巷道掘进至断层附近时，瓦斯压力使破碎的煤块沿着断层破裂面压入掘进巷道进而发生煤与瓦斯突出（图5）。

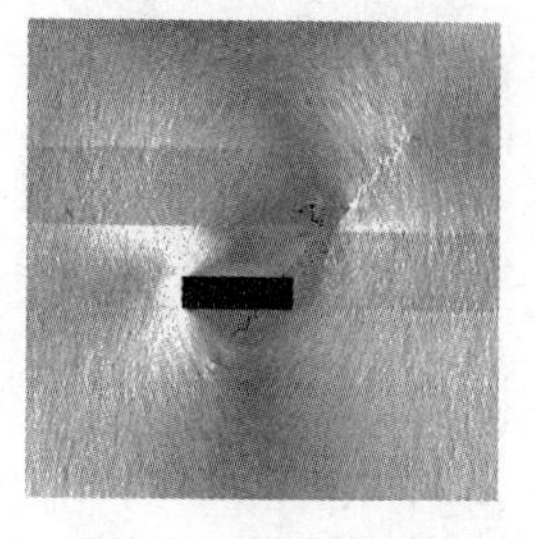

a 沿断层上盘掘进

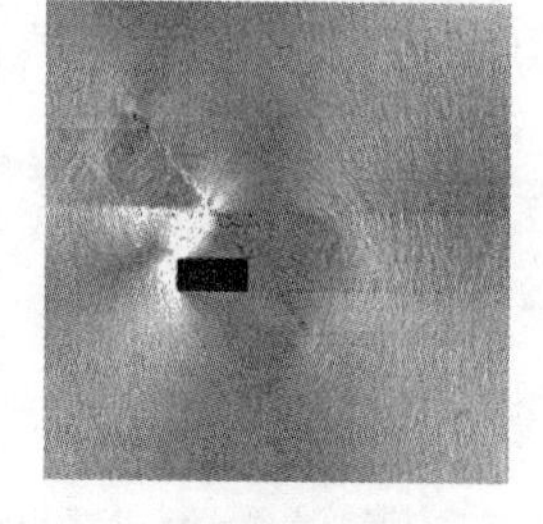

b 沿断层下盘掘进

图5 第四阶段剪应力分布图

2.2 破坏损伤分析

过断层掘进过程中煤岩体的破坏损伤演化如图6所示。

在巷道刚开挖时，断层附近没有明显的破坏与损伤。沿着断层上盘掘进过程中，断层附近的应力不断增加，产生压破坏。随着巷道向前掘进，断层产生更多的压剪破裂，这时煤层受到应力影响，主要表现为拉破坏，造成瓦斯运移，使煤层主要受到压应力作用产生压剪破裂，同时拉应力继续对煤层作用产生拉伸破裂，随着压应力增大，拉应力减小，煤层产生更多压破坏。过断层后，断层上部煤层受到拉破坏作用。随着应力增大，拉伸破坏更加严重，有可能引发断层上盘发生突出（图6a）。

而沿着断层下盘掘进时，断层和煤层主要受到压应力作用而产生压破坏。随着应力的增加，煤层受到拉应力作用而产生拉破坏（图6b）。

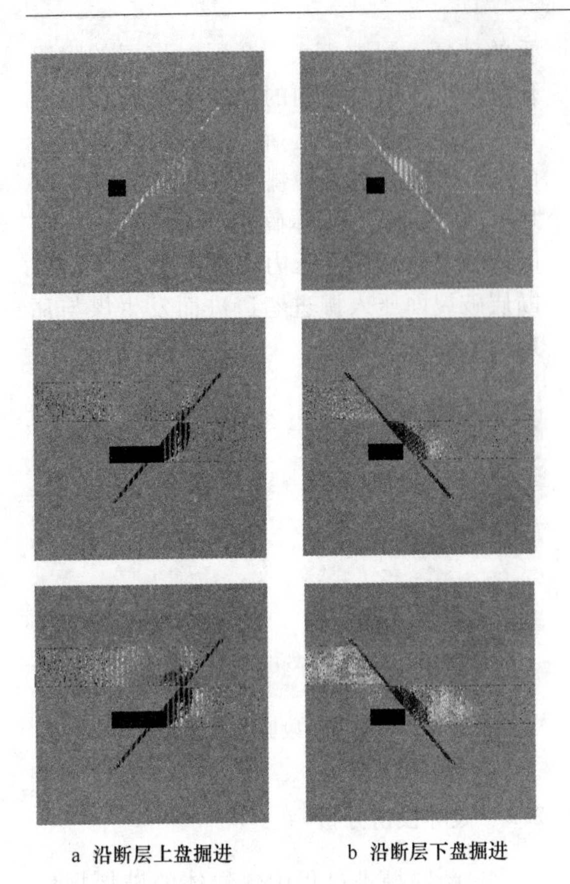

a 沿断层上盘掘进　　b 沿断层下盘掘进

图6　过断层掘进过程中煤岩破坏与损伤演化

3　破坏过程瓦斯场分析

巷道开挖初始阶段，断层未受到破坏，较好地封闭了煤层中的瓦斯，煤层中瓦斯没有发生解析，较好地赋存在煤层中。随着巷道的开挖，煤层受到应力扰动，只有部分瓦斯开始解析，并使煤层发生较小破坏而产生微小裂隙。

沿断层下盘掘进时，伴随着巷道开挖而应力不断增加，煤层受到的扰动增大使瓦斯运移增多，煤层在瓦斯压力作用下产生更多裂隙，并且瓦斯大量解析，瓦斯压力不断增大，并形成一定的瓦斯压力梯度，由于掘进巷道距离煤层有足够的安全距离，瓦斯压力不足以破坏岩体而发生突出。随着巷道向前开挖，断层受到应力增大而透气性增大，煤层中瓦斯大量解析，在瓦斯压力作用下，大量微裂纹连接贯通，煤层中形成有规律的裂隙通道，瓦斯压力充满整个裂纹空间。由于破裂面处的压力为零，当煤体中瓦斯压力足够大，就将煤体压入掘进巷道而发生突出（图7b）。

而沿上盘掘进时，开挖至断层附近，断层产生的破坏少，煤层并未发生突出，当巷道开挖过断层以后，巷道上部煤层瓦斯大量解析，上盘煤层容易发生倾出；瓦斯压力梯度大，并引起断层上盘煤层的破坏，容易引起上盘煤层发生突出（图7a）。

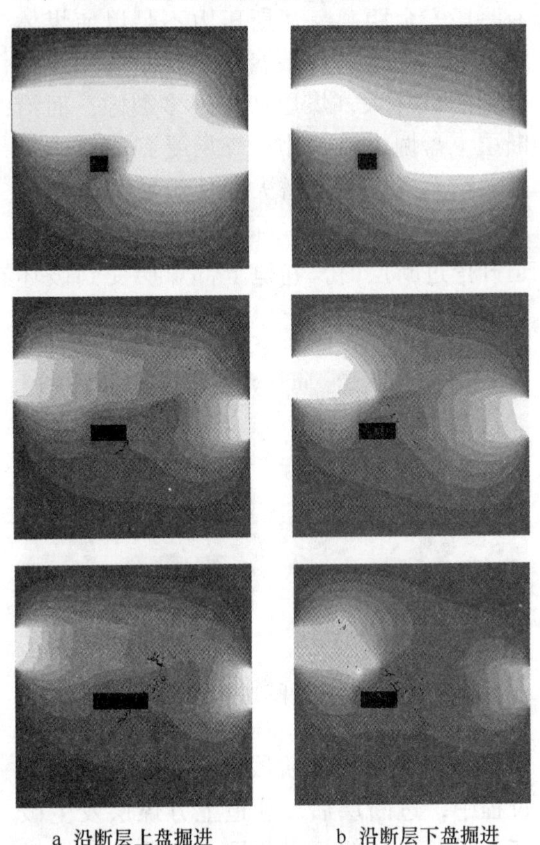

a 沿断层上盘掘进　　b 沿断层下盘掘进

图7　过断层掘进过程中瓦斯流场演化

4　结论

（1）无论是上盘掘进还是下盘掘进，如果条件满足，过断层掘进过程煤岩破坏均可分为四个阶段：应力集中阶段，应力诱发断层破裂阶段，瓦斯、应力促使煤层破裂阶段以及煤与瓦斯突出阶段。

（2）沿上盘掘进，过断层后，煤层发生破坏，靠近上盘煤层的断层发生较大破坏，从而引起上盘煤层受到应力的影响，而诱发破坏，随着巷道在煤层的掘进，上部煤层受力增大，有可能发生更大的突出危险性。

（3）沿下盘掘进，当巷道掘进至断层附近时，瓦斯压力使破碎的煤块沿着断层破裂面压入掘进巷道进而发生煤与瓦斯突出。

（4）无论上盘掘进还是下盘掘进，煤岩的破坏对过断层后的煤层瓦斯有明显的卸压效果，但是上盘掘进过程，由于断层周围煤岩体的破坏，对上盘煤层瓦斯也有明显卸压效果。

参考文献

[1] 刘栋．煤矿掘进迎头过断层技术探讨［J］．科技资讯，2010（8）：53.

[2] 刘明举，孟磊，魏建平．近年煤与瓦斯突出的统计特性及其防范措施［J］．煤矿安全，2009（7）：73-76.

[3] 张英，丁永杰，刘成军．鹤壁六矿煤与瓦斯突出特点及其控制因素分析［J］．煤炭工程，2008（4）：67-69.

[4] 晁建伟，余同勇，韦四江．回采巷道过断层顶板破坏特征研究［J］．矿业安全与环保，2009，36（2）：13-15.

[5] 李普，张子敏，崔洪庆．李子垭北井煤与瓦斯突出特征及主控因素分析［J］．煤矿安全，2009（7）：69-72.

[6] 刘咸卫，曹运兴，等．正断层两盘的瓦斯突出分布特征及其地质成因浅析［J］．煤炭学报，2000，25（6）：571-575.

[7] Hakan Stille，Arild Palmstrom. Ground behaviour and rock mass composition in underground excavations［J］. Tunnelling and Underground Space Technology，2008（23）：46-64.

[8] 刘伟韬，姬保静，何寿迎．断层破碎带变形破坏失稳过程模拟［J］．煤田地质与勘探，2009，37（3）：33-37.

[9] 石必明，刘泽功．保护层开采上覆煤层变形特性数值模拟［J］．煤炭学报，2008，1（33）：17-22.

[10] 刘晓宇，程五一，王广宇．保有限元数值模拟在巷道掘进中的应用研究［J］．中国安全生产科学技术，2009，5（3）：158-163.

基于构造逐级控制理论的新立矿瓦斯赋存特征

尚林伟，温云兰，孙辉，何森

（重庆安全技术职业学院，重庆万州　404020）

摘　要：运用瓦斯地质理论结合新立矿地质资料和井下实测瓦斯数据，研究地质构造、煤层埋深、煤层上覆基岩厚度、煤层厚度、水文地质等因素对煤层瓦斯赋存的影响。通过分析，得出影响新立矿 90 号煤层瓦斯赋存的主控因素是煤层上覆基岩厚度，并建立了主控因素和瓦斯的数学模型。预测出煤层深部瓦斯含量，划分出突出危险区，对新立矿瓦斯治理具有重要的指导意义。

关键词：瓦斯；地质构造；主控因素；突出危险区

0　引言

瓦斯是威胁煤矿安全生产的最大灾害源，预测瓦斯赋存分布是预测预防瓦斯灾害的根本性措施。瓦斯是一种地质成因的气体地质体，其生成条件、保存条件、赋存条件和分布规律受极其复杂的地质演化作用控制[1]。只有厘清构造地质演化才能揭示瓦斯赋存分布机理，才能进行准确的瓦斯预测和煤与瓦斯突出危险性预测。新立矿属高瓦斯矿井，亟待进行新立煤矿瓦斯地质规律研究。

1　地质构造特征分析

新立矿处于勃利煤田中部，矿区构造由一系列褶皱和压性断层组成，并有压扭或张扭断裂和它垂直或斜交。总的趋向是桃山大断层以西以正断层为主，以东则逆断层增多，且构造趋于复杂。新立矿处于桃山大断层以西，总体呈一向南倾的单斜构造，整个井田呈弧形展布。受青龙山大断裂的影响，井田内地质构造仍以断裂构造为主，根据以往勘探资料和多年来生产实践揭露，井田内共发现较大断层五条，见表1。新立矿的构造主要是以断裂为主，并将新立矿分割成不同的块段，同时局部还伴随小的褶曲。新立矿为一单斜构造，地层倾角较缓，构造发育区主要集中在矿井的东北部和西南部的井田边界附近，构造复杂程度为中等偏简单类别。

表1　新立矿断层统计表

序号	断层号	基本特征					延展情况
		走向	倾向	倾角	性质	落差	
1	F11	SW	S60°W	75°	正	>350	V 线—D 线
2	F3	NE	NE	50°	正	0~50	H 线—D 线
3	FD	SW	S45°W	40°~60°	逆	0~60	B 线—E 线
4	FE	SE	E~N60°E	55°~70°	正	0~30	5 线—Ⅵ线
5	FB	NW	S60°W	60°~80°	正	0~20	B 线

收稿日期：2016. 3. 2。

作者简介：尚林伟（1984—），男，河南社旗人，工学硕士。手机：18323641985。

2 瓦斯地质规律及其影响因素分析

2.1 断层对瓦斯赋存的影响

国内外的研究趋向于认为压扭性断层为主的区域接触紧闭、积聚的形变潜能相对较大不利于瓦斯的排放，是瓦斯突出的危险区域；相反，张扭性断层为主的区域延展性好、裂隙发育利于瓦斯的排放，瓦斯突出危险性相对较小[2]。新立矿井田内以正断层为主。在井田中部FD逆断层纵向贯穿整个矿井，该区域煤层透气性差，瓦斯赋存条件好，见表2。

表2 FD断层附近瓦斯含量统计

序号	垂向距离/m	含量/$m^3 \cdot t^{-1}$
1	322.6	3.24
2	317.2	4.08
3	85.6	4.35
4	211.5	4.07
5	109.3	4.27
6	435.8	3.35

建立数学模型分析表2的数据，得出FD断层的位置与含量的关系（图1）。

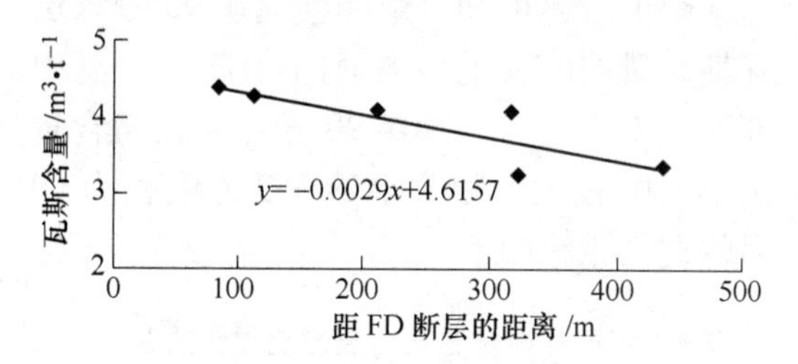

图1 距FD断层位置与含量的关系

FD断层位置与含量的关系：

$$
\begin{aligned}
y &= -0.0029x + 4.6157 \\
R_2 &= 0.6954
\end{aligned}
\quad (1)
$$

由上述分析可知，FD逆断层对新立矿90号煤层的含量有一定的影响。随着距FD断层距离的增大，瓦斯含量有变小趋势。FD断层为压扭性断层，周围次级断层较为发育，地应力集中造成附近煤层破坏严重。又因FD断层的封闭性导致附近瓦斯积聚，瓦斯含量相对较高。

建立数学模型分析表3，得出煤层上覆基岩厚度与含量的关系（图2）。

表3 新立矿瓦斯含量统计

序号	埋深/m	第四系地层厚度/m	上覆基岩厚度/m	含量/$m^3 \cdot t^{-1}$
1	620	13	607	5.2
2	640	12	628	5.54
3	560	11	549	4.22
4	560	10	550	3.24
5	560	10	550	4.08

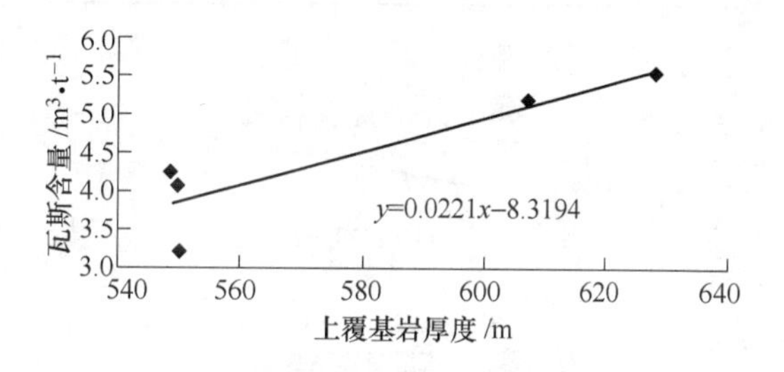

图2 上覆基岩厚度与含量的关系

上覆基岩厚度与含量的关系：

$$
\begin{aligned}
y &= 0.0221x - 8.3194 \\
R_2 &= 0.8275
\end{aligned}
\quad (2)
$$

由上述分析可以看出随着上覆基岩厚度的增加，瓦斯含量值明显变大。

2.2 煤层厚度对瓦斯赋存的影响

一般认为，煤层厚度越大，瓦斯生成量越大。当有良好的瓦斯保存条件时，厚煤带一般也是瓦斯富集带。同时，煤厚变化也是造成瓦斯分布不均衡的重要原因。这是因为煤厚变化破坏了瓦斯在煤层中的均衡状态，促进了瓦斯的运移和变化；此外，煤厚变化处往往也是地应力发生变化和集中的地方，而地应力分布与瓦斯分布极为密切[3]。煤厚变异系数是评定煤层稳定性的一项定量指标。一般来说，煤层厚度变异系数越大，煤层突出危险程度将越大。新立矿 90 号煤层厚度在 0.8～1.5m，平均厚度 1.2m，煤层结构简单，煤厚变化幅度不大。

建立数学模型分析表 4，得出煤层变异系数与含量的关系（图 3）。

表 4　90 号煤层瓦斯含量与煤层厚度及其变化统计

序号	煤厚/m	煤厚标准差/m	煤厚变异系数/%	含量/$m^3 \cdot t^{-1}$
1	1.35	0.16	15.65	5.2
2	1.4	0.18	17.89	5.54
3	1.39	0.17	17.44	4.22
4	1.18	0.08	8.05	3.24
5	1.18	0.08	8.05	4.08

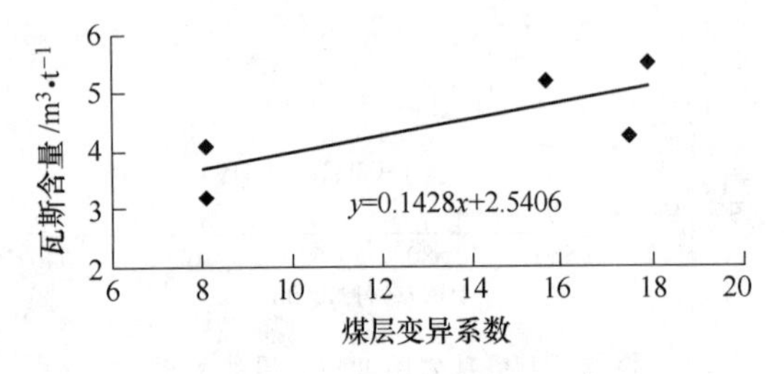

图 3　煤层厚度变异系数与含量的关系

煤层厚度与含量的关系：

$$y = 0.1428x + 2.5406$$
$$R_2 = 0.5915 \tag{3}$$

由上述分析可知，新立矿 90 号煤层厚度的变化对瓦斯含量有一定的影响，整体上随着煤层厚度的增加而增加，但变化趋势不大。

2.3　水文地质对瓦斯的影响

瓦斯主要以吸附状态赋存在煤的孔隙中，水文地质条件对煤层瓦斯的保存、运移影响很大。在水文地质条件对煤层瓦斯的控制作用领域，前人做了大量的研究工作，提出了水文地质对煤层瓦斯控气特征的三种作用：水力运移逸散作用、水力封闭作用和水力封堵作用[4]。新立矿浅部裂隙比较发育，向深部逐渐减弱。浅部充水强，深部充水弱。浅部裂隙较多，接于地面，流动性较强，含水性相对较弱。深部区域充水性较弱，但不易流动，所以含水性较强。90 号煤层埋藏较深，底板位于含水性较弱区的边沿，临近含水性中等区域。含水性较弱区流动性不强，但是在采煤期间，由于采动影响，水的流动性增强，能带走部分瓦斯，具有一定的逸散作用。90 号煤层上部有一层含水性中等区，对 90 号煤层的瓦斯具有一定的封闭作用，见图 4。

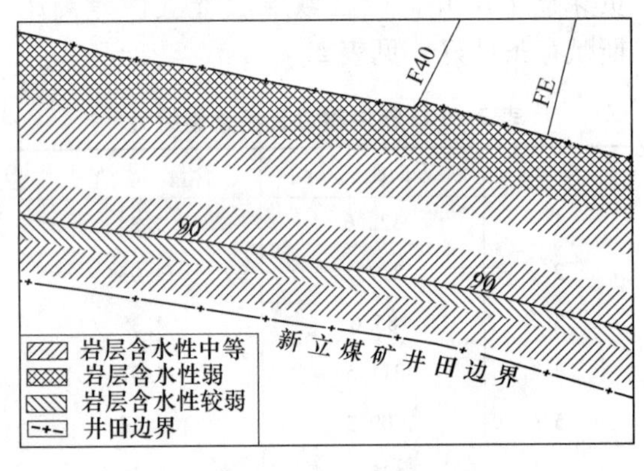

图 4　90 号煤层水文地质剖面图

2.4　主控因素分析

综上所述可知，影响新立矿 90 号煤层瓦斯含量的因素是多方面的（表 5）。其中断层、上覆基岩厚度对 90 号煤层瓦斯含量大小影响较大，相关系数 0.7 左右，为 90 号煤层的主控因素。

表 5　煤层瓦斯含量与主要影响因素关系

主要因素（x）	90 号层	
	关系表达式（y）	相关性系数（R_2）
断　层	$y = -0.0029x + 4.6157$	0.6954
上覆基岩厚度	$y = 0.0221x - 8.3194$	0.8275
煤层厚度	$y = 0.1428x + 2.5406$	0.5915

断层的影响范围是在标高 −500m 以上，以下暂无揭露断层，可以忽略断层影响，只考虑上覆基岩厚度单因素的影响。

由式（2）可得90号煤层不同的基岩厚度所对应的瓦斯含量：上覆基岩厚度466.9m处的瓦斯含量趋势值是$2m^3/t$；上覆基岩厚度557.4m处的瓦斯含量趋势值是$4m^3/t$；上覆基岩厚度647.9m处的瓦斯含量趋势值是$6m^3/t$；上覆基岩厚度738.4m处的瓦斯含量趋势值是$8m^3/t$。

依据新立矿90号煤层的煤质及瓦斯含量、瓦斯压力等参数，划分出瓦斯风化带的边界。上覆基岩厚度466.9m处瓦斯含量为$2.0m^3/t$，预测基岩厚度466.9m以浅为90号煤层的瓦斯风化带。

3 煤与瓦斯区域突出危险性预测

在《防治煤与瓦斯突出规定》中规定，预测煤层突出危险性指标可用煤的破坏类型、瓦斯放散初速度Δp、煤坚固性系数f、煤层瓦斯压力p等指标判定。只有全部指标达到或超过临界值方可划为突出危险性煤层。新立矿属高瓦斯矿井，本次研究根据新立矿测试点及邻近新建煤矿测试点结果进行分析，见表6。

表6 新立矿煤与瓦斯区域突出危险性预测参数

序号	采样地点	煤层底板标高 /m	上覆基岩厚度 /m	放散初速度 Δp	坚固性系数 f	煤层瓦斯压力 p/MPa
1	新建矿三采左五片90层	-357	540	4	0.53	0.86
2	新建矿二水平三采 90层右六区段	-435	660	4	0.54	1.01
3	新建矿二水平三采 90层左六片	-430	630	4	0.57	1.05
4	90层三水平右五片	-349	515			0.5
5	90层三水平右五片	-349	515			1.6

新立矿2012年以前均鉴定为高瓦斯矿井，仅做过两次突出参数的测定工作。瓦斯压力也仅测定过两次，实测数据很少，无法直接采用线性分析来预测深部瓦斯压力。故借用邻近矿井的瓦斯资料，采用安全线法预测深部瓦斯压力。安全线法是根据实测瓦斯压力值，选取两个标志点进行线性回归[5]。其中一个标志点需要结合瓦斯风化带下限临界值，90号煤层基岩厚度466.9m以浅为风化带，瓦斯压力取值$p=0.15\sim0.2MPa$；另一标志点取表6中的5号点（515，0.5），根据这两个点采用安全线法预测深部瓦斯压力，如图5所示。

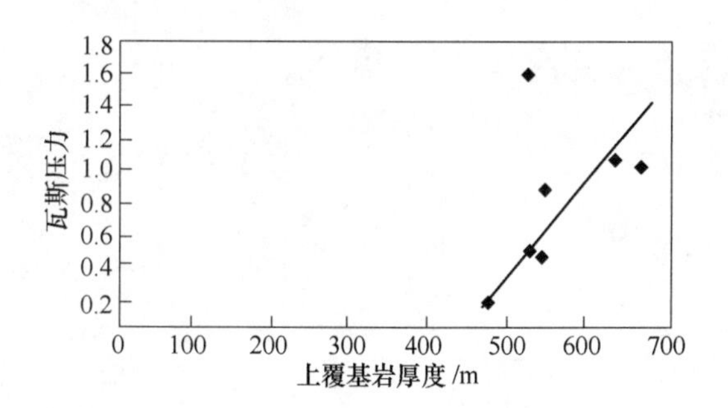

图5 安全线法预测瓦斯压力

由图5所示，安全线以上两个点为不可靠点，不能作为参考。安全线法只是在现有的资料的基础上预测瓦斯压力，以后随着采掘的进行，实测数据的增多，安全线也会随之变化，要求可靠瓦斯压力点均在安全线以下。由安全线预测可以反求出瓦斯压力0.74MPa时，煤层上覆基岩厚度为568.6m。

通过上述分析，参照《防治煤与瓦斯突出规定》综合考虑矿井瓦斯地质规律，对新立矿90号煤层突出区域危险性进行了预测。90号煤层瓦斯压力超过0.74MPa的区域暂定为突出危险区域。即暂定90号层上覆基岩厚度为568.6m以深为突出危险区。

4 结论

（1）地质构造对煤层瓦斯有一定的影响，断层的性质对瓦斯的赋存影响较大。挤压性逆断层封闭效果好，利于瓦斯保存；相反，张扭性正断层裂隙发育，封闭效果不好，不利于瓦斯保存。

（2）依据数据分析找出影响新立矿90号煤层的主控因素，为深部瓦斯含量的预测提供了重要依据。

（3）结合矿井实际，确定上覆基岩厚度466.9m以浅为瓦斯风化带，瓦斯风化带以内无突出危险性。

（4）分析90号煤层瓦斯突出危险性，并根据单项指标法预测90号煤层突出危险区，划定上覆基岩厚度568.6m以深为突出危险区。

参考文献

[1] 张子敏．瓦斯地质学［M］．徐州：中国矿业大学出版社，2009.

[2] 张子敏，张玉贵．瓦斯地质规律与瓦斯预测［M］．北京：煤炭工业出版社，2005.

[3] 王大曾．瓦斯地质［M］．北京：煤炭工业出版社，1992.

[4] 赵明明，刘明举，刘彦伟．丁集煤矿11-2煤层瓦斯地质规律研究［J］．煤炭技术，2012（11）：106-108.

[5] 国家安全生产监督管理总局，国家煤矿安全监察局．防治煤与瓦斯突出规定，2012.

浅埋煤层顶板切落压架的断裂力学分析

杨登峰[1]，陈忠辉[1]，张拥军[2]，席婧仪[1]，洪钦锋[1]，张闪闪[1]

（1. 中国矿业大学（北京）力学与建筑工程学院，北京 100083；
2. 青岛理工大学土木工程学院，山东青岛 266033）

摘　要：针对浅埋煤层高强度开采下老顶易形成“悬臂梁”结构切落压架的特征，建立了含中心斜裂纹的老顶岩梁破断的力学模型，应用断裂力学理论，推导了老顶岩梁的应力强度因子表达式及老顶周期来压步距和支架工作阻力计算式。分析结果表明，裂纹倾角对应力强度因子有一定的影响作用；老顶周期来压步距除与其岩性有关外，还与上覆岩层荷载、支架工作阻力、裂纹倾角、裂纹长度和已破断块体的水平挤压力相关。结合工程实例，计算了支架工作阻力的合理值，理论计算结果和工程实际值基本一致，验证了理论分析的合理性，可为工程实践提供相应的理论指导。

关键词：浅埋煤层；悬臂梁；斜裂纹；应力强度因子；周期来压步距

0　引言

神东矿区的浅埋煤层埋深大部分集中在100～150m，埋深浅、基岩薄和上覆厚松散层[1]是采区煤层赋存的主要特点。在目前的大采高、高速推进和长工作面的高强度开采条件下，老顶岩梁垮落的高度随之增加，由于破断块体的回转角度过大，使岩梁常常呈现出悬臂垮落的现象，形成“悬臂梁”结构。破断块体得不到有效的支撑，回转变形过程中使支架承受较大的荷载，常常造成支架被压死，矿压显现剧烈，给煤矿安全带来诸多隐患。

国内外学者在浅埋煤层矿山压力研究方面做了大量卓有成效的研究工作[2～5]，推动了矿山研究领域的发展。但他们一般都是将顶板岩梁假定为均匀连续介质，来建立顶板的结构模型，通过岩石力学或者材料力学中的理论和研究方法对顶板岩梁的稳定性进行分析。在实际工程中，岩体在长期的地质构造运动作用下，内部存在大量不规则且长短不一的裂隙、节理和小规模断层，使岩体完整性受到破坏，虽然裂纹数量较多，但是往往是一条主控裂纹对岩梁的破断起到关键性的作用。

在浅埋煤层开采过程中，采高较大，采空区垮落填充不充分，老顶岩梁在上覆荷载作用下破断回转，在此过程中顶板岩体内部的裂纹发育、扩展、贯通，使顶板形成带裂纹的岩梁（图1）。在裂纹未完全贯通顶板之前，可假定老顶为带裂纹的悬臂梁，在外荷载作用下裂纹扩展贯通，裂纹

收稿日期：2016. 1. 30。

基金项目：国家重点基础研究发展规划（973）项目（2013CB227903），国家自然科学基金项目（51174208，51234005，U1361209）。

作者简介：杨登峰（1985—），男，山东菏泽人。手机：18800129476，E-mail：kdydf@126.com。

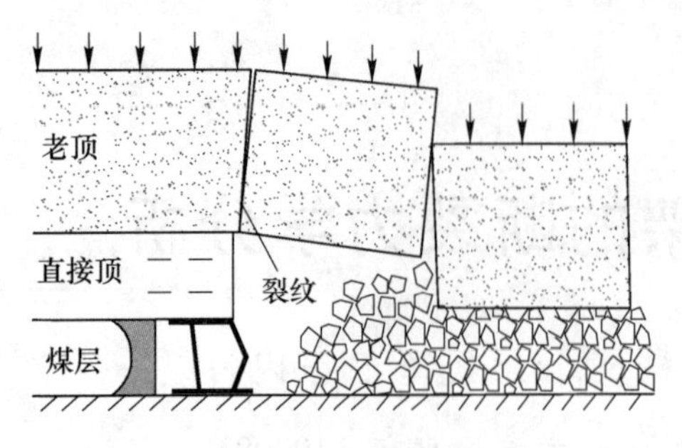

图1　老顶断裂模型

扩展贯通的过程就是顶板岩梁回转失稳的过程。因此可以通过断裂力学中研究裂纹的方法来研究顶板岩梁的垮落及支护条件。

针对斜裂纹的研究国内外学者陈忠辉[6]、闫明[7]、Patynska[8]等人通过理论推导、数值模拟及实验方法做了大量的工作。然而在实际岩体中，裂纹一般都存在于岩体内部，且与岩梁成一定的夹角，因此，研究岩体内部存在一定倾角的斜裂纹时的顶板岩梁破断情况具有较大的实际意义。

本文拟根据浅埋煤层工作面顶板岩梁破断的具体情况，采用断裂力学的理论分析方法，建立含中心斜裂纹的老顶岩梁破断的力学模型，求解斜裂纹扩展时的应力强度因子，分析斜裂纹倾角变化对应力强度因子的影响作用，推导含斜裂纹条件下的老顶的断裂步距及支架支护阻力的表达式，并做进一步分析。

1　老顶岩梁的断裂力学模型

在浅埋厚煤层高强度开采条件下，由于采高较大，采空区矸石不能对老顶岩梁起到有效的支撑作用，破断块体的回转角度过大，在采空区上方的老顶形成了带裂纹的“悬臂梁”结构，根据“悬臂梁”受力特点建立图2所示的断裂力学模型，q 为上覆岩层荷载，Q 为支架阻力，T 为相邻岩梁的水平挤压力，l 为“悬臂梁”长度，β 为老顶岩梁斜裂纹倾角。

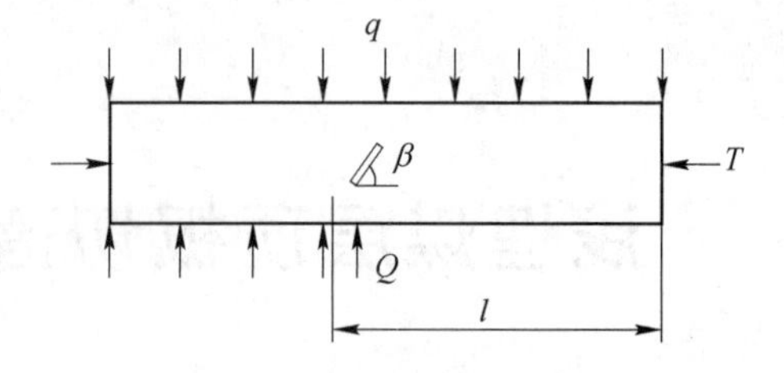

图2　老顶岩梁断裂力学模型

开采过程中，老顶岩梁中的主控裂纹控制了老顶损伤破坏的发展趋势。老顶岩梁中的裂纹是受复杂荷载的复合型裂纹，通常认为是压剪裂纹，“悬臂梁”情况下老顶岩梁承受的荷载主要是上覆岩层荷载 ql、支架的支撑作用力 Q 和岩梁两侧受到的水平挤压力 T。

将老顶岩梁视为带中心斜裂纹的有限板模型，因为老顶岩梁受复杂的复合型荷载，因此，裂纹的应力强度因子需要分解成几个简单的荷载模型进行综合考虑（图3和图4）。设裂纹宽度为 a，岩梁宽度为 h。将复合型应力作用下的岩梁分解成拉应力、剪应力和弯矩作用下的含中心斜裂纹有限板应力强度因子计算模型。将水平挤压力 T 分解成作用在顶板横截面上的均布拉应力 σ，其中 $\sigma = -T/h$；上覆岩层荷载分解成集中力和 ql 弯矩 M，其中 ql 与支架支撑力 Q 的合力形成对岩梁的剪应力，弯矩 M 作

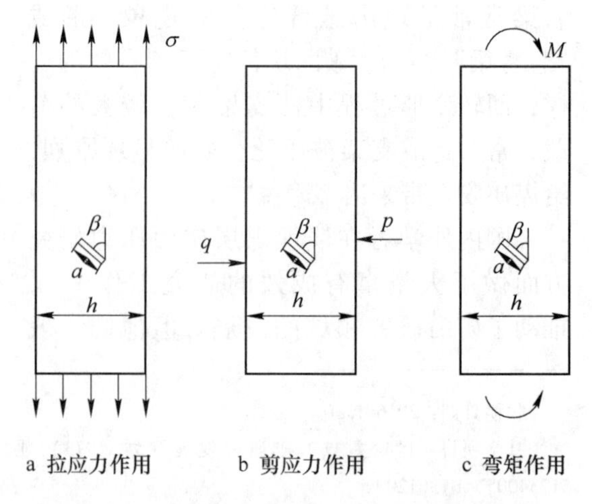

图3　老顶岩梁断裂的静力等效简图

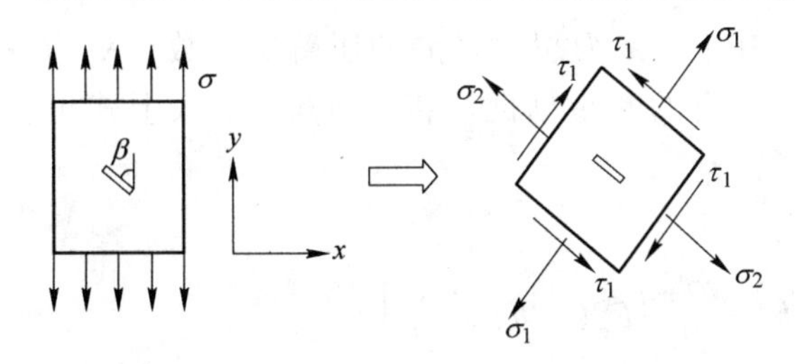

图4 水平力引起的应力强度因子计算简图

用在岩梁的两端。

根据有限板模型公式，各种简单荷载作用下的应力强度因子计算公式[9]如下：

（1）水平力作用下斜裂纹的应力强度因子计算（图3a）。

根据弹性力学理论，将作用力转化成裂纹面上的作用力。根据裂纹强度因子计算公式可求得：

$$K_{\mathrm{I}\sigma} = -\frac{T}{h}\frac{\sqrt{2\pi a}}{2}F_{\sigma}(a/h)\sin^2\beta \qquad (1)$$

$$K_{\mathrm{II}\sigma} = -\frac{T}{h}\frac{\sqrt{2\pi a}}{2}F_{\sigma}(a/h)\sin\beta\cos\beta \qquad (2)$$

（2）岩梁中的斜裂纹在集中力作用下的应力强度因子计算（图3b）。

将顶板的集中荷载和支架支撑力对裂纹的剪切作用力，简化成含裂纹顶板在单轴压缩作用下的受力模型，剪力的合力 $p = ql - Q$。则：

$$K_{\mathrm{II}} = F_{\tau}(ql - Q)\frac{\sqrt{2\pi a}}{2}\sin\beta\cos\beta \qquad (3)$$

（3）岩梁中的斜裂纹在弯矩作用下的应力强度因子计算（图3c）。

斜裂纹受弯矩问题中采用与（1）中相同的简化方式，如图5所示，其中 $\sigma_x = 6ql^2xh^{-3}$，$x \in (-h/2, h/2)$。将弯矩进行分解，分解得到的剪切作用力相互抵消，略去不计。只考虑 σ_1、σ_1 作用下的应力强度因子计算。

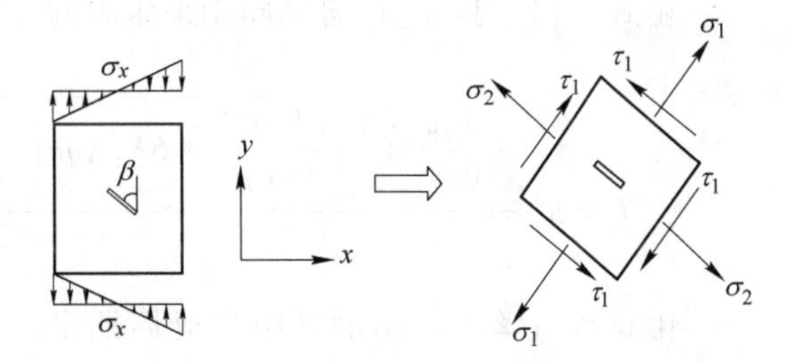

图5 弯矩引起的应力强度因子计算简图

$$K_{M\mathrm{I}} = F_M\sigma\frac{\sqrt{2\pi a}}{2}\sin^2\beta \qquad (4)$$

σ 是 $x = a$ 时 σ_x 的应力值，将 $\sigma = 6ql^2ah^{-3}$ 带入式（4）得：

$$K_{M\mathrm{I}} = F_M\frac{3\sqrt{2\pi a}}{h^3}ql^2a\sin^2\beta \qquad (5)$$

岩梁斜裂纹尖端的应力强度因子是以上三种简单荷载作用下的应力强度因子的叠加，即：

$$\begin{cases} K_{\mathrm{I}} = F_M\dfrac{3\sqrt{2\pi a}}{h^3}ql^2a\sin^2\beta - \dfrac{T}{h}\dfrac{\sqrt{2\pi a}}{2}F_{\sigma}(a/h)\sin^2\beta \\ K_{\mathrm{II}} = F_{\tau}(ql - Q)\dfrac{\sqrt{2\pi a}}{2}\sin\beta\cos\beta - \dfrac{T}{h}\dfrac{\sqrt{2\pi a}}{2}F_{\sigma}(a/h)\sin\beta\cos\beta \end{cases} \qquad (6)$$

分析以上推导结论可知，裂纹间端的应力强度因子主要与裂纹倾角、裂纹的长度和岩梁的厚度有直接关系。岩梁的破断往往是由于一条主控裂纹决定的，构造运动使岩梁中分布倾角不规则和长短各异的裂纹，造成了岩梁的断裂呈现出波动性变化趋势，使顶板岩梁的初次破断和周期破断的离散性变化。

由式（6）可知，岩梁所受外荷载中，水平挤压力 T 对裂纹引起Ⅰ型和Ⅱ型裂纹的应力强度因子；上覆岩层的作用的集中荷载 ql 和支架的支撑力 Q 对裂纹起剪切作用，引起Ⅱ型裂纹的应力强度因子；弯矩引起Ⅰ型裂纹的应力强度因子。

根据大量测试研究[10]，岩石及混凝土压剪断裂情况下的判据为：

$$\lambda \sum K_{\mathrm{I}} + \left| \sum K_{\mathrm{II}} \right| = K_c$$

其中，λ 为裂纹扩展的压剪比系数，K_c为岩石的断裂韧性。将式（6）带入上式可得：

$$\lambda\left[F_M \frac{3\sqrt{2\pi a}}{h^3} ql^2 a\sin^2\beta - (T/h)\frac{\sqrt{2\pi a}}{2}F_\sigma(a/h)\sin^2\beta \right] + \left| F_\tau(ql - Q)\frac{\sqrt{2\pi a}}{2}\sin\beta\cos\beta - (T/h)\frac{\sqrt{2\pi a}}{2}F_\sigma(a/h)\sin\beta\cos\beta \right| = K_c \tag{7}$$

由式（7）可得老顶岩梁周期来压时的断裂步距：

$$l = h^3 \frac{-\frac{F_\tau q}{\tan\beta} + \sqrt{\frac{(F_\tau q)^2}{\tan^2\beta} + 6F_M\lambda qa\left(\frac{F_\sigma\lambda Ta}{h^2} + \frac{F_\sigma\lambda Ta}{2h^2\tan\beta} + \frac{F_\tau Q}{\tan\beta} + \frac{K_c\sqrt{2}}{\sqrt{\pi a}\sin^2\beta}\right)}}{12F_M\lambda qa} \tag{8}$$

由材料力学推导出的顶板岩梁周期来压的断裂步距见式（9），R_t为顶板岩梁的极限抗拉强度。

$$l = h\sqrt{R_t/3q} \tag{9}$$

老顶的周期来压步距按照老顶的“悬臂式”折断来确定。由断裂力学理论推导出的岩梁断裂步距表达式（8）比材料力学推导得到的表达式复杂得多。这是因为断裂力学中考虑了更多的影响因素，结合了现场的实际情况，多考虑了主控裂纹倾角、裂纹长度 a、顶板岩梁的水平挤压力 T 及支架的支撑力 Q。而材料力学推导只考虑了均布荷载作用下岩梁的弯曲及拉伸断裂形式。

由表达式（8）可知，在浅埋煤层中，随岩梁主控裂纹倾角的增大，断裂步距 l 呈减小趋势，当倾角大于90°时，断裂步距变化趋势与0°~90°区间内变化趋势成对称分布，随倾角的增大，断裂步距 l 逐渐增大；岩梁的水平挤压力 T 本身就比较小，随着水平挤压力 T 的减小，断裂步距 l 逐渐减小；老顶的断裂步距与岩梁的宽度和裂纹长度的比值 h/a 成正比关系；老顶岩梁的断裂步距与上覆岩层荷载 q 成反比关系；老顶的断裂步距 l 随着支架工作阻力 Q 的增大而增大。另外，支架与斜裂纹的相对位置也对顶板岩梁的破断和回转有一定的影响，当斜裂纹位于支架的后方时，上覆岩层的荷载对岩梁的弯曲作用力较大，顶板岩梁容易破断；当斜裂纹位于支架的上方或前方时，支架的工作阻力减小了上覆荷载对岩梁的弯曲作用力，弯矩减小，顶板岩梁不易破断，对顶板的稳定有一定的促进作用。式（8）可变为支架工作阻力与岩梁断裂步距的关系式（10）。

$$Q = \frac{\lambda}{F_\tau}\left(\frac{F_M 6ql^2 a\tan\beta}{h^3} - \frac{F_\sigma Ta\tan\beta}{h^2}\right) + ql - \frac{F_\sigma Ta}{F_\tau h^2} - \frac{2\sqrt{2}K_c}{F_\tau\sin2\beta\sqrt{\pi a}} \tag{10}$$

当裂纹在岩梁上部或前方失稳扩展时，需要提高较大的支架的工作阻力才能保持岩梁的稳定，为了减小增加工作阻力带来的经济损失，在实际工作面推进过程中通常通过合理增加一定量的推进速度，来实现使老顶在架后切落，滑落到采空区，避免对支架的冲击破坏。

2　参数分析与工程应用

为了分析老顶岩梁断裂的变化规律，对影响其破坏的主要参数进行分析。分别取裂纹倾角 β、上覆岩层荷载 q、支架的工

作阻力 Q 和岩石的断裂韧性 K_c，结合石圪台煤矿 31201 工作面[11]的实测参数值进行计算分析，结果如图 6 所示。

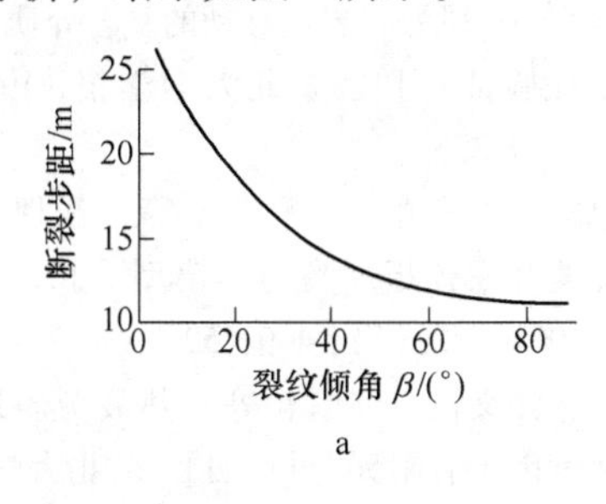

a

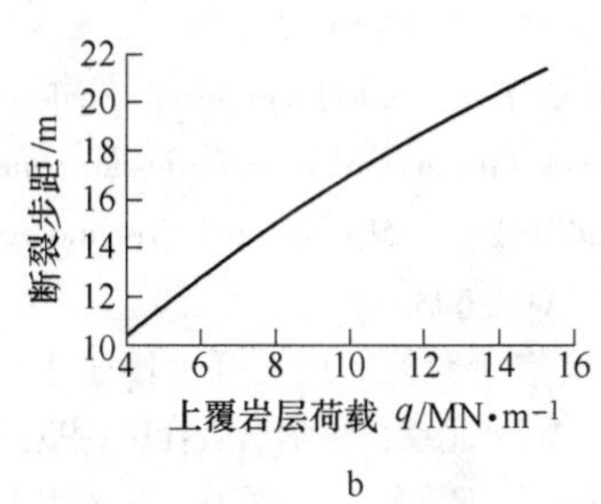

b

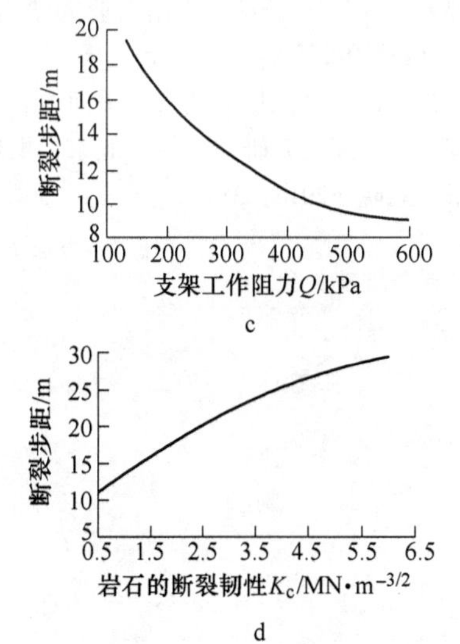

c

d

图 6　老顶断裂步距 l 与各参数的关系曲线

由图 6 可知，当裂纹倾角在 0° ~ 90° 区间内变化时，断裂步距随着裂纹倾角的增大而减小，当倾角等于 90° 时，断裂步距达到最小；当倾角在 90° ~ 180° 区间变化时，断裂步距变化趋势与 0° ~ 90° 区间内变化趋势成对称分布，随着倾角的增大，断裂步距 l 逐渐增大；断裂步距 l 随断裂韧性 K_c 和支架工作阻力 Q 的增大而逐渐增大，随老顶上覆岩层荷载 q 的增大而减小。另外，断裂步距 l 还与老顶的宽度和裂纹长度的比值 h/a 成正比关系，随水平挤压力 T 的增大，断裂步距 l 增大。

石圪台煤矿 31201 工作面煤层厚度 3.9 ~ 4.3m，埋深 103 ~ 137m。煤层直接顶厚度为 3.6 ~ 5.3m，基本顶平均厚度为 13m，松散层厚度为 0 ~ 51m，选用的支架型号是 ZY18000/25/45D，额定工作阻力为 18000kN。实测 31201 工作面总的平均周期来压步距为 11.6m，老顶岩梁的斜裂纹平均长度为 3.2m，倾斜角度 $\beta = 65°$，裂纹扩展的压剪比系数 $\lambda = 1$，老顶岩梁的断裂韧性 $K_c = 1.05\text{MN/m}^{3/2}$，老顶承受上覆岩层的荷载 $q = 0.37\text{MPa}$，因水平挤压力 T 较小，忽略不计，将上述数据代入式（1）~ 式（5）及式（10）可得 $Q = 15790\text{kN}$，现场实测支架最大阻力为 15348kN，31201 工作面选用的支架额定工作阻力为 18000kN，可以满足对老顶支撑的要求。图 7 为支架工作阻力随工作面推进的实测结果。

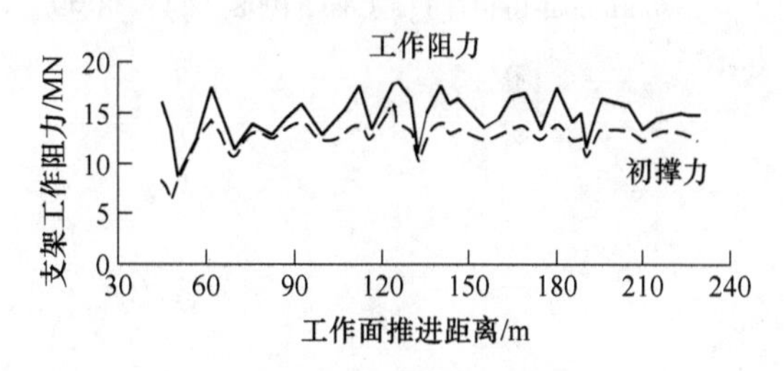

图 7　31201 工作面支架工作阻力与工作面推进关系

3　结论

（1）根据浅埋煤层中老顶悬臂岩梁破断回转的实际工程特点，建立了含中心斜裂纹的岩梁的断裂力学模型，基于断裂力学的相关理论，推导了老顶岩梁的应力强度因子表达式，分析了裂纹倾角的变化对应力强度因子的影响。并进一步分析得到了老顶的周期来压步距和支架工作阻力计算式。

(2) 通过分析老顶断裂步距 l 表达式中各参数变化时断裂步距的相应变化的规律可知，断裂步距 l 随着断裂韧性 K_c、支架工作阻力 Q、水平挤压力 T 的增大而增大；随着裂纹倾角 β 和上覆岩层荷载 q 的增大而减小。

(3) 利用支架工作阻力 Q 的表达式 (10) 计算了石圪台煤矿 31201 工作面支架的工作阻力为 15790kN，满足工作面选用的 ZY18000/25/45D 支撑要求，且与现场实测的支架工作阻力基本一致。

参 考 文 献

[1] 黄庆享. 浅埋煤层的矿压特征与浅埋煤层的定义 [J]. 岩石力学与工程学报, 2002, 21 (8): 1011-1015.

[2] 侯忠杰, 张杰. 厚松散层浅埋煤层覆岩破断判据及跨距计算 [J]. 煤炭学报, 2004, 23 (5): 577-580.

[3] Bodrac B B. Rock pressure features of Moscow Suburb coal-field [J]. Coal, 1998 (2): 38-49.

[4] 鞠金峰, 许家林, 王庆雄. 大采高采场关键层“悬臂梁”结构运动型式及对矿压的影响 [J]. 煤炭学报, 2011, 36 (12): 2115-2120.

[5] 王泳嘉, 麻凤海. 岩层移动的复合介质模型及其工程验证 [J]. 东北大学学报, 1997, 18 (3): 229-233.

[6] 陈忠辉, 冯竞竞, 肖彩彩, 等. 浅埋深厚煤层综放开采顶板断裂力学模型 [J]. 煤炭学报, 2007, 32 (5): 449-452.

[7] 闫明, 张义民, 何雪, 等. 热疲劳斜裂纹应力强度因子有限元分析 [J]. 东北大学学报, 2011, 32 (5): 720-723.

[8] Patynska Renata, Kabiesz Jozef. Scale of seismic and rock bust hazard in the Silesian companies in Poland [J]. Mining and Technology, 2009 (19): 604-608.

[9] 中国航空研究院. 应力强度因子手册 (增订版) [M]. 北京: 科学出版社, 1993: 320-321.

[10] 于骁中, 谯常忻, 周群力. 岩石和混凝土断裂力学 [M]. 长沙: 中南工业大学出版社, 1991: 230-278.

[11] 李正杰. 浅埋煤层薄基岩综采面覆岩破断机理及与支架关系研究 [D]. 北京: 煤炭科学研究总院, 2014: 38-52.

浅埋煤层开采顶板切落压架灾害的突变分析

杨登峰[1]，陈忠辉[1]，张拥军[2]，席婧仪[1]，洪钦锋[1]，张闪闪[1]

（1. 中国矿业大学（北京）力学与建筑工程学院，北京 100083；
2. 青岛理工大学土木工程学院，山东青岛 266033）

摘　要：针对浅埋煤层开采周期来压过程中顶板沿煤壁台阶下沉导致顶板切落压架灾害，根据直接顶岩体在支承压力作用下破坏失稳的非线性变化特征，建立了由老顶-直接顶-支架-矸石组成的系统力学模型，利用突变理论研究了荷载作用下系统的失稳机制，获得了系统失稳的充要条件及直接顶岩体的变形突跳量表达式，分析了系统失稳的主要影响因素。结果表明：直接顶的失稳破坏，导致了顶板的切落，系统失稳除与支架和直接顶岩体的刚度比及材料参数有关外，还与所受载荷及老顶周期来压步距相关。结合工程实例，验证了理论推导的合理性，并给出了工程建议。理论分析对揭示顶板的切落失稳机制、分析浅埋煤层开采中支架－围岩关系具有积极意义。

关键词：浅埋煤层；顶板；突变理论；直接顶；支架；失稳机理

0　引言

我国西北部地区富含大量浅埋煤层，其典型特征是浅埋深、薄基岩和上覆厚松散沙层[1]。煤层工作面顶板往往难以形成稳定的“砌体梁”式结构，造成顶板沿煤壁的全厚切落，导致支架“被压死”或形成涌水溃砂通道，给煤矿安全带来诸多隐患。

顶板控制的关键是直接顶的控制，支架-围岩关系的研究长期以来一直是矿山压力控制研究的基本理论问题[2]，国内学者刘长友[3]、曹胜根[4]等人针对直接顶对支架-围岩关系的影响机制做了大量理论和实验研究工作，对于矿山压力理论的进一步完善具有重要意义。针对浅埋煤层开采工作面的矿压特点及其影响因素，吕军[5]、黄庆享[6]、张杰[7]、柴敬[8]等人进行了卓有成效的研究工作。然而矿压显现的具体实践表明，开采过程中直接顶岩体的破坏机理及支架-围岩作用关系还有待进一步研究。

突变理论已被诸多学者应用于工程及矿山研究领域[9~11]，取得了一系列科研成果。杨治林[12,13]应用突变理论分析了浅埋煤层工作面初次来压期间顶板的破断机制，但是他没有对周期来压过程中顶板沿煤壁切落台阶下沉的灾害机制进行研究，也没有研究直接顶在失稳破坏过程中与支架的相互作用关系及其对顶板切落压架的影响。

收稿日期：2016. 1. 30。

基金项目：国家重点基础研究发展规划（973）项目（2013CB227903），国家自然科学基金项目（51174208，51234005，U1361209）。

作者简介：杨登峰（1985—），男，山东菏泽人。手机：18800129476，E-mail：kdydf@ 126. com。

本文将直接顶作为可变性介质，建立老顶-直接顶-支架-矸石所组成的力学系统，分析系统失稳时直接顶的变形突跳机制，研究支架-围岩作用关系，分析直接顶变形突跳的影响因素，探讨顶板切落压架的发生机理。

1　力学模型及本构关系

1.1　力学模型

老顶自重及上覆厚松散层荷载 q_0 通过老顶岩梁传递给直接顶及架后矸石，导致直接顶、矸石和支架的压缩变形，造成老顶沿煤壁切落，从力学理论研究角度研究老顶切落发生机理，建立由浅埋煤层工作面老顶、直接顶、支架和架后矸石组成的力学系统，一般可以用弹性体分别代表支架和矸石，老顶一端由于破断裂缝存在，可以简化为与前方岩体的铰支连接。直接顶、支架及矸石承受上覆岩重和梁自重的荷载 q_0。系统可简化为图 1 所示的力学模型。

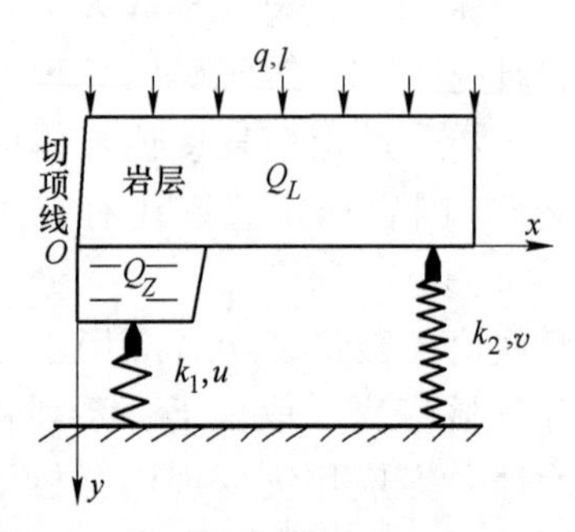

图1　简化的力学模型

设直接顶岩体压缩量为 u，支架压缩量为 w，支架-直接顶全位移为 a；矸石压缩量为 v；支架刚度为 k_1，矸石刚度为 k_2。

根据简化力学模型中梁的边界条件设挠曲线方程为：

$$y = \frac{1}{EI}\left(\frac{qx^4}{24} - \frac{qx^3}{12} + \frac{ql^3x}{24}\right) + \frac{v-a}{l}x + a \tag{1}$$

1.2　直接顶岩体的本构关系

直接顶岩体的本构关系是具有软化性质的非线性关系，文献［14］对岩石类材料的应力-应变关系进行了探讨，并给出了岩石应力 σ、应变 ε 关系：

$$\sigma = E\varepsilon\left[1 - \int_0^{\varepsilon}\varphi(t)\mathrm{d}t\right] \tag{2}$$

式中，E 为弹性模量初始值；积分 $\int_0^{\varepsilon}\varphi(t)\mathrm{d}t$ 为损伤参量，与岩石材料中的缺陷分布密度相关。

当岩石中的缺陷符合泊松分布时，非线性本构关系式为：

$$\sigma = E\varepsilon \mathrm{e}^{-\varepsilon/\varepsilon_0} \tag{3}$$

对截面为 A，高为 H 的直接顶岩体，式（3）可表示为荷载 R 与变形量 u 的关系：

$$R = \lambda u \mathrm{e}^{-u/u_0} \tag{4}$$

式中，$\lambda = EA/H$，为岩体的初始刚度；u_0 为峰值荷载时对应的应变值。

式（4）的非线性曲线在应变 $u_1 = 2u_0$ 处有一拐点，对应的斜率的绝对值为 $\lambda_1 = \lambda\mathrm{e}^{-2}$。

2　直接顶失稳的突变分析

2.1　系统势函数

由老顶、直接顶、支架和矸石组成的力学系统总势能为[11,15,16]：

$$V(x) = W_{\mathrm{L}} + U_{\mathrm{E}} + U_{\mathrm{S}} \tag{5}$$

则系统的总势能为：

$$V(x) = -\int_0^l qy\mathrm{d}x + \frac{1}{2}\int_0^l EI\,(y'')^2\mathrm{d}x + \int_0^u \lambda u\mathrm{e}^{-u/u_0}\mathrm{d}u + \frac{1}{2}k_1(a-u)^2 + \frac{1}{2}k_2v^2 \tag{6}$$

2.2　突变分析

以直接顶岩体压缩量 u 为状态变量，

根据尖点突变理论 $V'=0$ 得平衡曲面 M。

$$V'_u = -\frac{ql}{2} - k_1(a-u) + \lambda u e^{-u/u_0} = 0 \tag{7}$$

则奇点集方程为：

$$V''_u = k_1 + \lambda e^{-u/u_0}\left(1-\frac{u}{u_0}\right) = 0 \tag{8}$$

平衡曲面 M 在尖点处满足 $V'''=0$，可求得尖点：

$$V'''_u = \left(2-\frac{u}{u_0}\right)\frac{\lambda}{u_0}e^{-u/u_0} = 0 \tag{9}$$

则在尖点处有：

$$u = 2u_0 = u_1 \tag{10}$$

可知尖点即是岩体本构曲线的拐点。

为将尖点突变模型整理成标准形式，在尖点处进行泰勒级数展开，截取前三次项：

$$-\frac{ql}{2} - k_1(a-u_1) + \lambda u_1 e^{-u/u_0} + \left[k_1 + \lambda\left(1-\frac{u_1}{u_0}\right)e^{-u/u_0}\right](u-u_1) - \frac{\lambda}{u_0}e^{-u/u_0}\left(2-\frac{u_1}{u_0}\right)(u-u_1)^2\frac{1}{2!} - \frac{\lambda}{u_0^2}e^{-u/u_0}\left(3-\frac{u_1}{u_0}\right)(u-u_1)^3\frac{1}{3!} \tag{11}$$

引入无量纲参数 $x=\frac{u-u_1}{u_1}$，将上式化简可得尖点突变标准形式的平衡曲面方程：

$$x^3 + px + q = 0 \tag{12}$$

其中：

$$p = \frac{3}{2}(K-1) \tag{13}$$

$$q = \frac{3}{2}\left(-\frac{ql}{2\lambda u_1 e^{-2}} + K\xi - 1\right) \tag{14}$$

$$K = \frac{k_1}{\lambda e^{-2}} = \frac{k_1}{\lambda_1} \tag{15}$$

$$\xi = \frac{a-u_1}{u_1} \tag{16}$$

参数 K 是支架刚度与直接顶岩体本构关系曲线在拐点处的斜率之比，称为刚度比。ζ 是全位移参数，与支架和直接顶的全位移 a 有关。由式（13）、式（14）可知，系统的控制变量 p、q 与刚度比 K、全位移参数 ζ、外荷载 q_0 和老顶周期来压步距 l 有关。

分叉集方程是系统失稳的临界点，只有当 $p\leqslant 0$ 时，系统才会越过分叉集发生变形突跳，$p\leqslant 0$ 是系统失稳的必要条件，由式（15）可知，刚度比必须小于等于1，即：

$$K\leqslant 1 \quad 或 \quad \frac{k_1}{\lambda_1} = \frac{k_1 Le^2}{EA} \leqslant 1 \tag{17}$$

依据突变理论，只有 p、q 满足分叉集方程时，系统才会突跳失稳，因此分叉集方程是导致系统突跳失稳的充分条件，这时对应点处于不稳定状态，状态变量 x 发生突跳，对应于直接顶岩体变形值瞬间增大。该力学系统突变失稳的充要条件为：

$$\begin{cases} 2(K-1)^3 + 9\left(-\frac{ql}{2\lambda u_1 e^{-2}} + K\xi - 1\right)^2 = 0 \\ K-1\leqslant 0 \\ -\frac{ql}{2\lambda u_1 e^{-2}} + k\xi - 1 < 0 \end{cases} \tag{18}$$

由于刚度比 K 只与系统内部性质相关，材料的内部特性是系统发生突变的必要条件。由式（18）可知，在直接顶岩体结构材料参数一定时，增大支架刚度 k_1，支架工作阻力增加，刚度比 K 增大，系统越稳定，老顶不易切落压架，而减小支架刚度 k_1，刚度比 K 减小，容易导致系统失稳。因此在合理范围内增加支架刚度对顶板稳定具有重要作用。当支架刚度 k_1 一定时，因为直接顶是由层理结构面及节理裂隙组成的岩体，所以直接顶岩体越完整，刚度越大，其弹性模量越大，刚度比 K 越小，系统越容易失稳，导致老顶切落压架；直接顶岩体破碎，刚度越小，其弹性模量越小，刚度比 K 越大，系统也越稳定。

由式（18）中系统突变失稳的充分条件表达式可知，系统失稳还与外荷载 q_0l 有关。随着 q_0 增大，系统所受荷载增加，系统稳定性逐渐降低。荷载达到一定值时，系统发生突变失稳；老顶周期来压步距 l 越大，系统稳定性降低，当周期来压步距超过一定值，满足了突变失稳的充分条件，系统发生突变失稳。因此外荷载 q_0 及老顶周期来压步距 l 是系统失稳的外部决定因素，其大小足以改变系统的稳定状态。

通过对系统失稳充要条件式（18）分析表明，系统是否失稳除与其内部特性（直接顶弹性模量 E、厚度 H、长度 L、宽度 b、应力应变关系及支架刚度）相关，还与老顶自重及上覆厚松散层荷载大小有关。

浅埋煤层特有的上覆厚松散沙层特性，煤层工作面高强度开采过程中，随着工作面开采的推进，老顶上覆荷载逐步增大，必然导致突变失稳的概率增加；另外，支架刚度一定的情况下，支架对系统稳定性的影响程度及支架所受荷载大小，均取决于直接顶岩体的力学特性和材料参数，是否会造成老顶切落压架，决定于直接顶岩体是否会突跳失稳，直接顶的岩性组成及完整性情况，对突变的发生有决定性影响。

2.3 突跳量计算

当系统满足突变失稳的充要条件时，解式（12）得三个实根，分别为：

$$x_1 = -\left(-\frac{p}{3}\right)^{1/2} = -\frac{\sqrt{2}}{2}(1-K)^{1/2} \tag{19}$$

$$x_2 = x_3 = 2\left(-\frac{p}{3}\right)^{1/2} = \sqrt{2}(1-K)^{1/2} \tag{20}$$

当跨越分歧点集时状态变量 x 发生突跳，突跳量为：

$$\Delta x = x_3 - x_1 = \frac{3\sqrt{2}}{2}(1-K)^{1/2} \tag{21}$$

对应的系统失稳前后直接顶的突跳压缩量为：

$$\Delta u = u_1\Delta x = 3\sqrt{2}u_0(1-K)^{1/2} \tag{22}$$

变形突跳时全位移 a 的计算，将 p、q 带入式（8）得：

$$\xi = \frac{1}{K}\left[1 + \frac{ql}{2\lambda u_1 \mathrm{e}^{-2}} \pm \frac{\sqrt{2}}{3}(1-K)^{3/2}\right] \tag{23}$$

由 $\xi = \frac{a-u_1}{u_1}$（ξ 取较大值）得：

$$a = \left\{1 + \frac{1}{K}\left[1 + \frac{ql}{2\lambda u_1 \mathrm{e}^{-2}} + \frac{\sqrt{2}}{3}(1-K)^{3/2}\right]\right\}2u_0 \tag{24}$$

综合式（22）、式（24），当系统内部特性一定的情况下，当全位移达到式（24）所示值时，系统将发生突跳，突跳量大小由式（22）确定。全位移 a 大小除与系统内部特性相关外还与外荷载有关，而突跳量 Δu 仅由直接顶材料特性和刚度比决定。

3 参数分析与工程应用

为深入分析系统突变失稳过程中顶板的全位移量 a 的主要影响因素，结合神东矿区大柳塔煤矿 C202 工作面工程地质情况，对其主要参数进行分析，图 2、图 3 分别为外荷载、支架刚度、老顶周期来压步距改变时对应的全位移和能量释放量关系曲线。

分析图 2、图 3 可知，随着外荷载和周

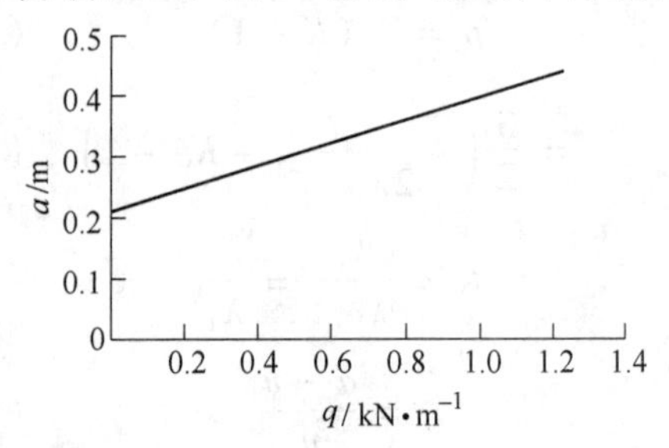

图 2 外荷载与台阶下沉量关系曲线

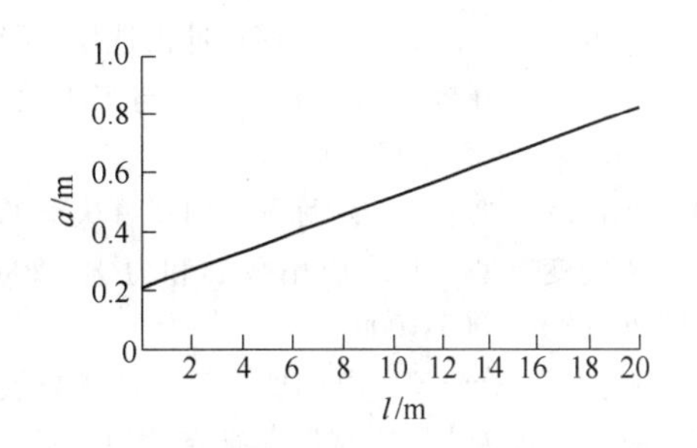

图 3　周期来压步距与台阶量下沉关系曲线

期来压步距的增大，顶板的全位移量 a 成线性增大趋势，表明当外荷载和周期来压步距增加时，系统失稳对工作面造成的破坏增大。

神东矿区大柳塔煤矿 C202 工作面，煤层厚度 3.5 ~ 4.1m，平均 3.8m，倾角小于 3°，埋藏深度平均 65m。覆岩上部为 25m 厚松散层，老顶主要为砂岩和砂质泥岩，岩层完整，其厚度 $H_L=17.3$m，上覆岩层及老顶载荷 $q=1.23$MPa；直接顶主要为粉砂岩、泥岩和砂质泥岩，其厚度 $H_Z=3.6$m，实测老顶周期来压步距 $l=7.56$m[1]。

由式（22）可确定系统失稳的充要条件：

（1）首先确定系统失稳的必要条件。

由 $\lambda=EA/L$ 得：

$$\lambda_1 = \lambda e^{-2} = \frac{E_Z A}{H_Z} e^{-2}$$

带入式（22）式得：

$$\frac{k_1}{\lambda_1} = \frac{k_1 H_Z e^2}{E_Z A} = 0.203 < 1$$

（2）将各参数代入式（18），即 $q<0$ 得：

$$-\frac{ql}{2\lambda u_1 e^{-2}} + K\xi - 1 = -2.295 < 0$$

由突变失稳判据的计算结果可知，C202 具有发生老顶沿煤壁台阶下沉切落压架的可能性。根据实测神东矿区大柳塔煤矿 C202 普采工作面周期来压过程中出现了 6 次不同程度的台阶下沉，下沉量在 360 ~ 600mm 之间，平均达到 458mm。证明理论计算与实际情况相符。

C202 工作面当前力学和材料参数满足系统失稳的必要条件，同时也满足有外荷载作用存在时的必要条件，而对于由老顶-直接顶-支架-矸石组成的力学系统要想保证系统稳定直接顶不发生突跳失稳，可以通过增加支架刚度提高工作阻力、控制开采强度及调整开采顺序等手段，来避免老顶沿煤壁切落，造成压架事故。

4　结论

（1）本文针对浅埋煤层工作面周期来压过程中顶板沿煤壁切落台阶下沉的实际情况，应用突变理论分析方法，建立了由老顶、直接顶、支架和架后矸石组成的力学系统。导出了系统失稳的充要力学条件表达式及直接顶岩体的变形突跳量的表达式。对揭示直接顶破坏机理、顶板的失稳切落机制、分析浅埋煤层开采中支架-围岩关系具有积极的意义。

（2）系统的失稳主要是由直接顶岩体应变软化破坏引起的，由失稳的充要条件可知，除与直接顶岩体和支架的材料性质有关外，还与其所受上覆荷载及老顶周期来压的步距有关。

（3）利用突变失稳的充要条件，对神东矿区 C202 工作面稳定性进行了计算分析，计算结果与现场实际情况相吻合，证明理论推导的可行性。并给出了相关建议，可为工程实践提供理论指导。

参 考 文 献

[1] 黄庆享．浅埋煤层长壁开采顶板结构及岩层控制研究［M］．徐州：中国矿业大学出版社，2000.

[2] 钱鸣高．20 年来采场围岩控制理论与实践的回顾［J］．中国矿业大学学报，2000，29(1)：1-4.

[3] 刘长友，钱鸣高，曹胜根，等．采场直接顶

对支架与围岩关系的影响机制［J］. 煤炭学报，1997，22（5）：471-476.

［4］曹胜根，钱鸣高，缪协兴，等. 直接顶的临界高度与支架工作阻力分析［J］. 中国矿业大学学报，2000，29（1）：73-77.

［5］吕军，侯忠杰. 影响浅埋煤层矿压显现的因素［J］. 矿山压力与顶板管理，2000，17（2）：39-43.

［6］黄庆享. 浅埋煤层的矿压特征与浅埋煤层定义［J］. 岩石力学与工程学报，2002，21（8）：1174-1177.

［7］张杰，侯忠杰. 厚土层浅埋煤层覆岩运动破坏规律研究［J］. 采矿与安全工程学报，2007，24（1）：56-59.

［8］柴敬，高登彦，王国旺，等. 厚基岩浅埋大采高加长工作面矿压规律研究［J］. 采矿与安全工程学报，2009，26（4）：437-440.

［9］赵常洲，李占强，魏风华，等. 地下工程中支架和围岩相互作用的突变模型［J］. 岩土力学，2005，26（z）：17-20.

［10］秦四清，何怀锋. 狭窄煤柱冲击地压失稳的突变理论分析［J］. 水文地质与工程地质，1995，18（5）：17-20.

［11］李江腾，曹平. 非对称开采时矿柱失稳的尖点突变模型［J］. 应用数学和力学，2005，26（8）：1003-1008.

［12］杨治林，余学义，郭何明，等. 浅埋煤层长壁开采顶板岩层灾害机理研究［J］. 岩土工程学报，2007，29（12）：1763-1766.

［13］杨治林. 浅埋煤层长壁开采顶板岩层灾害控制研究［J］. 岩土力学，2011，32（z1）：459-463.

［14］唐春安. 岩石破裂过程失稳的尖点灾变模型［J］. 岩石力学与工程学报，1990，9（2）：100-107.

［15］Saunders P T. 突变理论入门［M］. 凌复华，译. 上海：上海科学技术文献出版社，1983.

［16］陈忠辉，唐春安，傅宇方. 岩石失稳破裂的变形突跳研究［J］. 工程地质学报，1997，5（2）：143-149.

基于断裂力学的特厚煤层综放开采顶板破断规律研究

杨登峰[1]，陈忠辉[1]，张拥军[2]，张凌凡[1]，柴茂[1]，李博[1]

（1. 中国矿业大学(北京)力学与建筑工程学院，北京 100083；
2. 青岛理工大学土木工程学院，山东青岛 266033）

摘　要：针对特厚煤层综放开采过程中矿压显现剧烈支架工作阻力难以确定的问题，结合特厚煤层工作面顶板岩层破断形成的“悬臂梁-砌体梁”力学结构模型，根据工作面来压阶段支架工作阻力不足时，引起“砌体梁”结构下沉使“悬臂梁”结构回转变形破断，造成上覆“砌体梁”结构滑落失稳压架的特点，建立了含中心斜裂纹的“悬臂梁”结构破断的力学模型，应用断裂力学理论，分析了“悬臂梁”破断失稳的影响因素，推导了支架荷载的表达式。结果表明，裂纹倾角和长度是“悬臂梁”破断失稳的主要影响因素；支架荷载除与“悬臂梁”自身因素有关外还和砌体梁垮落步距等因素相关。结合塔山煤矿8102综采工作面工程地质条件，计算了支架荷载的理论值，验证了理论分析的合理性。

关键词：特厚煤层；综放开采；“悬臂梁-砌体梁”结构；斜裂纹；支架工作阻力

0 引言

我国特厚煤层开采方法主要有大采高综合机械化开采和机械化放顶煤开采两种，采高为3～3.5m的综采称为大采高综采，采高为5.0m以上的综采称为特大采高开采[1,2]。与分层开采相比，大采高综放开采可以降低巷道的掘进率，缓和采掘关系，简化开采过程，实现高产高效。形成了我国8～15m煤层独特的开采方式。目前我国的补连塔煤矿22303工作面采用世界上第一个7.0m液压支架进行回采，设计采高达到6.8m[3]，由于开采方式的特殊性，带来了其特有的覆岩结构特征和矿压显现规律，由此带来的支架适应性问题也更为突出。

国内学者许家林、鞠金峰等[2,4]针对神东矿区特大采高条件下的矿压规律，指出工作面覆岩下部亚关键层易破断垮落形成“悬臂梁”结构，上部亚关键层的破断将会造成下部亚关键层的破断，使工作面来压的步距和强度出现大小相互交替的周期变化；李红涛[5]认为综放开采过程中直接顶岩块能形成上位散体拱结构，研究了“散体拱”结构的形成和失稳机理；孔令海[6]通过微震监测技术研究特厚煤层综放开采的岩层移动和支架荷载关系；王国法[7]建立了“组合悬臂梁”模型，揭示了特厚煤层综采矿压显现剧烈的原因；李化敏[8]研究

收稿日期：2016. 2. 10。

基金项目：国家重点基础研究发展规划（973）项目（2013CB227903），国家自然科学基金项目（51174208，51234005，U1361209）。

作者简介：杨登峰（1985—），男，山东菏泽人。手机：18800129476，E-mail：kdydf@126. com。

了大采高综放工作面的顶板破断特征，建立了岩层周期来压破断的力学模型，分析了支架工作阻力的计算方法；闫少宏、于雷等[9~13]提出的"悬臂梁-砌体梁"的结构模型最为典型，认为在普通采高中能形成稳定的"砌体梁"结构，而在特大采高情况下，顶板会由于较大的回转变形量以"悬臂梁"结构形式发生垮落运动，只有在更高的层位上才能形成"砌体梁"结构，使工作面顶板呈现出"悬臂梁-砌体梁"的结构形式（图1），并由此推导了支架工作阻力的计算表达式。但他们对于造成力学模型失稳的力学条件及控制模型失稳的因素分析较少。

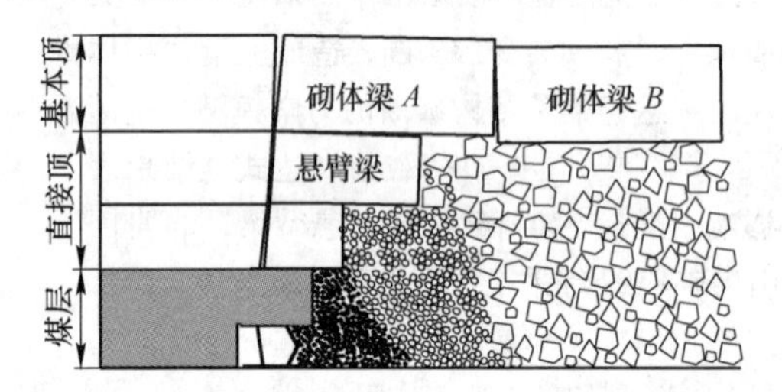

图1 大采高综放开采顶板结构

结合"悬臂梁-砌体梁"结构的失稳垮落过程和来压特征，当支架工作阻力不足时，由于工作面推进使"悬臂梁"结构产生破断回转变形，失去了对"砌体梁"结构的支撑能力，造成"砌体梁"结构的滑落失稳。因此，是"悬臂梁"结构控制了上覆岩层的失稳，控制"悬臂梁-砌体梁"结构大规模来压的关键是控制"悬臂梁"结构的破断失稳。在实际工程中，岩体由于长期的地质构造作用，内部往往存在大量不规则且长短不一的裂隙、节理和小断层构造，破坏了岩体的完整性，在这些裂纹当中往往是由一条主控裂纹对岩体的破断起主要的控制作用[14]。工作面推进过程中的初次来压和周期来压大部分是由于在一定的荷载和悬臂长度条件下，岩体中损伤区域裂纹的扩展贯通造成的。因此，"悬臂梁"可以假定为一个带中心裂缝的岩梁，在工作面推进过程中，上覆岩层荷载作用下，中心斜裂缝失稳扩展，岩梁切落。因此可以利用断裂力学的原理和方法研究"悬臂梁"结构的破坏准则及支护条件。

本文以同煤集团塔山煤矿特厚煤层8102综采工作面为例，根据"悬臂梁-砌体梁"结构力学模型，以"悬臂梁"为主要研究对象，采用断裂力学理论，建立含中心斜裂纹的"悬臂梁"结构破断的力学模型，求解斜裂纹扩展时的应力强度因子，通过分析悬臂梁的破断失稳，来研究支架工作阻力的合理值。

1 支架工作阻力分析

随着工作面的推进，顶煤逐渐被放出，"悬臂梁"结构发生回转变形，使上位的"砌体梁"结构也发生回转，当支架工作阻力较小时，难以阻止上覆顶板的较大回转量，造成"砌体梁"结构的滑落失稳，进而造成"悬臂梁"结构的破断垮落。因此支架所承受荷载包括"悬臂梁"结构荷载和"砌体梁"结构荷载两部分。

1.1 "砌体梁"结构分析

上覆岩层对 A、B 岩块作用设为均布荷载 ql，利用文献［10］中模型进行分析"砌体梁"结构对下部支撑结构的荷载作用，所建模型如图2所示。

"砌体梁"结构的荷载可表示为[10]：

$$R = Q_A\left(\frac{L}{2} + \frac{1}{2}H\cot\alpha\right) - \frac{Ks_2 - Q_B}{f}(h - s_1) - (Ks_2 - Q_B)(L + H\sin\alpha) \tag{1}$$

1.2 "悬臂梁"结构分析

"悬臂梁"结构回转破断过程中，其内部的主控裂纹控制了损伤破坏的发展趋势，由于"悬臂梁"结构中的裂纹是受复杂荷载的压剪裂纹。其结构所受荷载包括上位"砌体梁"结构荷载 R 和下部的支架支撑力 Q_z、梁端矸石的支撑作用力 Q_g（图3）。

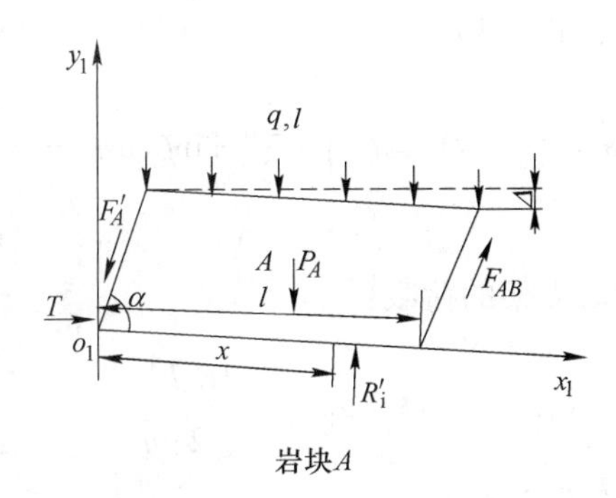

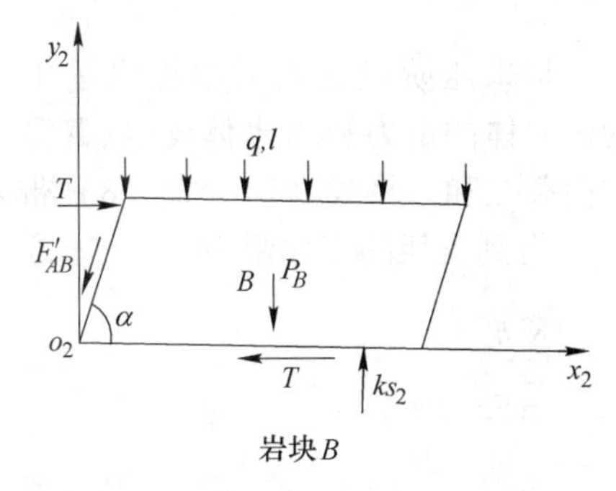

图2 “砌体梁”岩块受力计算

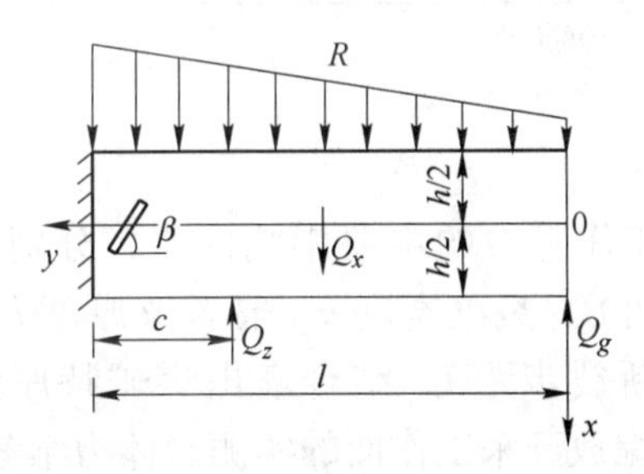

图3 “悬臂梁”受力计算

将“悬臂梁”结构视为带中心斜裂纹的有限板模型，由于复合型荷载作用，斜裂纹的应力强度因子可以分解成几个简单的荷载模型进行综合分析（图4）。设主控裂纹斜裂纹倾角为β，宽度a，悬臂梁宽度为h，c为支架作用力距离煤壁距离。将复合型应力作用下的岩梁分解成剪应力和弯矩作用下的含中心斜裂纹有限板应力强度因子计算模型。

根据有限板模型公式，两种简单荷载作用下的应力强度因子计算公式[15]如下：

（1）剪应力引起的应力强度因子（图

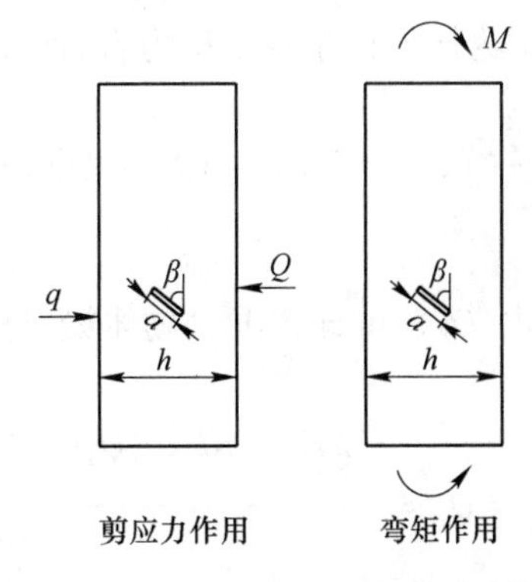

图4 “悬臂梁”断裂的静力等效简图

4）。将顶板的集中荷载、悬臂梁重力和支架支撑力对裂纹的剪切作用力，简化成含裂纹顶板在单轴压缩作用下的受力模型，则：

$$K_{\mathrm{II}} = F_{\tau}\left(\frac{1}{2}R + Q_x - Q_z - Q_g\right)\times \frac{\sqrt{2\pi a}}{2}\sin\beta\cos\beta \tag{2}$$

（2）弯矩引起的应力强度因子（图4）。

$$K_{M\mathrm{I}} = F_M\frac{\sqrt{2\pi a}}{2h^3}(Rl + 3Q_x l - 6Q_z c - 6Q_g l)a\sin^3\beta \tag{3}$$

岩梁斜裂纹尖端的应力强度因子是以上三种简单荷载作用下的应力强度因子的叠加，即：

$$\begin{cases} K_{\mathrm{I}} = F_M\dfrac{\sqrt{2\pi a}}{2h^3}(Rl + 3Q_x l - 6Q_z c - 6Q_g l)a\sin^3\beta \\ K_{\mathrm{II}} = F_{\tau}\left(\dfrac{1}{2}R + Q_x - Q_z - Q_g\right)\times \dfrac{\sqrt{2\pi a}}{2}\sin\beta\cos\beta \end{cases} \tag{4}$$

由式（4）可知，“悬臂梁”结构裂纹间端的应力强度因子主要与裂纹倾角、裂纹的长度和岩梁的厚度有关，构造运动使岩梁中分布倾角不规则和长短各异的裂纹，造成了岩梁的断裂呈现出波动性变化趋势。

依据大量实验及现场研究[16]，岩石及混凝土材料的断裂情况下的判据可表示为：

$$\lambda\sum K_{\mathrm{I}} + \left|\sum K_{\mathrm{II}}\right| = K_{\mathrm{c}} \tag{5}$$

式中，λ 为压剪比系数；K_c 为岩石的断裂韧性。将式（4）带入式（5）可得：

$$\lambda F_M \frac{\sqrt{2\pi a}}{2h^3}(Rl + 3Q_x l - 6Q_z c - 6Q_g l) a\sin^3\beta + F_\tau\left(\frac{1}{2}R + Q_x - Q_z - Q_g\right)\frac{\sqrt{2\pi a}}{2}\sin\beta\cos\beta = K_c \tag{6}$$

由式（6）可计算出“砌体梁-悬臂梁”结构对支架的荷载：

$$Q_z = \frac{2\lambda F_M a(Rl + 3Q_x l - 6Q_g l)\sin^2\beta + 2h^3(R + Q_x - Q_g)\cos\beta - \dfrac{4K_c h^3}{\sqrt{2\pi a}}}{48\lambda acF_M \sin^2\beta + F_\tau h^3\cos\beta} \tag{7}$$

支架上方煤岩体的重量 Q_s 为顶煤的重力 Q_m 与“悬臂梁”下位直接顶的重力 Q_l 之和[7]，即：

$$Q_s = Q_m + Q_l = \gamma_m h_m b l_d + \gamma L_z b l_d \tag{8}$$

顶板来压阶段支架需要提供的工作阻力为煤岩体的重力和“砌体梁-悬臂梁”结构的荷载之和，将式（1）、式（8）带入式（7）可得到支架的工作阻力：

$$Q = \frac{2\lambda F_M a(3Q_x l - 6Q_g l)\sin^2\beta + 2h^3(Q_x - Q_g)\cos\beta - \dfrac{4K_c h^3}{\sqrt{2\pi a}}}{48\lambda acF_M\sin^2\beta + F_\tau h^3\cos\beta} + \frac{\left[Q_A\left(\dfrac{L}{2} + \dfrac{1}{2}H\cot\alpha\right) - \dfrac{Ks_2 - Q_B}{f}(h - s_1) - (Ks_2 - Q_B)(L + H\sin\alpha)\right](2\lambda F_M al + 2h^3)}{48\lambda acF_M \sin^2\beta + F_\tau h^3\cos\beta} + \gamma_m h_m b l_d + \gamma L_z b h_l \tag{9}$$

分析支架工作阻力计算式（9）可知，裂纹倾角 β 和长度 a 是决定“悬臂梁”破断的主要因素，裂纹倾角越大、裂纹越长，“悬臂梁”中的裂纹扩展的路径缩短，使其容易贯通岩梁；而当裂纹的倾角和长度一定时，“悬臂梁”的厚度 h 越大时，悬臂梁裂纹扩展需要的应力增大，且裂纹扩展路径较长，使裂缝不易贯通岩梁；“砌体梁”结构的垮落步距 L 和“悬臂梁”长度越大，顶板来压给支架造成的压力也就越大。因此 l 和 L 的增大对于对支架有非常不利的影响。只有在合理的支架工作阻力下，保持“悬臂梁”结构的稳定性，阻止“悬臂梁”中裂纹在支架上方的扩展失稳。

2　参数分析与工程应用

2.1　影响因素分析

为了更清楚地说明特厚煤层综放开采支架工作阻力的主要影响因素，分别取裂纹倾角 β、裂纹宽度 a、悬臂梁厚度 h、砌体梁断裂步距 l，结合塔山煤矿特厚煤层 8102 综放开采工作面的实测岩体力学参数，根据计算式（9）对支架工作阻力变化情况进行计算分析，如图 5 所示。

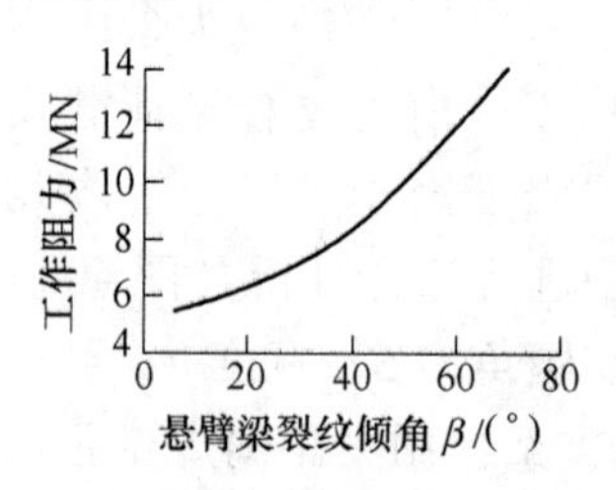

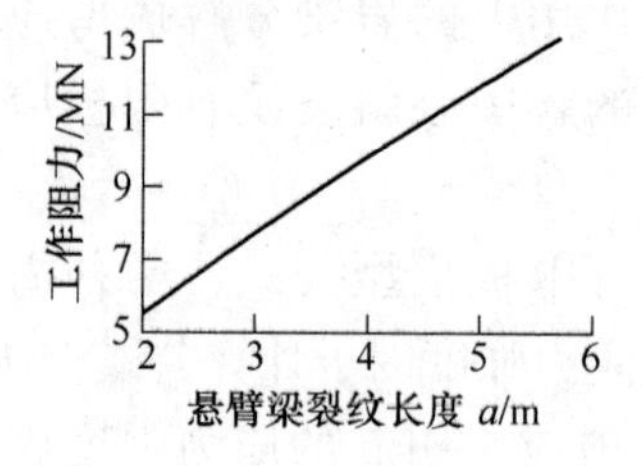

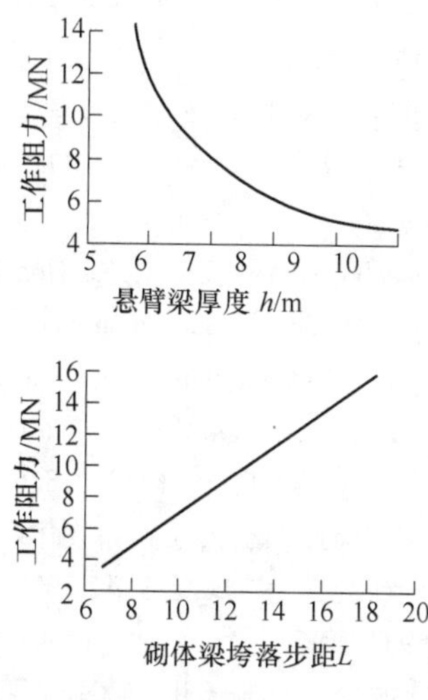

图5 支架工作阻力与各参数的关系曲线

由图5可知，随着裂纹倾角 β 和裂纹长度 a 的增大，支架工作阻力均呈现增大趋势，但是随着悬臂梁厚度 h 的增大，裂纹扩展路径延长，支架工作阻力呈现负指数降低趋势；砌体梁垮落步距 L 增大，支架工作阻力增幅较大（4～16MN），大于其他各因素对支架工作阻力的影响作用。

2.2 支架工作阻力确定

同煤集团塔山煤矿特厚煤层8102综放开采工作面长231m，采高35.5m，走向长1700m，为石炭纪煤层。煤层厚11.1～20m，煤层均厚13.9m，埋深418～552m。直接顶平均厚度为8m，悬臂梁中的斜裂纹长度平均为3.6m，倾角 $\beta=63°$，压剪比系数 $\lambda=1$，岩体的断裂韧性 $K_c=1.05\text{MN/m}^{3/2}$；基本顶厚度为13m左右。工作面原来使用国产ZF10000/25/38低位放顶煤液压支架，机采高度为3.5m，工作面推进过程中，基本顶周期来压步距平均19.5m[16,17]。将各参数代入式（9）计算支架的工作阻力13491.2kN，由计算结果可知，工作面支架工作阻力超过了选用的液压支架的工作阻力值，与现场实际监测情况相符合。因此塔山煤矿8102工作面选用新型的ZF15000/28/52液压支架能够满足工作面使用要求。

图6为8102工作面支架最大工作阻力分布直方图，分析图6可以发现，8102工作面支架最大工作阻力分布在7～13MN范围内，所占比率为78.12%，占额定工作阻力15MN的46.7%～86.7%，说明工作面支架工作阻力分布较合理。

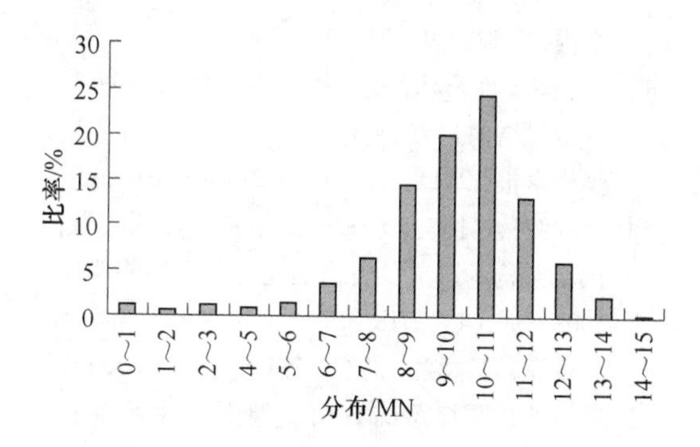

图6 支架工作阻力分布直方图

3 结论

（1）以悬臂梁结构为研究对象，建立了含中心斜裂纹的“悬臂梁”结构的断裂力学模型，应用断裂力学理论，推导得出了岩梁破断的应力强度因子计算式，并进一步推导了支架工作阻力的计算式。

（2）结合理论分析结果，对支架工作阻力的主要影响因素进行了分析，支架工作阻力随着“悬臂梁”裂纹倾角 β 和裂纹长度 a 的增大而增大，随厚度 h 的增大而减小，随裂纹倾角和长度的增大；而随着“砌体梁”垮落步距 L 的增大，其重力和回转变形量增加，迫使“悬臂梁”回转破断失稳，造成工作面来压，增大支架荷载。

（3）根据理论分析结果对同煤集团塔山矿8102特厚煤层综采工作面的支架工作阻力进行了计算，计算得到的支架工作阻力为13491.2kN，证明原来所用支架工作阻力偏低，不能满足工作面安全性要求，因此矿区支架更换为ZF15000/28/52。

参考文献

[1] 王家臣. 厚煤层开采理论与技术 [M]. 北京: 冶金工业出版社, 2009: 15-20.

[2] 许家林, 鞠金峰. 特大采高采面关键层结构形态及其对矿压显现的影响 [J]. 岩石力学与工程学报, 2011, 30 (8): 1547-1556.

[3] 鞠金峰, 许家林, 朱卫兵, 等. 7.0m 支架综采面矿压显现规律研究 [J]. 采矿与安全工程学报, 2012, 29 (3): 344-350.

[4] 鞠金峰, 许家林, 王庆雄. 大采高采场关键层悬臂梁结构运动型式及对矿压的影响 [J]. 煤炭学报, 2011, 36 (12): 2115-2120.

[5] 李红涛, 刘长友, 汪理全. 上位直接顶 "散体拱" 结构的形成及失稳演化 [J]. 煤炭学报, 2008, 33 (4): 378-381.

[6] 孔令海, 姜福兴, 刘杰, 等. 基于高精度微震监测的特厚煤层综放面支架围岩关系 [J]. 岩土工程学报, 2010, 32 (3): 401-406.

[7] 王国法, 刘俊峰, 任怀伟. 大采高放顶煤液压支架围岩耦合三维动态优化设计 [J]. 煤炭学报, 2011, 36 (1): 145-151.

[8] 李化敏, 蒋东杰, 李东印. 特厚煤层大采高综放工作面矿压及顶板破断特征 [J]. 煤炭学报, 2014, 39 (10): 1956-1960.

[9] 闫少宏, 尹希文. 大采高综放开采几个理论问题的研究 [J]. 煤炭学报, 2008, 33 (5): 481-484.

[10] 闫少宏, 尹希文, 许红杰, 等. 大采高综采顶板短悬臂梁-铰接岩梁结构与支架工作阻力的确定 [J]. 煤炭学报, 2011, 36 (11): 1816-1820.

[11] Yan Shaohong, Yin Xiwen, Xu Hongjie, et al. Theory study on the load on support of long wall with top coal caving with great mining height in extra thick coal seam [J]. Journal of China Coal Society, 2011, 36 (11): 1816-1820.

[12] 闫少宏. 特厚煤层大采高综放开采支架外载的理论研究 [J]. 煤炭学报, 2009, 34 (5): 590-593.

[13] 于雷, 闫少宏, 刘全明. 特厚煤层综放开采支架工作阻力的确定 [J]. 煤炭学报, 2012, 37 (5): 737-742.

[14] 陈忠辉, 冯竞竞, 肖彩彩, 等. 浅埋深厚煤层综放开采顶板断裂力学模型 [J]. 煤炭学报, 2007, 32 (5): 449-452.

[15] 中国航空研究院. 应力强度因子手册 (增订版) [M]. 北京: 科学出版社, 1993: 320-321.

[16] 于骁中, 谯常忻, 周群力. 岩石和混凝土断裂力学 [M]. 长沙: 中南工业大学出版社, 1991: 230-278.

[17] 于斌. 大同矿区煤矿开采 [M]. 北京: 科学出版社, 2015: 156-171.

基于 Rayleigh-Ritz 法的房柱式采空区煤柱稳定性研究

高峰，卫文彬

（中国矿业大学(北京)资源与安全工程学院，北京 100083）

摘　要：为探究11-2号煤层房柱式采空区各类遗留煤柱的稳定性，基于合理的假设建立了采空区煤柱应力分析力学模型，并运用 Rayleigh-Ritz 法求解出了煤柱的位移场及应力场方程表达式。根据煤柱极限强度理论及合理的煤柱稳定性判据对采空区煤柱进行了稳定性分析。结果表明，11-2号煤层采空区内各类遗留煤柱均处于稳定状态。

关键词：Rayleigh-Ritz；采空区；煤柱；应力场

0　引言

Rayleigh-Ritz 算法[1,2]是一种利用最小势能原理，从势能泛函出发推导出的一种用于求解复杂弹性力学方程近似解的计算方法。对于近水平煤层采空区内的遗留煤柱，忽略煤层倾角及煤柱的时间效应，并考虑煤柱为单一均质的弹性体；根据最小势能原理，在煤柱所有可能的变形位移场中，真实的位移总能够使煤柱体弹性势能泛函取值最小。因此，可以通过预先假定煤柱的位移函数，使其满足相应的几何条件，通过这一函数对煤柱进行弹性势能泛函求解便可得出相应试函数下的煤柱应力场及应力场函数。所以，位移函数的选取对这一方法的成功与否有着极大关系[3]。

对于 Rayleigh-Ritz 算法的应用，许多学者进行了深入研究。彭震和李曼[4]分析了边界条件等对位移试函数的选取影响，并指出在实际应用中，函数选取应参考现有结论。李强等[5]通过选取正弦函数与二次函数乘积形式的位移方程对巷道矸石充填体的位移场进行了求解，并根据具体工程背景进行了验证。陈远峰[6]选取线性函数形式的位移方程对留煤柱开采方式下的遗留煤柱进行了位移场和应力场的求解，并分析了煤柱宽度、开采深度等对煤柱稳定性的影响。

本文以唐山沟煤矿11-2号煤层的房柱式采空区遗留煤柱为研究对象，通过建立相应的应力场分析力学模型，对房柱式采空区内的煤柱应力进行了计算，得出了煤柱的应力场计算公式。通过引入合理的煤柱稳定性判据，确定了房柱式采空区内的各类煤柱的赋存状态，从而可以确定煤柱应力集中区域，为12号煤层的回采巷道布置及工作面区段煤柱留设提供设计依据。

基金项目：国家自然科学基金重点资助项目（51234005）。

作者简介：高峰，男，中国矿业大学（北京）博士研究生。

通讯作者：卫文彬（1990—），男，河南焦作人，硕士研究生。手机：15210573748，E-mail：wbin90@126.com。

1　工程概况

唐山沟矿为新近整合矿井，主采8号、9号、11-1号及12号煤层；矿井整合前采用条状煤柱房柱后退式采煤法对11-2号煤层进行开采，煤层平均厚度为2.83m，平均开采深度约380m，其巷道布置如图1所示。房柱式工作面推进长度约400m，煤房长60m，宽20m，在房柱式开采过程中，只回采12m宽的煤房，遗留8m宽的煤柱。因此，11-2号煤层房柱式采空区呈条带状，长度为60m，宽度为15m，沿房柱式回采方向均匀分布。

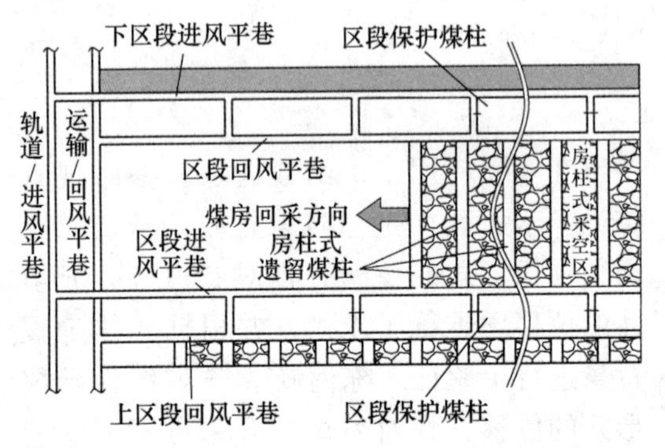

图1　11-2号煤层房柱式采煤法巷道布置图

根据图1可知，11-2号煤层遗留煤柱主要分为三种类型，见表1。

表1　11-2煤层遗留煤柱类型

煤柱类型	位置	长度	宽度	高度
房柱式遗留煤柱	房柱式工作面	60m	8m	等于煤层厚度
区段保护煤柱	两工作面之间	约400m	15m	
护巷煤柱	盘区平巷中间及两侧	等于平巷长度	20m	

2　采空区煤柱应力场分析

2.1　力学模型建立

根据煤柱破坏过程应力应变曲线[7]可知，当煤柱内的应力达到峰值后，煤柱将会出现整体破坏。因此，在对煤柱进行稳定性判定时，需要对煤柱的应力场进行定量分析和求解。

对于11-2号煤层采空区的遗留煤柱，其稳定性分析可以转化为平面应变求解问题。在研究过程中，为便于计算，对11-2号煤层采空区煤柱做如下假设：

（1）煤柱为连续、各向均质的弹性体；

（2）近水平煤层，不考虑煤层倾角；

（3）煤柱内没有结构弱面；

（4）煤柱高度等于煤层厚度。

因此，可以选取单位厚度的煤柱为研究对象，通过建立图2所示的力学模型对其进行受力分析。

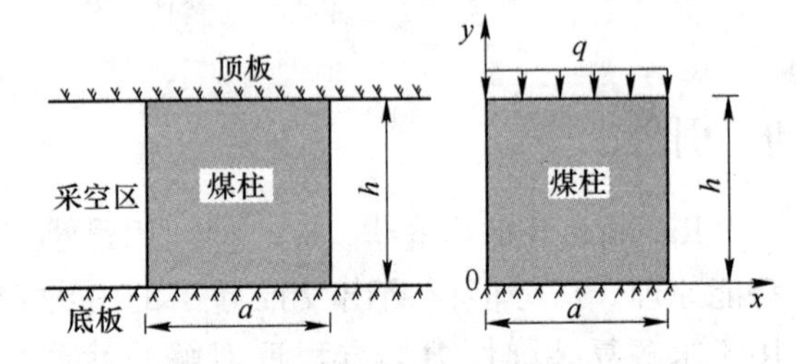

图2　煤柱应力场分析力学模型

2.2　应力场求解

在对模型进行分析时，需要确定其边界条件，即：

$$\begin{cases}\sigma_y\big|_{x=0\to a,\,y=h} = -q \\ u\big|_{y=0} = u\big|_{y=h} = 0 \\ v\big|_{y=0} = 0\end{cases} \tag{1}$$

式中，σ_y为单元体轴向应力分量，MPa；a为煤柱宽度，m；h为煤柱高度，m；q为上覆岩层载荷，kN；u为单元体水平方向上的位移分量，m；v为单元体铅垂方向上的位移分量，m。

根据上述单元体的位移边界条件可以确定煤柱的位移场表达式：

$$\begin{cases}u(x,y) = y(A+Bx)(y-h) \\ v(x,y) = Cy\end{cases} \tag{2}$$

式中，A、B、C为待定系数。

对于平面应变问题，可以运用 Rayleigh-Ritz 法对煤柱的形变能进行求解。

$$V_\varepsilon = \frac{E}{2(1+\mu)}\int_0^h\int_0^a\left[\frac{\mu}{1-2\mu}\left(\frac{\partial u}{\partial x}+\frac{\partial v}{\partial y}\right)^2+\left(\frac{\partial u}{\partial x}\right)^2+\left(\frac{\partial v}{\partial y}\right)^2+\frac{1}{2}\left(\frac{\partial v}{\partial x}+\frac{\partial u}{\partial y}\right)^2\right]\mathrm{d}x\mathrm{d}y \tag{3}$$

式中，V_ε 为煤柱的形变能，J；E 为煤柱的弹性模量，GPa；μ 为煤柱的泊松比。

将 V_ε 对 A、B、C 求偏导可知：

$$\begin{aligned}
\frac{\partial V_\varepsilon}{\partial A} &= \frac{E}{2(1+\mu)}\cdot\frac{h^3}{3}(2Aa+Ba^2)\\
\frac{\partial V_\varepsilon}{\partial B} &= \frac{E}{2(1+\mu)}\left[\frac{\mu}{(1-2\mu)}\left(\frac{2Bh^5a}{30}-\frac{Cah^3}{3}\right)+\frac{2Bh^5a}{30}+\frac{h^3}{3}\left(Aa^2+\frac{2Ba^3}{3}\right)\right]\\
\frac{\partial V_\varepsilon}{\partial C} &= \frac{E}{2(1+\mu)}\left[\frac{\mu}{(1-2\mu)}\left(2ahC-\frac{Bah^3}{3}\right)+2Cha\right]
\end{aligned} \tag{4}$$

近似取体力分量 $fx=fy=0$，则 Rayleigh-Ritz 方程为：

$$\begin{aligned}
\frac{\partial V_\varepsilon}{\partial A} &= \int\overrightarrow{fx}u_1\mathrm{d}s \quad (u_1=y(y-h))\\
\frac{\partial V_\varepsilon}{\partial B} &= \int\overrightarrow{fx}u_2\mathrm{d}s \quad (u_2=xy(y-h))\\
\frac{\partial V_\varepsilon}{\partial C} &= \int\overrightarrow{fy}v\mathrm{d}s \quad (v=y)
\end{aligned} \tag{5}$$

根据之前设定的煤柱边界条件可知：

$$\begin{cases}
\overrightarrow{fx}\big|_{y=h}=0\\
\overrightarrow{fy}\big|_{y=h}=-q\\
u_1\big|_{y=h}=0\\
u_2\big|_{y=h}=0\\
v\big|_{y=h}=h
\end{cases} \tag{6}$$

由此可以计算出 A、B、C 的联立方程组，从而可以得到待定系数 A、B、C 的表达式：

$$\begin{aligned}
A &= \frac{a}{2}\cdot\frac{q}{E}\cdot\frac{30k}{h^2(6\mu^2-17\mu+6)+5a^2(1+\mu)(1-2\mu)}\\
B &= -\frac{q}{E}\cdot\frac{30k}{h^2(6\mu^2-17\mu+6)+5a^2(1+\mu)(1-2\mu)}\\
C &= -\frac{q}{E\mu}\cdot\frac{k[6(1-\mu)h^2+5(1-2\mu)a^2]}{h^2(6\mu^2-17\mu+6)+5a^2(1+\mu)(1-2\mu)}\\
k &= (1+\mu)(1-2\mu)\mu
\end{aligned} \tag{7}$$

确定了待定系数 A、B、C 之后，分别带入式（2）的单元体位移场公式中即可确定煤柱的位移表达式。

根据弹性力学的平面问题的几何方程和物理方程可知：

$$\begin{aligned}
\varepsilon_x &= \frac{\partial u}{\partial x} = \frac{1-\mu^2}{E}\left(\sigma_x-\frac{\mu}{1-\mu}\sigma_y\right)\\
\varepsilon_y &= \frac{\partial v}{\partial y} = \frac{1-\mu^2}{E}\left(\sigma_y-\frac{\mu}{1-\mu}\sigma_x\right)
\end{aligned} \tag{8}$$

由此可以确定单元体应力场的计算公式：

$$\begin{aligned}
\sigma_x &= \frac{E}{1-\mu^2}\left[\frac{(\mu-1)^2}{1-2\mu}\frac{\partial u}{\partial x}+\frac{\mu(1-\mu)}{1-2\mu}\frac{\partial v}{\partial y}\right]\\
\sigma_y &= \frac{E(1-\mu^2)}{(1-2\mu)(1-\mu^2)}\left(\frac{\mu}{1-\mu}\frac{\partial u}{\partial x}+\frac{\partial v}{\partial y}\right)
\end{aligned} \tag{9}$$

将煤柱位移场计算公式带入上述公式中可得：

$$\sigma_x = \frac{E}{1-\mu^2}\left[\frac{(\mu-1)^2}{1-2\mu}By(y-h) + \frac{\mu(1-\mu)}{1-2\mu}C\right]$$
$$\sigma_y = \frac{E(1-\mu)^2}{(1-2\mu)(1-\mu^2)}\left(\frac{\mu}{1-\mu}By(y-h) + C\right) \quad (10)$$

将待定系数 A、B、C 带入方程中即可得到煤柱极限应力计算公式如下：

$$\sigma = \frac{E\sqrt{\left[(1-\mu)C - \frac{h^2\mu B}{6}\right]^2 + \left[\mu C - \frac{h^2 B}{6}(1-\mu)\right]^2}}{(1+\mu)(1-2\mu)} \quad (11)$$

3 煤柱稳定性判定

当煤柱上承载的载荷小于煤柱的承载能力时，煤柱将保持稳定；反之，当煤柱上的载荷大于煤柱的承载能力时，煤柱将发生破坏。大量的试验及现场实践表明，影响煤柱强度的因素主要包括：煤体强度、煤柱高度、煤柱宽度及柱体内的构造特征等。

Obert-Dwvall/Wang（1967）和 Bieniawski（1968）总结了关于煤柱极限强度的计算公式[8]：

$$R = R_c\left(0.778 + 0.222\frac{a}{h}\right) \quad (12)$$

式中，R 为煤柱的极限强度，MPa；R_c 为煤块的单轴抗压强度，MPa。

根据煤柱应力场计算公式可以对 11-2 号煤层采空区内不同类型的煤柱进行应力求解。通过将求解出的煤柱应力与煤柱极限强度计算公式进行对比即可确定煤柱的稳定性。

以房柱式遗留煤柱为例对采空区内遗留煤柱的稳定性进行分析，根据地质资料可知：唐山沟煤矿煤层为近水平煤层，开采深度为 380m。考虑铅垂方向的载荷等于 11-2 号煤层上覆岩层的容重，即 $q=\gamma H$。上覆岩层容重取 $2.4\times10^4\,\text{N/m}^3$，可以求出 $q=9.12\text{MPa}$。

根据对唐山沟煤矿 11-2 号煤层煤岩样进行物理力学试验分析可知，煤柱 $\mu=0.41$，$E=2184.70\text{MPa}$，$C=7.952\text{MPa}$，$\sigma_c=12.10\text{MPa}$。

因此，可以确定房柱式遗留煤柱的待定系数 A、B、C 如下所示：

$$A = 1.5\times10^{-3}$$
$$B = -3.8\times10^{-4} \quad (13)$$
$$C = -2.65\times10^{-3}$$

由此可以计算出遗留煤柱的极限应力为：

$$\sigma = 13.8\text{MPa} \quad (14)$$

因此，可以确定煤柱的应力为 14.04MPa。根据煤柱极限强度计算公式，对房柱式遗留煤柱进行如下判定：

$$R = 12.1\times\left(0.778+0.222\times\frac{8}{2.83}\right) = 17.0\text{MPa} > 13.18\text{MPa} \quad (15)$$

采用同样的计算方法可以分别对 11-2 号煤层区段保护煤柱和护巷煤柱进行应力求解。在此引入煤柱稳定性判据[9]，见表 2。

表 2 煤柱稳定性系数判定表

煤柱稳定性系数	$0\leqslant k<0.8$	$k=1$	$1\leqslant k<1.5$	$k\geqslant1.5$
状态描述	变形、失稳破坏	极限平衡状态	亚稳定状态	绝对稳定状态

因此，根据上述煤柱稳定判据对 11-2 号煤层采空区煤柱的稳定性进行判定，其结果见表 3。

表 3 11-2 号煤层采空区煤柱稳定性判定结果

煤柱类型	煤柱应力/MPa	煤柱极限强度/MPa	$k=R/\sigma$	稳定性判定
房柱式遗留煤柱	13.18	17.0	1.23	亚稳定状态
区段保护煤柱	10.24	23.65	2.31	绝对稳定状态
护巷煤柱	10.5	28.4	2.7	绝对稳定状态

由表3可知，11-2号煤层房柱式采空区内的房柱式遗留煤柱处于亚稳定状态，区段保护煤柱和护巷煤柱的都处于决定稳定状态。因此，采空区内的遗留煤柱均能够形成应力集中，在进行12号煤层开采时，工作面回采巷道及区段保护煤柱应尽量避开应力集中区域布置。

4 结论

（1）论文基于合理的假设建立了11-2号煤层房柱式采空区煤柱应力分析力学模型，通过采用Rayleigh-Ritz法求解出了煤柱的位移场及应力场函数。

（2）根据煤柱极限强度理论和相应的煤柱稳定性判据，得出采空区房柱式遗留煤柱处于亚稳定状态，区段保护煤柱和护巷煤柱均处于绝对稳定状态。

参考文献

[1] 孙训方，胡增强，方孝淑，等．材料力学［M］．北京：高等教育出版社，2009.

[2] 胡海昌，胡润莓．变分学［M］．北京：中国建筑工业出版社，1987.

[3] 彭震，贾培强，李晶．Rayleigh-Ritz 法在应用中需注意的几个问题［J］．唐山学院学报，2010，23（6）：8-9.

[4] 彭震，李曼．关于 Rayleigh-Ritz 法试函数的选取［J］．力学与实践，1999，21（6）：65-66.

[5] 李强，茅献彪，卜万奎，等．巷道矸石充填控制覆岩变形的力学机理研究［J］．中国矿业大学学报，2008，37（6）：745-750.

[6] 陈远峰．覆岩-煤柱群失稳的力学机理研究［D］．徐州：中国矿业大学，2014.

[7] 张志填．岩石变形破坏过程中的能量演化机制［D］．徐州：中国矿业大学，2013.

[8] 钱鸣高，石平五，许家林．矿山压力与岩层控制［M］．徐州：中国矿业大学出版社，2011.

[9] 刘洋．长壁留煤柱支撑法开采煤柱设计流程［J］．煤炭开采，2008，13（2）：19-22.

高瓦斯矿井综采面顶板“三带”分布数值模拟研究

高　升

（中煤科工能源投资有限公司，北京　100013）

摘　要：本文以山西某高瓦斯矿井310101综采面为研究对象，分析了顶板上覆岩层“三带”分布规律与工作面裂隙带高位钻孔瓦斯抽采的关系，并通过UDEC数值模拟与理论计算，确定了该工作面顶板“三带”的分布范围，结果表明，310101综采面的顶板上覆岩层冒落带高度为10m，裂隙带高度为32m，裂隙带顶部以上部分为弯曲下沉带。

关键词：高瓦斯；顶板“三带”；数值模拟

0　引言

随着现代化大型矿井和高产工作面的建设，综采工作面上隅角瓦斯超限难题严重影响着高瓦斯矿井的安全、高效生产。工作面覆岩裂隙带瓦斯抽采技术是指沿着工作面走向，将高位长钻孔打入顶板裂隙带岩层中来抽采采空区内聚集的瓦斯，从而有效地降低采空区瓦斯浓度，成为解决工作面上隅角瓦斯超限难题的重要手段[1~3]。因此，研究高瓦斯矿井综采面顶板上覆岩层“三带”的分布特征，确定瓦斯抽采高位钻孔布置的合理参数，进而提高采空区瓦斯抽采效果，对高瓦斯现代化大型矿井的建设具有重要意义。

1　工程概况

山西某高瓦斯矿井设计生产能力为3.0Mt/a，主采3号煤层，平均埋深560m。该矿井310101工作面长度为240m，采高为2.5m，采用走向长壁后退式采煤法。该工作面煤层内生裂隙发育，且含1~2层夹矸，厚度约为0.02~0.1m。工作面伪顶为高岭土泥岩，厚度0.3m；直接顶为泥岩，平均厚度3.6m；老顶为中砂岩，平均厚度5.5m；底板为灰色砂质泥岩，平均厚度2.98m。

该矿井实测资料表明矿井相对瓦斯涌出量为22.62m^3/t，矿井绝对瓦斯涌出量为157.32m^3/min，且煤层透气系数为0.017$m^2/(MPa^2 \cdot d)$，百米流量衰减系数为0.5303d^{-1}，属较难抽放煤层。为了保障矿井的安全高效回采，该矿井主要采用了回采前期的工作面瓦斯预抽和回采期间的高位钻孔抽采采空区瓦斯的综合治理方法，取得了良好的瓦斯治理效果。

2　顶板“三带”与高位钻孔抽采瓦斯的关系

工作面的回采引起采空区上覆岩层因

收稿日期：2016.3.24。

作者简介：高升（1987—），男，山东枣庄人，硕士研究生学历，毕业于中国矿业大学（北京）采矿工程专业，现从事煤矿安全生产技术与管理工作。E-mail：gaosheng1987@126.com。

失去支撑而破断下沉，改变了煤岩体中的裂隙分布特征，形成了采动裂隙场，其中，一种是由不同岩性顶板岩层下沉不同步而在相邻岩层中形成的横向离层裂隙，一种是顶板上覆岩层所形成砌体梁结构相邻岩块之间断裂位置处的竖向破断裂隙，进而为采空区瓦斯的运移和流通提供了水平和竖直流动通道。当上覆岩层垮落破断稳定后，顶板岩层由下至上依次形成了冒落带、裂隙带和弯曲下沉带，采动裂隙主要分布于裂隙带和冒落带内。对于高瓦斯综采工作面，由于垮落带裂隙开度很大，瓦斯将不断地上浮而很难在垮落带内发生聚集；而且弯曲下沉带内岩层完整性较好，并未形成较多的采动次生裂隙，且能有效地阻止瓦斯继续上浮；故而，处于顶板垮落带和弯曲下沉带之间的裂隙带区域，变成了瓦斯聚集的主要区域，同时也是瓦斯抽采的最佳区域。

顶板高位钻孔抽采瓦斯的实质就是将长钻孔布置在采空区顶板裂隙带内，在抽采负压的作用下，将采空区储存的大量瓦斯抽出至地面，从而减轻回采时采空区的瓦斯涌向工作面上隅角。此外，高位钻孔不能经过垮落带，否则就造成钻孔随着顶板的垮落而被截断或者钻孔漏风而不能形成有效的负压，影响抽采效果[4,5]。因此，确定高瓦斯综采面顶板岩层的“三带”空间分布位置，并指导顶板高位钻孔的合理布置，是该高瓦斯矿井瓦斯治理的重要工作。

3 顶板“三带”的数值模拟研究

依据该矿井310101综采工作面的实际条件，本文选用UDEC4.0进行模拟分析，确定该工作面回采稳定后采场顶板上覆岩层的“三带”空间分布位置。计算模型设为水平模型，选取工作面的走向方向为 X 轴，沿煤壁竖直向上方向为 Y 轴。其中，在 X 轴方向上，切眼宽度为7m，切眼左侧取100m，右侧取300m；在 Y 轴方向上，3号煤底板往下15.5m，3号煤顶板往上取102m，再往上的岩层采用重力边界条件代替。由此，形成了400m×125m的原始计算模型。围岩本构关系采用摩尔-库仑模型。在初始模型上施加初始应力及边界条件并运行至平衡，如图1所示。模型中的煤岩体力学参数见表1。

表1 3号煤层及顶底板各岩层力学参数

岩层名称	密度 D/kg·m^{-3}	弹性模量 E/GPa	泊松比 μ	体积模量 K/GPa	剪切模量 G/GPa	内摩擦角 /(°)	内聚力 C/MPa
砂质泥岩	2545	2.387	0.312	2.116	0.910	32.62	11.13
细粒砂岩	2662	29.69	0.300	24.74	11.42	40.20	20.90
中粒砂岩	2627	29.63	0.249	19.67	11.86	33.76	14.84
粗粒砂岩	2662	40.53	0.288	31.86	15.73	32.25	19.86
泥　岩	2461	0.597	0.265	0.423	0.236	28.94	21.99
3号煤层	1277	0.624	0.183	0.328	0.264	20.90	0.595

3.1 顶板垂直位移计算结果分析

当工作面煤层回采至200m时，模型运行至平衡稳定状态后，整个模型的顶板岩层垂直位移等值曲线分布如图2所示。

从图2中可以看出：（1）采空区上覆岩层中靠近下部的岩层的下沉量一般大于上部岩层的下沉量，最大下沉量达到2.5m，且采空区中部开采边界消失，且直接顶岩层和底板岩层相接触，由于采高

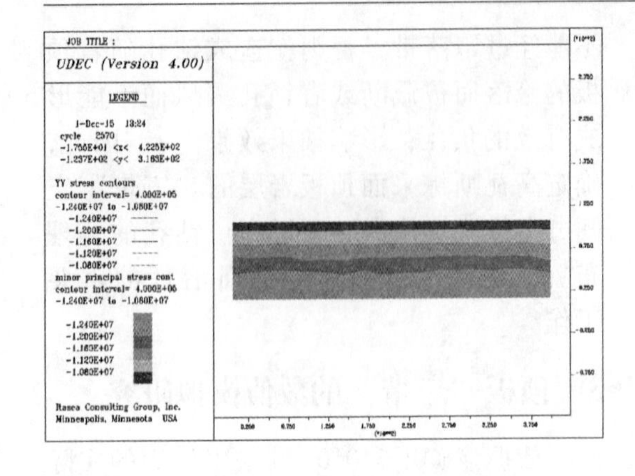

图 1　初始平衡后模型应力分布图

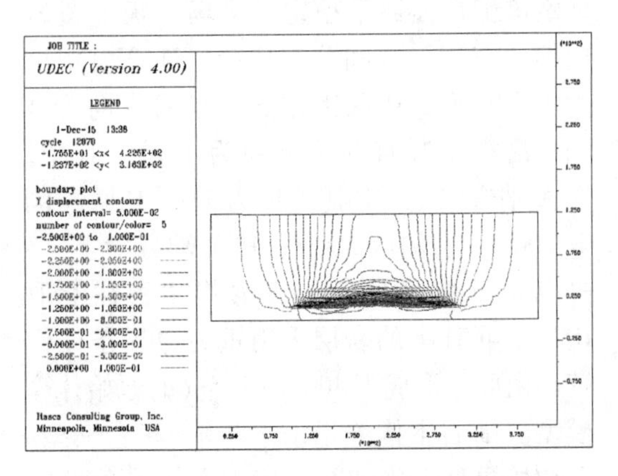

图 2　岩层 Y 方向位移等值曲线分布图

2.5m，表明直接顶板已完全垮落。（2）在顶板下沉量为 1.00m 的曲线以上，位移等值曲线相对稀疏，并且数值较小，加之此等值线以上岩层之间的下沉量变化较小，变化趋势基本一致，且下沉量均小于 1.00m，表明该范围岩层具有弯曲下沉带特征。（3）图中在 1.00m 曲线以下的岩层，岩层下沉量均大于 1.00m，且下沉量变化差异较大，说明该范围的岩层出现离层并且垮落，然而，在下沉量为 1.40m 下方的等值曲线较其上方等值线分布更加密集，表明此处以下岩层下沉量变化差异更大，该范围岩层具有裂隙带和冒落带特征。

据此，初步推断在顶板下沉量大于 1.40m 的区域为冒落带，冒落带高度约为 10m；在垂直位移等值曲线为 1.00 ~ 1.40m 之间的岩层处于裂隙带，裂隙带高度约为 32m；顶板下沉量小于 1.00m 的上覆岩层属于弯曲下沉带。

3.2　顶板监测点位移变化状态分析

为了更加清楚地分析各层顶板的下沉情况，在顶板岩层中设定 3 条竖直测线，每条测线上布置 16 个监测点，共计 48 个监测点，用于监测顶板下沉量。3 条测线的 X 坐标分别为 120、200 和 280。每条竖直测线的监测点 Y 坐标分别为 18、22、25、27、30、34、36、40、43、46、49、52、56、60、65 和 68。当工作面开挖至 200m 模型运行平衡时，对各监测线上的监测点的 Y 方向位移变化进行监测，得到各监测线上监测点垂直位移变化曲线，其中，测线 2 上各监测点垂直位移变化如图 3 所示。

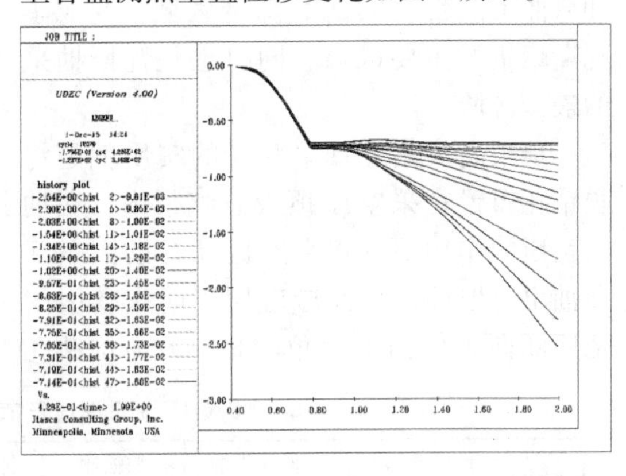

图 3　测线 2 上各监测点垂直位移变化图

通过对比测线 1、测线 2 和测线 3 中各监测点的垂直位移图，可以发现：

（1）三条测线的各监测点的位移值分布趋势较相似，且同一条测线上处于下部的测点垂直位移变化明显，呈现陡然下降趋势，而靠近中部和上部的监测点的垂直位移变化比较平缓，表明上覆岩层中呈现了明显的“竖三带”分布特征。

（2）测线 2 上顶板最大下沉量为测点 2 处，该点处于采空区上方直接顶中部，其下沉量约为 2.42m，而工作面采高为 2.5m，这说明直接顶岩层已充分冒落，接触到采空区的底板。

（3）在距离3号煤层顶板上方一定距离的某测点处，其以上的所有监测点顶板下沉量很相近，而其以下的测点下沉量则明显大于此测点以上岩层的下沉量，这表明从此测点往下的岩层处于裂隙带和冒落带内，而此测点以上的上覆岩层则处于弯曲下沉带。测点2处岩层垂直位移为2.42m，其上的测点5、测点8和测点11，下沉量也都大于1.50m，可以判断顶板测点11以下的顶板岩层已经垮落。测点14到测点35之间的顶板的下沉量在1.00～1.50m之间，表明在此段之间的岩层垂直位移较大，但还没有达到垮落的程度，因此初步推断测点35或者其上的38号测点为裂隙带与弯曲下沉带的分界处。

据此，对照各测点Y坐标，可以得出冒落带高度约为10m，裂隙带高度约为29m，裂隙带上部为弯曲下沉带。该数值分析结果与前述的顶板垂直位移等值线分析结果基本一致。

4 顶板“三带”高度的理论计算

为验证数值模拟结果的准确性，结合现场生产条件，采用斯列沙列夫公式对该矿井310101工作面上覆岩层“三带”高度进行计算。其中，冒落带和裂隙带高度分别按式（1）和式（2）计算[6]：

$$H_{冒} = \frac{M}{(K-1)\cos\alpha} \tag{1}$$

$$H_{裂} = \frac{100M}{1.4M + 4.16} \pm 6.03 \tag{2}$$

式中，H为采空区顶板冒落带的最大高度，m；M为煤层的厚度或采厚，m；α为煤层的倾角，（°）；K为采空区顶板岩石的碎胀系数，其大小取决于岩性。

对于该煤矿310101工作面，采厚为2.5m，煤层倾角根据现场情况按照7°计算，采空区顶板岩石的碎胀系数取为1.25，可得：$H_{冒}=10.1\text{m}$；$H_{裂}=26.6\sim38.6\text{m}$，平均为32.6m。

对比数值模拟计算结果，发现两者所确定的顶板冒落带高度一致，均为10m；裂隙带高度虽有略微差别，但也基本一致，说明数值模拟计算结果合理可行。

综上分析，可以确定该矿井310101工作面采空区顶板采动裂隙分布为：冒落带高度为10m，裂隙带高度为32m，裂隙带顶部以上部分为弯曲下沉带。

5 结论

（1）高瓦斯矿井工作面上覆岩层裂隙带是采空区瓦斯运移和积聚的重要场所，确定综采面顶板“三带”的空间分布位置，是指导工作面裂隙带采空区瓦斯高位抽采钻孔设计的重要理论依据。

（2）通过数值模拟和理论计算得出，确定该高瓦斯矿井310101综采面的顶板上覆岩层冒落带高度为10m，裂隙带高度为32m，裂隙带顶部以上部分为弯曲下沉带。

参考文献

[1] 王玉禄，李月奎，谢生荣，等．贵石沟矿高瓦斯综放面安全高效开采技术［J］．中国煤炭，2009，35（3）：77-78.

[2] 齐庆新，彭永伟，汪有刚，等．基于煤体采动裂隙场分区的瓦斯流动数值分析［J］．煤炭学报，2010，15（5）：8-13.

[3] 杨鹏．高位钻孔在上隅角瓦斯治理中的应用［J］．煤炭工程，2013（S1）：107-109.

[4] 杨亚黎．顶板高位走向钻孔瓦斯抽采效果分析及技术优化［J］．煤炭工程，2014，46（3）：52-54.

[5] 陈继刚，王广帅，王刚．综放采空区瓦斯抽采技术研究［J］．煤炭工程，2014，46（1）：66-67.

[6] 许家林，钱鸣高．覆岩关键层位置的判别方法［J］．中国矿业大学学报，2000，29（5）：463-467.

大跨度切眼复式锚索桁架支护技术研究

董伟，赵志志，何维胜，贯川

（神华宁夏煤业集团有限责任公司羊场湾煤矿，宁夏灵武　751409）

摘　要：针对羊场湾煤矿断面达9.0m宽、3.8m高的大跨度切眼支护难题，采用复式锚索桁架支护系统对其进行支护。从理论上分析了复式锚索桁架机理及其在大跨度切眼支护中的优越性，并运用数值模拟软件对不同支护方案进行了数值模拟分析对比，分析得出采用复式锚索桁架支护系统控制大跨度开切眼围岩是安全可靠的。结合现场实际的地质条件确定了锚索长度、锚索角度、孔口帮距等主要的支护参数，形成了最终的支护方案。该复式锚索桁架支护方案在110206大采高工作面切眼试验取得成功，巷道断面收敛率小，为相似地质条件下的大跨度切眼围岩控制提供了借鉴意义。

关键词：复式锚索桁架；大跨度；围岩控制；数值模拟

0　引言

神华宁夏煤业集团的宁东矿区是国家13个大型煤炭生产基地之一，根据煤炭开采技术的发展趋势，为了实现一井一面、高产高效的目标，采掘设备机械化程度的提高及煤矿开采技术的发展，羊场湾煤矿开切眼断面尺寸不断加大，高度由原来的2.5m增大到4m左右，跨度则由原来的5m扩展到现在的9m左右。切眼的支护技术也用锚杆、锚索、钢带、金属网联合支护技术取代了以前的金属铰接顶梁、金属网和液压支柱等支护方式[1]。由于开切眼巷道断面大，增加了巷道围岩的控制难度[2]，普通巷道的支护方式已经不能满足煤矿安全生产的要求。新的支护方式及支护理论相继用于控制大断面巷道围岩。

1　工程地质条件

羊场湾煤矿目前主采2号煤层，2号煤层节理裂隙发育，硬度系数1~2，韧性指标9~10，全区发育稳定的厚至特厚煤层。目前羊场湾大断面煤巷多沿煤层顶板掘进，2号煤层伪顶岩性为泥岩、炭质泥岩，厚度为0.12~0.79m，易冒顶。直接顶大致可分两个岩性区，即砂岩区、粉砂岩和泥岩区，部分地区直接顶内有0.3m的煤线夹层，顶底板情况如图1所示。煤层倾角大，一般15°~20°，最大可达35°。另外，据现场调查，巷道顶板水沿着锚索孔下流，泥质胶结粉砂岩经过长时间的浸泡易发生弱化、膨胀、蠕变等现象，降低了顶板岩石强度，易诱发围岩失稳现象。

110206大采高综采工作面开切眼断面为矩形断面，高3.8m，宽为8.3~10.6m，断面大，属于特大断面巷道[3]。通过现场调研和理论分析，发现110206大采高工作面开切眼围岩控制具有以下难点：

（1）直接顶厚度大。切眼顶板存在泥岩伪顶，层理发育，较软、易破碎；直接

作者简介：董伟（1974—），男，宁夏中卫人，采煤工程师，1997年毕业于重庆大学资源及环境工程学院采矿工程专业，现任神华宁夏煤业集团有限责任公司羊场湾煤矿总工程师。

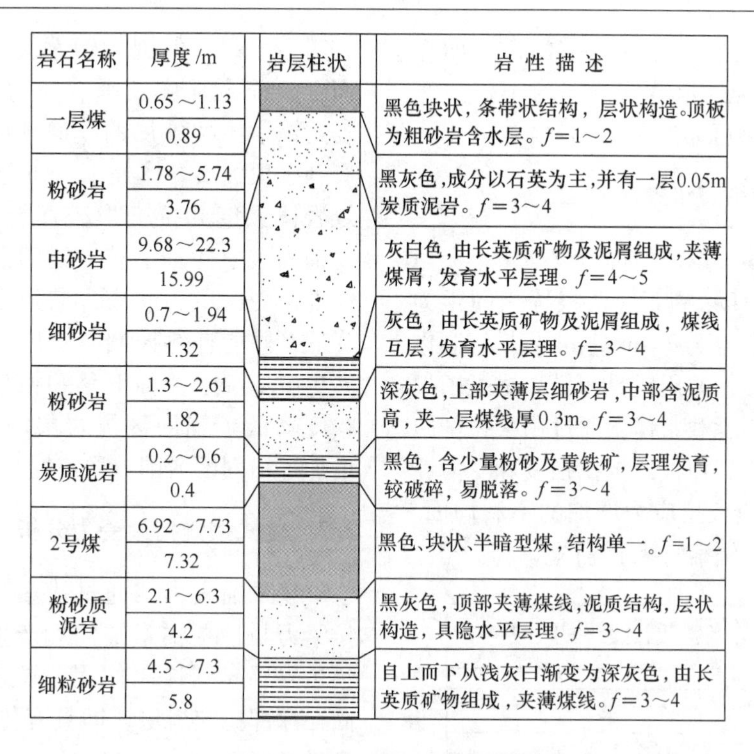

岩石名称	厚度 /m	岩层柱状	岩 性 描 述
一层煤	0.65～1.13 0.89		黑色块状，条带状结构，层状构造。顶板为粗砂岩含水层。$f=1～2$
粉砂岩	1.78～5.74 3.76		黑灰色，成分以石英为主，并有一层0.05m炭质泥岩。$f=3～4$
中砂岩	9.68～22.3 15.99		灰白色，由长英质矿物及泥屑组成，夹薄煤屑，发育水平层理。$f=4～5$
细砂岩	0.7～1.94 1.32		灰色，由长英质矿物及泥屑组成，煤线互层，发育水平层理。$f=3～4$
粉砂岩	1.3～2.61 1.82		深灰色，上部夹薄层细砂岩，中部含泥质高，夹一层煤线厚0.3m。$f=3～4$
炭质泥岩	0.2～0.6 0.4		黑色，含少量粉砂及黄铁矿，层理发育，较破碎，易脱落。$f=3～4$
2号煤	6.92～7.73 7.32		黑色、块状、半暗型煤，结构单一。$f=1～2$
粉砂质泥岩	2.1～6.3 4.2		黑灰色，顶部夹薄煤线，泥质结构，层状构造，具隐水平层理。$f=3～4$
细粒砂岩	4.5～7.3 5.8		自上而下从浅灰白渐变为深灰色，由长英质矿物组成，夹薄煤线。$f=3～4$

图1　110206 工作面煤层顶底板柱状图

顶为粉砂岩，层理较发育，自稳能力差，易产生离层和垮落破坏，且厚度变化范围大。在掘进及矿山压力的双重影响下，顶煤破碎松软，易产生离层。

（2）切眼断面跨度大。切眼断面跨度9m。随着切眼断面跨度的增加，顶板下沉及两帮片帮现象严重，切眼围岩的破碎范围加大，可能导致锚杆（索）的锚固点及锚固力失效。

（3）直接顶中含有软弱夹层。由于顶板岩层中软弱夹层的存在，顶板可能出现离层，导致锚杆（索）锚固点失效，给安全生产带来隐患。

（4）切眼两帮均为煤体且节理裂隙发育，大断面切眼成倍增加的垂直载荷向两帮转移，煤帮所承受的压力与小断面煤巷煤帮相比急剧增长，高应力作用于节理裂隙发育的煤帮，这样就加大了煤帮的破坏。

由于上述控制难点的存在，采用原有的支护方案时，在相邻工作面的开切眼巷道控制中局部出现了较严重的顶锚杆和玻璃钢锚杆支护构件失效现象。同时由于直接顶厚度较大，强度低，以及直接顶构造节理发育，在区段平巷掘进过程中出现过冒顶事故。因此，基于羊场湾煤矿 110206 工作面地质条件、围岩控制难点和锚索桁架主动控制技术的优越性，提出复式锚索桁架围岩主动控制技术。

2　复式锚索桁架作用机理

巷道支护是为了提高围岩的稳定性，控制围岩过大的变形及破坏。从科学优化和保障系统性安全以及综合控制考虑，应采取有效的措施，对大跨度软岩开切眼围岩失稳现象采区综合性防治措施。要充分体现“预防为主，防治结合”的基本思想，巷道布置设计时应尽量采取回采巷道的高度低于工作面采高的方式；对围岩的控制应采用“强帮固顶，帮顶协同控制”模式；对锚杆索支护应采用“刚柔并进”的支护方式，实施锚网索联合支护措施，从而充分发挥切眼围岩的承载能力，为工作面布置顺利进行提供可靠的保障[4]。

2.1　复式锚索桁架机理

复式锚索桁架由两根锚索以与水平夹角70°方向斜交向两帮施工，两根锚索间距为2.0m，中间用长度为2.4m的14号槽钢制作成的托梁相连接，并用锚具闭锁。锚索桁架以两侧煤帮作为承载主体，通过桁架拉杆施加水平压力以提高顶板的抗拉强度和受力性能，从而改善顶板拉应力增加的不利局面。图2所示为复式锚索桁架示意图。

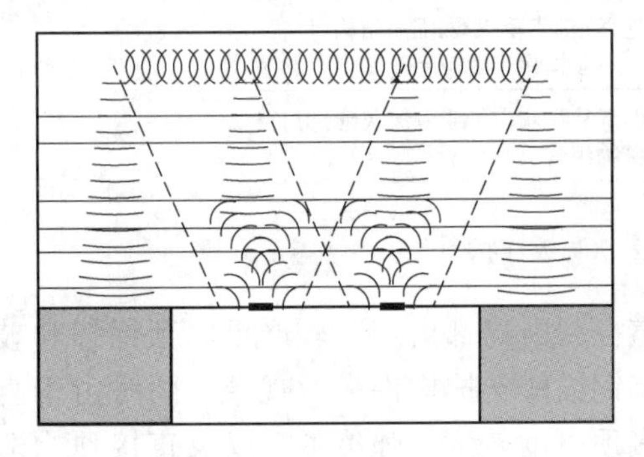

图2　复式锚索桁架示意图

巷道围岩中打入锚杆索后，锚固范围内的围岩构成锚固体，巷道埋深较浅时，巷道所处地应力小，开挖引起的应力集中相对也小，锚固体整体完整性较好，此时锚杆索对围岩的锚固效果不突出；但随着巷道埋深的增大，地应力不断增加，锚固体内围岩应力集中越来越大，超过其强度就会发生破坏，承载能力急剧下，产生变形，同时围岩应力集中往深部转移，深部围岩继续破坏，最终导致锚杆索锚固失效，锚固体卸载。在此过程中，锚固体通过锚杆索的预应力主动支护作用和杆体本身抗剪作用，使围岩浅层塑性区围岩构成适应自身变形且具有一定承载能力的平衡拱，控制围岩的变形。换言之，锚杆索加固对提高锚固体内围岩自身的最大承载能力没有明显效果，但围岩塑性破坏后，对提高围岩的残余强度及承载能力有显著作用。复式锚索桁架施加的复向预应力和支护力有利于顶板煤岩体处于三向受压应力状态，煤岩体强度和抗变形破坏能力得到提高，使锚固区中性轴下移，锚固区内更多煤岩体处于受压应力状态。巷道顶板挠度得到降低，并能有效控制巷道断面中部顶板的离层破坏。中性轴下移和桁架高预应力大幅度降低了锚固区煤岩层的最大拉应力，增加了锚固区内围岩稳定性[5]。

2.2　复式锚索桁架受力分析

复式锚索桁架通过锚索张紧而产生的拉紧力与顶板锚索锚固后产生的预紧力对顶板岩层起到控制作用。复式锚索桁架锚固在深部稳定岩层，即具有传统悬吊优势，又具备桁架均衡支护的优点。在锚索顶部产生垂直分力和水平分力，通过对顶板的挤压，增大顶板围岩中岩块之间的摩擦阻力，形成深部岩层铰接体，同时锚索桁架产生的垂直应力一部分转移到两帮煤体中。随着顶板的变形下沉，下部桁架受到顶板围岩变形力不断加大，产生对顶板岩层的约束力就越来越大，从而有效控制顶板的继续变形和下沉。

复式锚索桁架的复向应力使顶板岩体最大限度回归到多向受压状态，最大限度维护原有三向应力场，改善顶板岩体强度参数，同时调动顶板深部围岩和煤帮围岩协同维护围岩中应力场，防止围岩发生大变形，降低顶板挠度，提高顶板抗破坏能力。

2.3　复式锚索桁架优点

复式锚索桁架锚固点分别在巷道煤帮顶板深处和巷道中部顶板深层三向受压岩体中[6]，顶板围岩变形都发生在浅部围岩，因此对深部锚固区域围岩影响较小，锚索锚固点周边岩体不易破坏，保证了锚索提供稳固可靠的锚固力，有效控制顶板的下沉和离层。同时，复式锚索桁架中锚索有一定的安装角度，随着顶板下沉，深部锚固点能适量向内移动，防止锚索被拉断，整个支护系统支护力也相应增加，形成闭锁结构，可以有效防止顶板围岩恶性变形和冒顶事故的发生。

锚索桁架斜穿煤帮上方附近顶板最大剪应力区，作用范围大，能够有效控制顶板剪切破坏；锚索桁架系统钢绞线上载荷连续传递，且能方便地施加高预应力，对顶板的支护力沿整个桁架结构呈“凹槽形”合理分布，作用路径大，巷道顶板受力状态良好。

复式锚索桁架系统不仅仅是单锚索桁架系统的简单叠加[7]。巷道中部单锚索桁架形成的压应力区域相互叠加，大大增加了巷道顶板的受压区域，使得巷道中部的煤岩体处于三向受压的应力状态，提供了可靠的锚固点[8]。

3 切眼支护方案数值模拟比较分析

选用 FLAC^{3D} 显示有限差分计算软件，选用大变形模型，对 110206 大采高工作面开切眼不同支护方案进行数值模拟。模型两侧各留 60m 的实体煤，总宽度 129m，顶板岩层 150m，底板岩层 26.2m，切眼轴线方向上去 40m，模型 4 个侧面为位移边界，限制水平位移；底部为固定边界，限制水平和垂直位移，采用摩尔-库仑本构关系。

模拟方案分无支护、单体锚索支护和复式锚索桁架支护 3 组，每组模拟 226.2m、306.2m、386.2m、466.2m、546.2m、626.2m 共六种埋深，模型上覆岩层的重力按均布荷载施加于模型上部边界。数值模拟计算过程中，对切眼围岩变形进行监测。

图 3 为不同支护情况下顶底板和两帮移近量随不同模拟埋深的变化曲线。由图 3 可以看出，切眼埋深较小时，切眼所处位置的原岩应力相对较小，因巷道开挖在围岩中引起的集中应力亦较小，此时围岩稳定性好，较好维护，复式锚索桁架对巷道围岩变形量控制作用较普通锚杆索效果不明显；但随着模拟深度的增加，开挖切眼所处位置原岩应力不断增加，开挖引起的集中应力也不断增加，此时复式锚索桁架受围岩变形力作用，所提供的被动平衡力不断增加，在岩体内产生不断增加的附加应力场，不断调整岩体内部的应力状态，使不利的应力状态得到调整和改善，对围岩变形量的影响逐渐增大。因此，随埋深增大，复式锚索对围岩的控制效果逐渐增强，复式锚索桁架支护比普通单体锚索支护较可明显控制顶底板移近量。

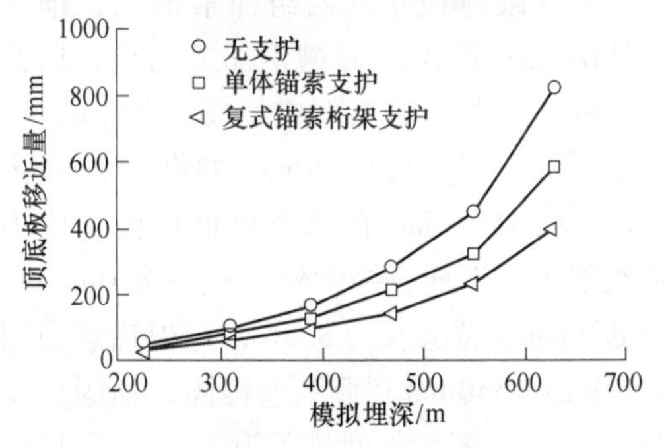

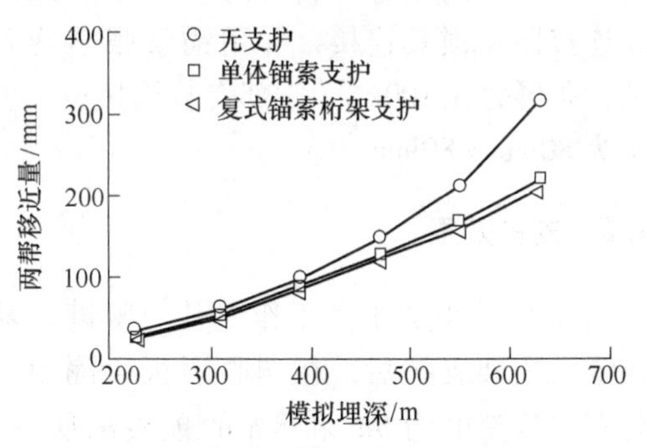

图 3 不同支护情况下顶板下沉量、两帮移近量与模拟埋深的关系

4 工程实践

4.1 110206 切眼复式锚索桁架支护方案

110206 大采高综采工作面开切眼断面

为矩形断面，高为 3.8m，宽为 8.3 ~ 10.6m。该开切眼应用了复式锚索桁架支护技术，布置参数如图 4 所示。

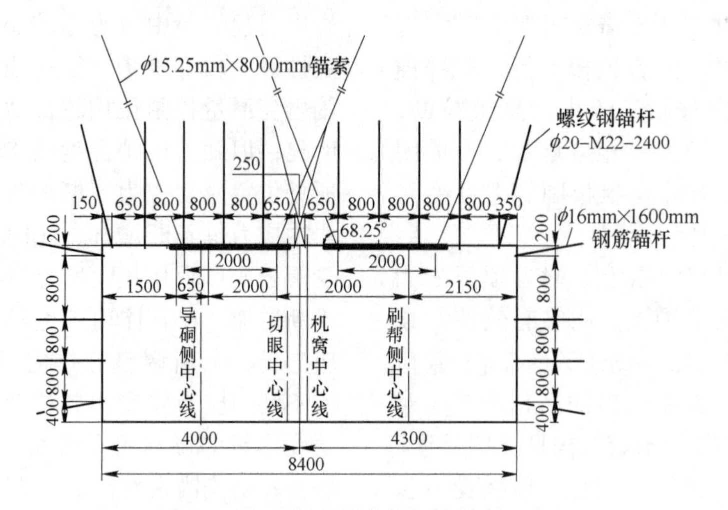

图 4　开切眼复式锚索桁架支护断面布置

在切眼顶板布置两组锚索桁架，锚索桁架的托梁采用 14 号槽钢加工而成，槽钢由 10mm 厚钢板加工而成，长为 2.4m，在槽钢端部开直径为 φ20mm 的孔。锚索由 1×7 股 φ15.25mm 的高强度低松弛预应力钢绞线组合而成，锚索钻孔孔深 8.0m，孔径 φ28mm，锚索长为 8.3m，每根锚索使用 8 节 φ23×350mm 树脂药卷锚固，锚固长度为 1.8m。锚索桁架间排距为 3.0m，采用配套连接器和锁具连接，并用锚索张紧器安装，张紧力在 100kN，端部安装铁托板，规格为 80mm×80mm。

4.2　支护效果

在 110206 大采高工作面开切眼进行复式锚索桁架支护后，在切眼顶板每隔 50m 分别安装深度为 5m 和 8m 的顶板离层仪，用于观测顶板离层情况，同时针对切眼围岩变形量的观测安装十字布桩，用来对巷道表面位移进行监测。由观测所得数据进行分析作图得出复式锚索桁架支护下大跨度切眼顶板离层和围岩表面位移随时间变化情况，如图 5 所示。

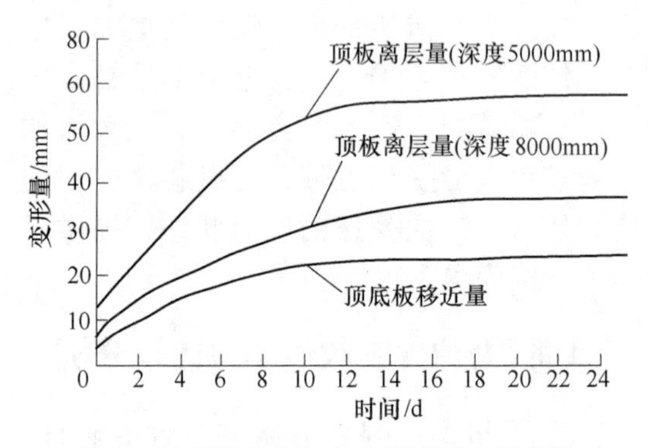

图 5　复式锚索桁架支护后围岩变形曲线

从图 5 中顶板离层量和顶底板移近量随时间变化曲线可以明显看出顶板离层量最大 53mm，顶底板移近量最大 18mm，且切眼围岩变形在 13d 之后趋于稳定。110206 大采高工作面切眼采用复式锚索桁架支护后切眼顶板离层得到有效控制，围岩变形也在短期内趋于稳定。从开切眼掘进到设备安装完成，110206 切眼顶板最大下沉量仅为 431mm，有效控制顶板岩层的变形破坏。

4.3　评价

（1）复式锚索桁架支护改善了巷道围岩关系，形成了顶板预应力支承结构，有效地控制大断面巷道围岩的变形和破坏，使巷道在整个服务期间基本处于稳定状态。

（2）复式锚索桁架支护有效地控制了顶板的下沉，防止了顶板事故的发生，节约了巷道维护成本，从而提高了煤矿的经济效益。

（3）复式锚索桁架支护在工作面上、下区段平巷（大断面）局部较为破碎顶板处及悬顶面积大的巷道交岔点处应用，均大量节约了巷道维护成本，并取得了令人满意的支护效果。

（4）复式锚索桁架支护技术在羊场湾煤矿推广以来，应用逐渐广泛，有效控制了大断面巷道的顶板下沉，也为巷道快速掘进营造了有利条件，对大断面巷道顶板既有可靠地控制效果，又明显创造了技术经济效益。

5 结论

复式锚索桁架能有效控制顶板下沉，减少巷道的维护量，节约维护成本：

（1）复式锚索桁架支护系统通过施加预应力来改变围岩内的应力状态，使围岩处于受控状态，通过改变围岩内部应力场不仅提高了锚固体的抗拉能力，而且也大大提高了锚固体抗剪切能力，确保围岩稳定性。

（2）采用复式锚索桁架支护技术较普通单体锚索支护技术更有利于实现破碎顶板大跨度巷道的快速掘进，提高了矿井的综合效益。

（3）在羊场湾煤矿 110206 大跨度切眼进行的复式锚索桁架支护技术有效控制了破碎易冒落直接顶的变形与垮冒，为保证矿井安全高效生产提供了有力保障。

参考文献

[1] 朱玉峰，李魁．综采工作面大断面切眼锚杆锚索联合支护技术研究［J］．科技创新与应用，2014（14）：42.

[2] 朱建明，杨冲．特大断面开切眼分次掘进支护参数优化［J］．金属矿山，2012（9）：9-12.

[3] 康红普，王金华，林健．煤矿巷道锚杆支护应用实例分析［J］．岩石力学与工程学报，2010（4）：649-664.

[4] 刘小明，魏月霞，曹建涛，等．复杂环境下破碎顶板稳定性光学窥视分析［J］．陕西煤炭，2010（1）：5-6.

[5] 何富连，粟建平，蒋红军，等．特大断面厚煤顶开切眼复合桁架锚索围岩控制技术［J］．中国矿业，2012（8）：82-85.

[6] 赵洪亮，姚精明，何富连，等．大断面煤巷预应力桁架锚索的理论与实践［J］．煤炭学报，2007（10）：1061-1065.

[7] 张波，何富连．基于正交试验的桁架锚索巷道支护参数研究［J］．煤矿安全，2008（2）：18-21.

[8] 张银海，孟祥瑞，赵光明，等．大断面软岩巷道 U 型钢桁架锚索支护技术研究［J］．煤炭技术，2011（3）：79-81.

色连一号矿综采首采面矿压显现规律研究

王爱午，王继树

（内蒙古同煤鄂尔多斯矿业投资有限公司色连一号矿，内蒙古鄂尔多斯　017000）

摘　要：通过对色连一号矿首个综采面现场实测与理论分析，就工作面矿压显现特征、覆岩关键层结构形态和运动规律及其对矿压显现的影响等问题进行了深入研究。结果表明，采场初次来压步距为47.5m，周期来压步距为20m。覆岩中细粒砂岩层为亚关键层Ⅰ，中粒砂岩层为亚关键层Ⅱ，亚关键层Ⅰ破断运动时将进入垮落带而形成悬臂梁结构，其周期性失稳运动产生工作面小来压，亚关键层Ⅱ破断运动时进入断裂带而形成砌体梁结构，其失稳运动形成工作面周期来压，进一步阐明了工作面上覆岩层运动与破坏规律。悬臂梁结构的“稳定-失稳”运动促使下位直接顶中产生拉断区和压缩变形区，两区贯通时最易发生严重端面漏冒。研究结果均在现场矿山压力实测基础得到验证，对该矿日后综采面矿压控制具有重要借鉴意义。

关键词：色连一号矿；综采首采面；矿压显现；悬臂梁；砌体梁

0　引言

目前，将采高为3.5～5.0m的综合机械化开采（简称综采）称为大采高综采。内蒙古同煤鄂尔多斯色连一号矿8101首采面地质构造整体简单、煤层埋藏浅、赋存稳定、倾角小、平均厚度3.84m，适合采用大采高综采开采工艺，其设计采高为4m。它是色连一号矿首个大采高综采面，其有关矿压的外在特征和内在规律尚为空白。虽然许多学者在大采高综采矿压规律研究方面取得了诸多成果，但由于开采煤层赋存条件、煤岩力学性质等条件的巨大差异性和复杂性，这些研究成果是否适用于色连一号矿大采高综采面却不得而知。

基于上述因素，色连一号矿在借鉴邻矿经验的基础上开展了大采高首采面综采工业性试验，通过系统的现场实测，研究首采面的矿压显现规律，由表象探本质，以期明晰覆岩结构形态及其运动规律，为矿区后续工作面的安全高效开采设计、设备选型、矿山压力控制与顶板管理提供参考和借鉴。

1　首采面工程概况及生产条件

色连一号矿是鄂尔多斯高头窑矿区规划的重点矿井之一，矿井可采储量约679.1Mt，其服务年限为97年。该矿8101首采面位于开采煤层为2-2上煤层一盘区辅运南大巷以东，进风立井偏东处，采用一次采全高倾斜长壁后退式全部垮落法的综合机械化采煤方法。工作面采用ZY11000/25/50D型中部支架153架，ZYG11000/25/50D（A、B）过渡支架4架（头尾各2架），ZYT11000/25/50D型端头支架7架（头3架尾4架）共164架支架来共同支护

收稿日期：2016.3.1。

作者简介：王爱午（1974—），男，山西大同人，内蒙古同煤鄂尔多斯矿业投资有限公司色连一号井总工程师。

工作面顶板。首采面推进长度 1780m，倾向长度 280m，煤层均厚 3. 84m、倾角 1° ~ 3°，$f=3$，容重 $r=1.3\text{t/m}^3$。工作面埋深 122 ~ 188m，工作面煤层顶底板情况如图 1 所示。

地层	柱状	厚度	煤岩名称	岩性描述	备注
侏罗系		3.50~9.95 5.55	中粒砂岩	浅灰–灰白色，顶部为浅绿色，矿物成分以石英长石为主，分选较差，较坚硬	亚关键层Ⅱ
		1.75~7.25 4.22	砂质泥岩	浅灰色－灰色，矿物成分以石英长石为主，含少量云母，水平层理发育，较坚硬，含少量植物化石	
		1.60~5.30 3.30	细粒砂岩	浅灰－灰白色，主要成分以石英长石为主，含岩屑及云母碎片，水平纹理较发育，泥质胶结，较坚硬	亚关键层Ⅰ
		0.46~4.77 2.13	砂质泥岩	浅灰－灰色，矿物成分以石英长石为主，含少量云母，贝壳状断口，局部区域含有泥岩与1~2层煤线	
		0.00~1.50 0.40	泥岩	灰–深灰色，分布极不均匀，多含已被炭化的植物化石，贝壳状断口，波状层理，较松软	
		1.80~4.60 3.84	2–2上煤	黑色，以暗煤为主，亮煤次之，条带状构造	
		0.50~4.01 1.82	砂质泥岩	浅灰－灰色，泥质粉砂质结构，断口平坦状，半坚硬，含少量植物化石，局部区域含深灰色泥岩	
		1.30~3.25 2.30	细粒砂岩	灰白色，主要成分以石英长石为主，较坚硬，交错层理较发育	

图 1　首采面钻孔柱状图

2　工作面矿压实测及显现特征

2.1　综采工作面矿压观测方法

色连一号矿 8101 首采工作面综采回采期间，采用 KJ653 煤矿动态监测系统对综采支架工作阻力在线连续监测。工作面 164 架液压支架设计每 5 架布置安装一台共计布置 31 台 KJ653-F2 型顶板压力无线监测分站（传感器），每台顶板压力无线监测分站监测左右柱二个压力测点，通过 KJ10 的高压油管与支架左右立柱的液压回路连接，其余所有支架左立柱全部安装 YHY60-2 型压力表，压力数据实时记录。另外，还直观记录工作面矿压显现情况，如片帮冒顶、声响、冒汗、顶板破碎度等。

2.2　回采期间工作面矿压规律

工作面矿压特征主要包括直接顶初次垮落、老顶初次来压、周期来压、支架承载状况等。经过现场实测及井上资料整理得到的支架工作阻力实时监测曲线，用式（1）作为老顶来压数据判据[1,2]：

$$P_M = \overline{P} + 1.5\sigma_p \tag{1}$$

式中，P_M为判定老顶来压的工作阻力；$\overline{P}$ 为支架平均循环末工作阻力，σ_p为支架平均循环末工作阻力均方差。同时并结合现场调研观察、工作面顶板破碎程度和片帮冒顶等综合分析判断老顶矿压显现规律。

8101 工作面设备稳装完成后，起初进行了工业性试生产（割煤 5 刀），时隔两年后才正式投入生产，由于工作面存放的时间过长，原岩应力破坏，正式生产前直接顶已经基本全部垮落，故直接顶初次垮落及当时工作面其他矿压显现特征不作分析。

2.2.1 工作面老顶初次来压

由图2支架工作阻力与时间曲线分析可知，首采面老顶初次来压步距为47.5m，最大工作阻力为11077.9kN，相当于额定工作阻力（11000kN）的100.7%。初次来压前，工作面支架工作阻力较小，在15～26MPa之间，工作面支架平均循环末阻力为7000kN，初次来压最大动载系数为1.58。

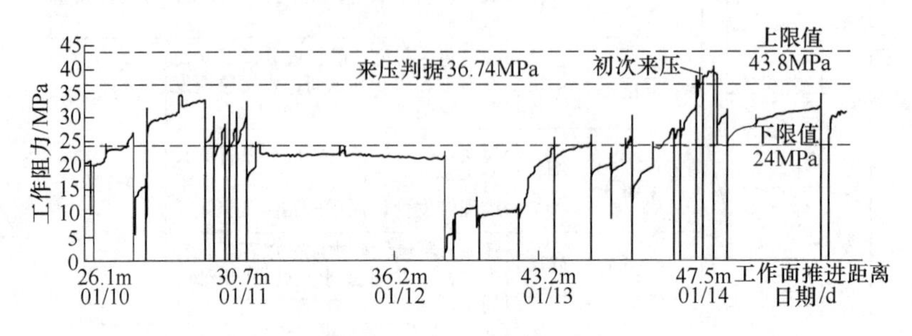

图2 支架（84号）工作阻力变化曲线

初次来压期间，工作面煤壁发出“咔咔”撕裂声，伴有大量片帮显现，伪顶泥岩出现碎裂且端面处漏冒严重，同时伴随有顶板断裂巨大声响，支架之间漏煤岩，来压期间支架支柱下缩量显著加大。据现场实测调研发现，但支架安全阀开启率普遍不高，统计占6.1%，这说明支架能够满足该区域顶板的控制要求。

来压前后支架工作阻力分布情况如图3所示。从图中发现两端1号～30号及140号～164号支架工作阻力变化不明显，中部支架工作阻力剧烈变化。这表明工作面倾向来压显现程度呈现区域化，工作面倾向两端初次来压不显著区：0～50m范围及245～280m，工作面中部来压剧烈区：50～245m。

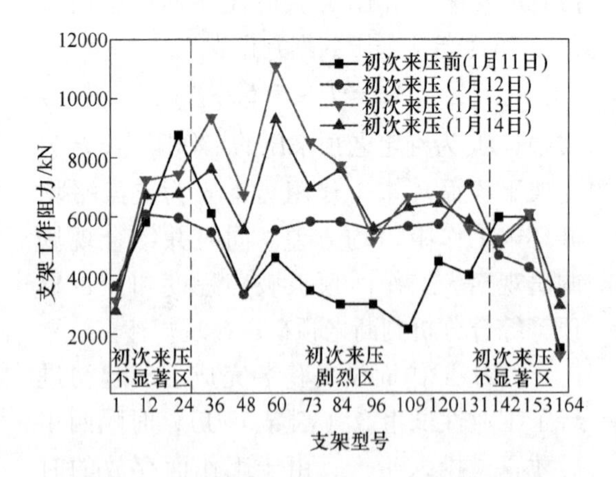

图3 初次来压前后支架工作阻力变化曲线

2.2.2 工作面老顶周期来压

周期来压期间工作面仍出现两端矿压显著，中部矿压显著，故选取具有代表性的中部60号架绘制图4支架工作阻力变化曲线研究周期来压特征。从图中分析可知：老顶初次来压后，工作面推进至69m位置发生第一次周期来压，来压步距21.5m，来压强度41.3，占支架额定工作阻力的94.29%，动载系数1.36，来压持续长度约3.9m。工作面推进至87m位置附近发生第二次周期来压，来压步距18m，来压强度42.5，占支架额定工作阻力的97.03%，动载系数1.38，来压持续长度约4.2m。初步可以断定首采面周期来压步距约是20m，来压持续长度略小于工作面最小控顶距。另外，周期来压期间，工作面液压支架出现小来压现象（小于周期来压范围的来压现象）。

两次周期来压期间顶板发出断裂声响，伴随有剧烈垮落巨响，均出现有工作面液

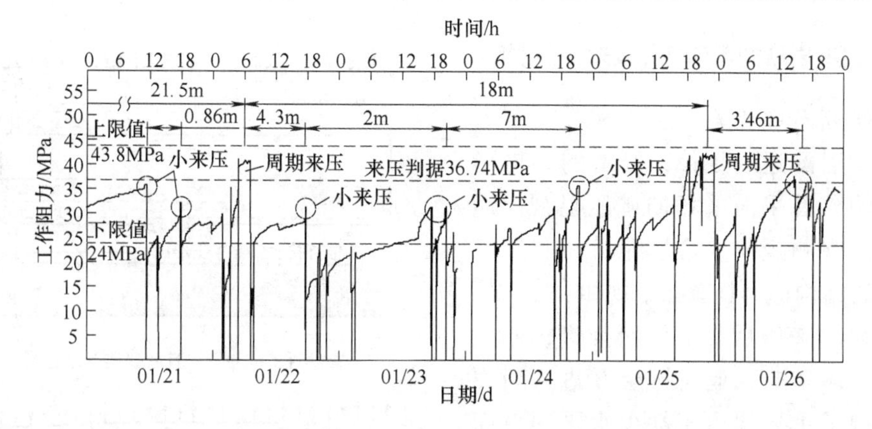

图4 支架（84号）工作阻力变化曲线

压支架荷载压力显现剧烈，支架工作阻力升高，活柱下缩量增大，煤壁出现片帮及深度加深，并伴有声响，中部局部支架发生顶板碎裂漏冒现象。

3 综采面覆岩结构运动对矿压影响

3.1 综采首采面覆岩结构形态

众所周知，采场矿压的外在特征是其内在规律引起的，即工作面矿压显现由采动覆岩破断运动引起，其显现剧烈程度与覆岩结构的运动特征密切相关。已有大量事实表明，关键层主要控制着覆岩的整体运动，其失稳运动直接影响着工作面的矿压显现[3]。鉴于此，研究色连一号矿首采面覆岩结构运动形态依次包括确定关键层赋存位置、确定关键层结构形态和揭示矿压现象。

据文献［4］覆岩关键层位置的判别方法，结合色连一号矿煤岩物理力学参数，得到了首采面覆岩关键层的赋存位置（图1）。

据钱鸣高等[5,6]“砌体梁”结构力学模型，得到“砌体梁”形成条件为：

$$h_i > 1.5\left\{M - \left[\sum_{i=0}^{i-1} h_i(k_i - 1) + \sum h(k_p - 1)\right]\right\}$$

$$l_{i0} > 2h_i \qquad (2)$$

式中，h_i为由下至上第 i 层基本顶分层厚度，m；M 为采高，m；k_i为基本顶及其上附加岩层的膨胀系数，取1.15～1.33；$\sum h$为直接顶厚度，m；k_p为直接顶岩层碎胀系数，取1.33～1.50；l_{i0}为第 i 层基本顶悬露岩块长度，m。

已有研究成果认为悬臂梁形成条件为[7]：

$$M + (1 - k_p)\sum h > h_i - \sqrt{\frac{2ql^2}{\sigma_c}} \qquad (3)$$

式中，l 为关键层断裂步距，m；q 为关键层及其上覆载荷；Pa；σ_c 为关键层破断岩块的抗压强度，Pa。

由此根据式（2）和式（3）对色连一号矿首采面关键层结构形态进行判别发现：

（1）亚关键层Ⅰ破断运动时将进入垮落带而形成悬臂梁结构，即该硬岩层转化为直接顶中的上位直接顶，具有小周期性的垮落采空区特性。亚关键层Ⅰ的周期性垮落失稳的外在特征表现是支架周期性的压力升高，但小于周期来压的强度，即为色连一号矿首采面所实测到的小来压现象。

（2）亚关键层Ⅱ破断运动时进入断裂带而形成砌体梁结构，该结构破断对应着首采面支架的工作阻力大幅度升高，即是周期来压时刻。所以亚关键层Ⅱ控制着首采面的周期来压。

3.2　首采面覆岩结构运动规律及对矿压影响

上述研究发现亚关键层Ⅰ和Ⅱ控制着采场上覆岩层的运动规律，两者的结构形态直接影响着首采面采场的矿压显现。通过现场矿压观测规律结合理论分析，探究出该面覆岩结构运动具有如下规律：

（1）初次来压后，工作面推进，亚关键层Ⅰ进入垮落带，亚关键层Ⅱ进入断裂带。亚关键层Ⅰ岩块由于缺少水平约束而形成悬臂梁结构，亚关键层Ⅱ因岩块互相铰接形成砌体梁。随着工作继续推进，悬臂梁断裂块开始回转，且超前工作面前方一定距离开始断裂（图5a）。

（2）工作面继续推进，其距悬臂梁断裂位置越近，下位直接顶随采随冒。悬臂梁断裂块由于受下位直接顶受约束减少，开始发生大幅度回转失稳，支架压力升高，小来压开始。亚关键层Ⅱ开始超前工作前方断裂（图5b）。

（3）工作面推过悬臂梁断裂位置，悬臂梁完全缺少约束跨冒在采空区，小来压结束，继而亚关键层Ⅰ中形成新的悬臂梁岩块。亚关键层Ⅱ中断裂处深度加大，回转角度加大，同时迫使亚关键层Ⅰ新形成的悬臂梁岩块发生超前工作面一定距离开始发生断裂（图5c）。

（4）随着工作面继续推进，下位直接顶随采随冒，新的悬臂梁岩块约束减少，加之亚关键层Ⅱ形成的砌体梁回转量加大（图5d），继而发生周期性失稳，同时迫使悬臂梁岩块回转失稳，支架压力大幅度升高，形成周期来压。

（5）随着工作面继续推进，色连一号矿综采面采场依次发生上述（1）、（2）、（3）、（4）过程，循环往复，交替发生小来压和周期来压现象，如图4所示。

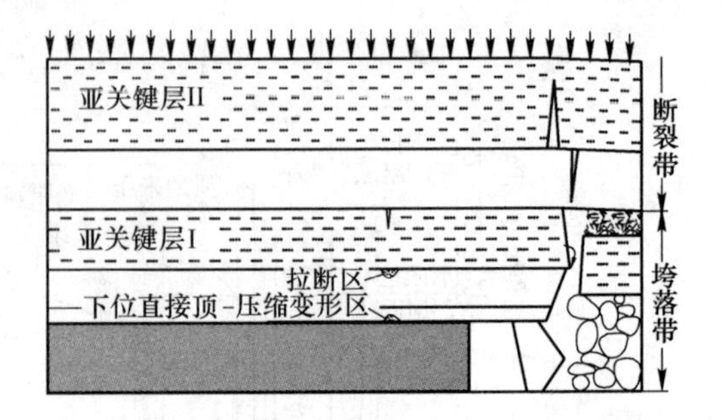

a　亚关键层Ⅰ形成悬臂梁且断裂使下位直接顶形成两区

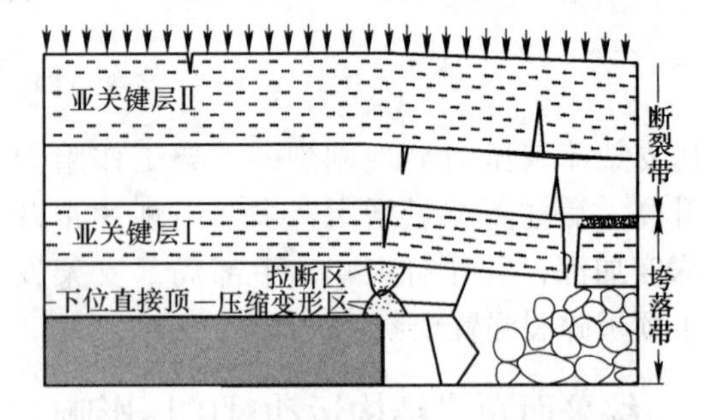

b　悬臂梁断裂块回转失稳形成小来压且两区易贯通

c　亚关键层Ⅰ形成新悬臂梁且亚关键层Ⅱ运动形成砌体梁

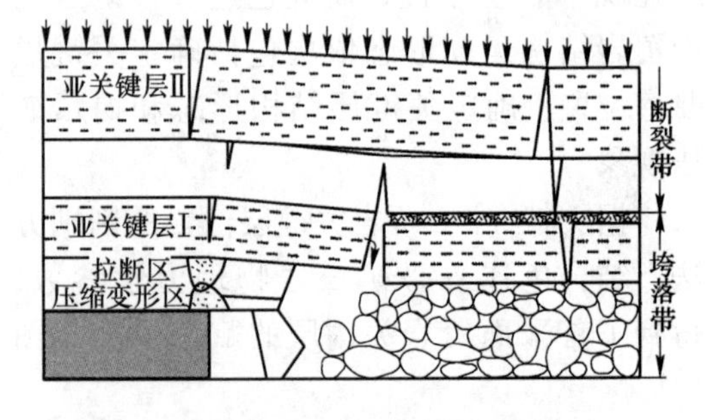

d　亚关键层Ⅱ砌体梁失稳引起周期来压
且迫使亚关键层Ⅰ悬臂梁断裂失稳

图5　首采面上覆岩结构形态及运动规律

综上所述，周期来压是亚关键层Ⅱ砌体梁和亚关键层Ⅰ悬臂梁共同失稳造成的，而小来压主要是悬臂梁岩块失稳造成的，小来压强度小于周期来压强度，这与采场实测到的一致。

另据现场观测，小来压和周期来压发生时工作面推进过程中个别区域发生端面漏冒现象。结合上述覆岩运动规律和已有研究成果[8~10]认为亚关键层Ⅰ悬臂梁块体运动是形成上述矿压显现的内因。随着工作面推进，亚关键层Ⅰ悬臂梁块体在煤体深部断裂，断裂块在煤岩体和支架约束下仅能发生小角度回转平衡，此时，下位直接顶会在断裂块回转下发生上部拉伸变形破坏与下部区域挤压破坏，产生拉断区和压缩变形区（图 5a）。随着工作面继续推进，断裂块的回转角度逐渐加大，“两区”的范围也随之增大，同时伴随着压缩变形区导致的常规端面漏冒。工作面推至悬臂梁断裂线位置时，当支架阻力处在工作阻力状态，且能及时控制亚断裂块体及其上覆垮落带岩层的载荷时，工作面能够正常通过断裂线而不发生严重端面漏冒现象；当支架阻力处在初撑力未升阻阶段，此时就不能及时控制断裂块沿断裂线错动失稳，会造成支架阻力急剧升高，支柱下缩量加大，发生小来压，与此同时，导致下位直接顶“两区”的贯通，发生严重的端面漏冒现象。

4 结论

（1）色连一号矿首综采面老顶初次来压步距为 47.5m，初次来压最大动载系数为 1.58。周期来压步距约为 20m，来压持续长度略小于工作面最小控顶距。同时发生周期来压期间发生小于周期来压强度的小来压。

（2）色连一号矿首采面覆岩中细粒砂岩为亚关键层Ⅰ，中粒砂岩为亚关键层Ⅱ。亚关键层Ⅰ破断运动时将进入垮落带而形成悬臂梁结构，亚关键层Ⅱ破断运动时进入断裂带而形成砌体梁结构。

（3）首采面覆岩运动规律：初次来压后工作面继续推进→亚关键层Ⅰ形成悬臂梁→悬臂梁断裂岩块失稳产生小来压（亚关键层Ⅱ形成砌体梁）→亚关键层Ⅰ形成新的悬臂梁（砌体梁岩块铰接稳定）→砌体梁和悬臂梁失稳共同形成周期来压→进入下一个周期循环。周期来压是亚关键层Ⅱ砌体梁和亚关键层Ⅰ悬臂梁共同失稳造成的，而小来压主要是悬臂梁岩块失稳造成的，采场小来压小于周期来压强度。悬臂梁的断裂失稳过程中使下位直接顶中形成拉断区和压缩变形区，“两区”贯通时易发生端面漏冒。

参考文献

[1] 潘黎明．基于综合分析法的大采高综放采场来压特征研究［J］．煤炭科学技术，2015，43（8）：60-66.

[2] 李金华，谷拴成，李昂．浅埋煤层大采高工作面矿压显现规律［J］．西安科技大学学报，2010，30（4）：407-416.

[3] 钱鸣高，缪协星，许家林，等．岩层控制的关键层理论［M］．徐州：中国矿业大学出版社，2003：16-18.

[4] 许家林，钱鸣高．覆岩关键层位置的判别方法［J］．中国矿业大学学报，2000，29（5）：463-467.

[5] 钱鸣高，刘听成．矿山压力及其控制（修订本）［M］．北京：煤炭工业出版社，1991：102-103 .

[6] 侯忠杰．断裂带老顶的判别准则及在浅埋煤层中的应用［J］．煤炭学报，2003，28（1）：8-12.

[7] 鞠金峰，许家林，朱卫兵，等．7.0m 支架综采面矿压显现规律研究［J］．采矿与安全工程学报，2012，39（3）：344-350，356.

[8] 鞠金峰，许家林，朱卫兵．浅埋特大采高综采工作面关键层“悬臂梁”结构运动对端面漏冒的影响［J］．煤炭学报，2014，39（7）：1197-1204.

[9] 钱鸣高，殷建生，刘双跃．综采工作面直接顶的端面冒落［J］．煤炭学报，1990，15（1）：1-9.

[10] 钱鸣高，何富连，李全生，等．综采工作面端面顶板控制［J］．煤炭科学技术，1992，21（1）：41-46.

综放厚煤顶回采巷道围岩支护优化研究与应用

李秀华，毛建新，任启刚，卞平均

（中煤山西华昱五家沟煤业有限公司，山西朔州　036000）

摘　要：为解决综放厚煤顶回采巷道出现的围岩大变形和支护问题，采用现场调研、数值模拟、工业试验等方法，从地质生产条件和支护结构方面分析回采巷道变形破坏特征，得出大跨度特厚煤顶、剧烈采动作用和支护结构支护效能低的综合作用是导致回采巷道变形破坏的主要原因。以五家沟矿5207综放面运输平巷为工程实例，基于一体化控制思路，确定锚杆网、双重作用的高预应力桁架锚索、强力径向单体锚索、煤帮补打锚杆等综合互补控制的优化方案并给出了其应用参数，将其应用于工程实践。现场观测结果表明，5207运输平巷顶板最大下沉量180.4mm，两帮最大收敛值226.1mm，底板最大鼓出量45.2mm，均在安全范围之内，实现了厚煤顶回采巷道稳定性控制，对类似工程条件巷道具有借鉴意。

关键词：综放工作面；厚煤顶；回采巷道；变形破坏机制；支护优化

0　引言

五家沟矿属于大型矿井，在综放剧烈采动环境下，支承压力影响范围内运输巷道出现了煤顶严重破碎且网兜撕裂漏冒、两帮碎裂大量挤出，常出现输送机端头设备处无行人空间，直接影响安全生产。针对该平巷支护难题，基于综放回采巷道变形破坏的新特点，针对性地提出综放厚煤顶回采巷道围岩支护优化方案，现场试验表明，优化后的支护方案对巷道围岩变形控制效果较好。

1　工程概况

五家沟矿现主采5号煤层，平均埋深220m，煤层厚度8.9～12.8m，平均厚度10.8m，煤层中有两层夹矸，夹矸平均厚度0.4～0.8m之间，局部有变厚的现象。煤体节理裂隙发育，普氏系数$f=1.1$，倾角平均为2°，密度为1.44g/cm^3，5207工作面一次采高3.5m，放煤7.5m，属于大型综放开采工作面，具有开采强度高、覆岩活动剧烈、支承压力分布范围广且影响大等特点。

5207综放工作面运输平巷留顶煤沿煤层底板掘进，断面为矩形，尺寸为4.6m（宽）×3.3m（高），该巷道顶部尚有7.5m左右煤层。直接顶为厚度2.25m砂质页岩，薄层状节理，较破碎。复合基本顶，由下到上依次为1.48m的粗砂岩、1.74m的细砂岩、1.63m的中砂岩和1.84m的粉砂岩，致密坚硬，抗压强度高。底板为砂质页岩，厚度平均为1m。

收稿日期：2016.3.10。

作者简介：李秀华（1964—），男，安徽淮北人，高级工程师，中煤华昱能源有限公司总经理助理兼五家沟煤业矿长，主要从事矿山压力及其控制方面的研究。

2　厚煤顶回采巷道变形破坏特征

2.1　回采巷道原有支护方案

5207 综放工作面运输平巷原有支护采用锚网索主动支护技术，如图 1 所示。

巷道顶板布置 5 根 ϕ20mm×2400mm 左旋无纵筋螺纹钢锚杆，顶板采用 ϕ17.8mm×9300mm 的钢绞线锚索，轴向数量呈 2-1-2 方式布置，间距 1500mm，排距 3000mm。围岩其余支护参数如图 1 所示。

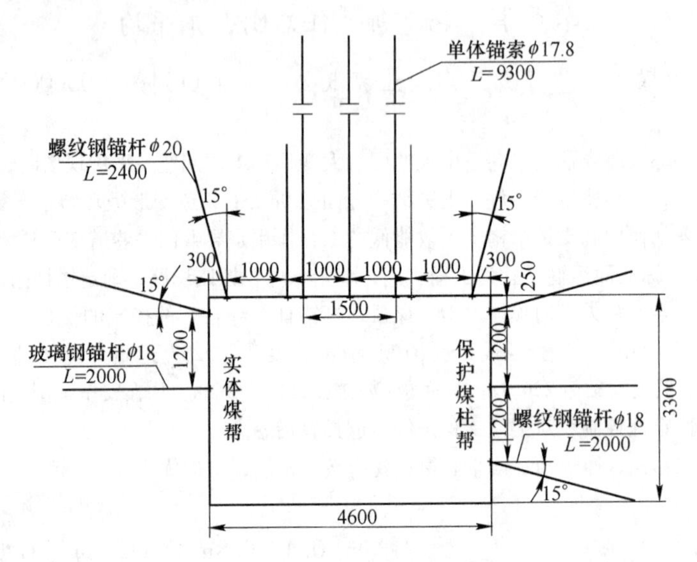

图 1　原有巷道支护断面图（单位：mm）

2.2　回采巷道变形破坏特征

经过井下观测发现，5207 工作面前方 150m 范围内巷道变形破坏严重，具有支护效果评价代表性，由此区域可归纳出 5207 工作面运输平巷原有支护方案段变形破坏显现特征如下：

（1）巷道两帮煤体破碎挤出严重。工作面前方 150m 范围内，巷道变形破坏极其严重，实体煤帮的下部煤体破碎挤出，挤出量约为 200～300mm。上区段采空区侧煤柱帮破坏较实体煤帮严重，煤柱中下部煤体多破碎挤出 300～800mm 的网兜，大面积区域网兜从中下部开裂致使碎裂煤块流出，局部锚杆体悬露支护失效。

（2）支承压力范围内顶板漏冒严重。煤顶呈现非对称破坏，煤柱侧破坏严重，多处网兜开裂煤体流出，些许锚索悬露。横向锚索之间煤顶开裂破碎较严重。局部下沉量达 300～500mm。

（3）巷道断面横向收敛量大。巷道两煤帮收敛量大，导致巷道断面横向尺寸收窄，收窄后巷道断面宽度 3.5～4m。输送机端头设备与煤帮的距离局部小于 150mm，行人极困难甚至无法通行，超前作业受到极大影响。

3　巷道破坏机制及支护优化方案

3.1　回采巷道变形破坏机制

通过分析 5207 综放面运输平巷地质生产条件、巷道围岩特征及原有支护体等情况，得出其围岩变形破坏显现主要原因是：

（1）特厚煤顶大跨度地质生产条件。平巷煤顶较厚，平均 7.5m，局部地区甚至达 8.9m。特厚煤顶板围岩力学性能差、节理裂隙发育，属于软弱不稳定型顶板，掘进揭露短时间内易出现微裂隙贯通破碎，且顶板破坏深度较常规煤巷高，若支护方案维护不合理，破碎深度继续发展和煤体深部发生离层，极易发生冒顶。事实而言，原有支护方式段局部区域发生了冒高为2m左右的冒顶现象。

（2）大型综放面剧烈采动影响。工作面综放一次采出10m左右，开采强度和空间大，覆岩波及范围广，随着工作面的推进，覆岩较常规综放面运动剧烈，距工作面200m左右的巷道应力集中程度高，巷道破坏范围大，且有巷道围岩采空区煤柱侧巷道破坏区明显大于工作面实体煤侧巷道，采空区煤柱帮较实体煤帮破坏严重[1]。

（3）支护结构支护效能低。结合巷道煤层顶板赋存关系和图1发现，原有支护方案的顶板锚索锚固在深部稳定岩层部分短，煤层变厚区域锚固在煤体内，锚固力小，顶板径向支护作用弱。巷道实体煤帮底角未提供锚杆支护，人为造成支护缺陷，煤体积聚的能量由此支护薄弱点释放，导致煤体易从此破碎挤出。相关实践表明，采空区煤柱侧是巷道控制的重点，对特厚剧烈采动煤层更应是加强支护。工程类比发现，采空区侧煤帮锚杆支护密度较低，导致煤柱帮破坏严重形成网兜。

巷道是两帮和顶底构成的有机整体，各部分的受力与变形相互影响，而各支护构件与围岩的优化组合是支护系统强有力发挥的关键[2]。综上分析知，5207综放巷道厚煤顶条件差，支护结构支护不均，未形成支护一体化，锚固力低，剧烈采动影响发生支护结构效果更差，有待优化。

3.2 回采巷道支护优化方案

针对上述变形破坏机制分析，认为加强回采巷道顶板和有效控制两帮破坏使维护巷道正常使用的关键，基于围岩破坏特点提出径向和切向共同支护顶板和强化两帮（尤其是煤柱帮）的预应力桁架锚索与锚杆（索）网支护优化方案，如图2所示。

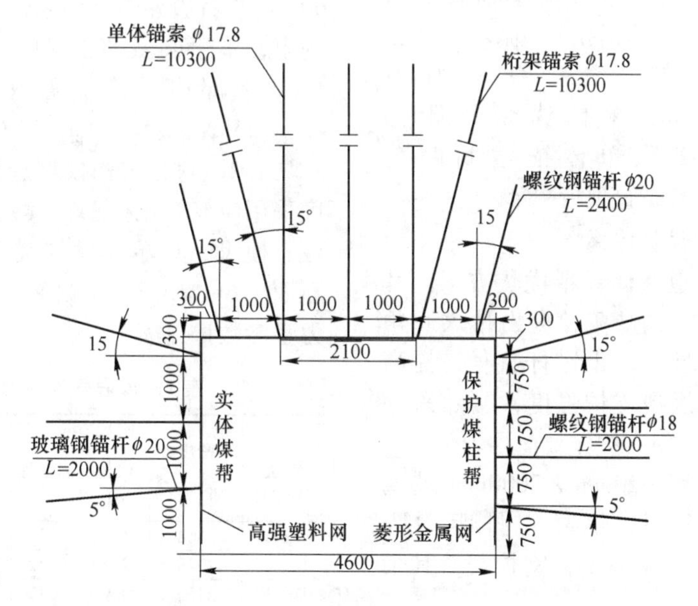

图2 支护优化方案断面图（单位：mm）

3.2.1 巷道顶板优化方案

巷道厚煤顶易破碎，加之跨度增大，破坏深度增加。依据峰后煤体保持稳定是碎块之间摩擦力挟持，因此厚煤顶的控制不仅需要提供强有力地径向作用，而且还应提供夹持能力，即切向作用。常用的普通锚杆（索）支护对锚固煤岩体只提供径向作用力，不提供切向作用力。相关研究表明[3~5]，预应力桁架锚索能在巷道顶板的水平及垂直方向同时提供挤压应力的主动支护结构。它将巷道两肩窝深部岩体作为锚固点，通过桁架连接器将高强度预应力钢绞线锁紧，并传递张拉力，实现对顶板浅部围岩兜护和对顶板结构加固，控制顶板离层、防止顶板加固区整体垮冒。具有双向施力、长软抗剪、线型承载、锚固点稳、变形闭锁等优越性[6]。

基于高预紧力桁架锚索与普通单体锚索不同支护原理[7]，提出锚杆、高预紧力桁架锚索与单体锚索平行布置的顶板支护优化技术。锚杆仍选采用 ϕ20mm × 2400mm 左旋无纵筋螺纹钢锚杆，间排距均为 1000mm，角锚杆与铅垂线夹角 15°，其余锚杆垂直顶板布置；选取 ϕ17.8mm × 10300mm 桁架锚索与 ϕ17.8mm × 10300mm 单体锚索间隔组合支护，即“2（单体锚索）-1（单体锚索）-1（桁架锚索）-1（单体锚索）-2（单体锚索）”循环布置方式。其中，桁架锚索孔口距 × 排距：2100mm × 8000mm，单体锚索排距为 2000mm，断面 2 根单体锚索间距为 2000mm，单根锚索布置顶板中部。

3.2.2 巷道强帮优化方案

（1）回采巷道实体煤帮优化方案。针对实体煤帮原有支护缺陷，提出帮煤底角补打锚杆优化方案，增大锚杆直径，提高支护密度，改善煤帮支护强度，剧烈采动时促使能量转移，使支护体载荷均匀化。

实体煤帮采用 ϕ20mm × 2000mm 玻璃钢锚杆，每排 3 根，锚杆间排距均为 1000mm，附件选用高强塑料网护帮，其余参数如图 2 所示。

（2）煤柱帮优化方案。大量相关研究表明，采空区侧煤柱是巷道稳定控制的关键，针对综放剧烈采动煤巷提出了强帮优化方案，有效控制其松动圈向深部扩散。

煤柱帮采用 ϕ18mm × 2000mm 的圆钢锚杆支护，每排 4 根，锚杆间排距为 750mm × 1000mm，附件选用 8 号菱形金属网护帮，其余参数如图 2 所示。

4 厚煤顶回采巷道支护效果数值评价

4.1 数值试验模型建立

结合 5207 综放面地质生产条件，采用 FLAC3D 软件建立厚煤顶运输平巷支护参数优化数值分析模型（图 3）。

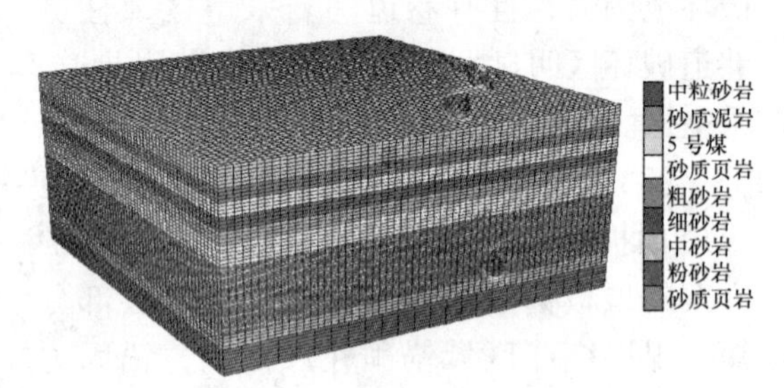

图 3 数值模型计算网络图

模型尺寸宽 × 高 × 长为 120m × 120m × 60m，左右边界固支约束，下部边界固支定约束，鉴于剧烈动压影响，取动压系数为 1.6，上部边界施加等效载荷为 $K\gamma H$ = 1.6 × 25kN/m^3 × 220m = 8.8MPa，侧压系数 λ 取 1.2。材料本构模型选择：煤层和直接底采用应变软化模型，其余岩体采用摩尔-库仑模型，杆单元模拟锚杆索。巷道开挖断面 4.6m × 3.3m（宽 × 高）。煤岩层物理力学参数详见表 1。

表 1 煤岩层物理力学参数

岩层	密度 /kg · m^{-3}	弹性模量 /GPa	泊松比	内聚力 /MPa	抗拉强度 /MPa	内摩擦角 /(°)
粗砂岩	2668	51.74	0.23	8.30	8.43	39.65
中砂岩	2343	12.46	0.12	2.71	2.37	38.37
细砂岩	2459	29.90	0.17	6.20	5.07	39.70
砂质页岩	2585	10.81	0.24	3.38	7.70	28.65
5 号煤	1421	4.01	0.32	4.34	1.20	32.48
砂质泥岩	2317	9.10	0.18	3.30	2.52	33.08

4.2 数值结果分析评价

4.2.1 巷道围岩应力分布特征

采用上述优化支护方案后，5207 运输平巷围岩垂直应力分布如图 4 所示。

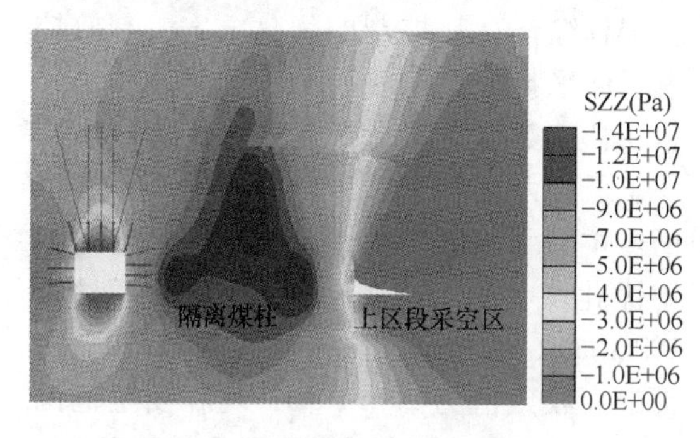

图 4 巷道围岩垂直应力分布

由图 4 可知：（1）巷道顶板采用桁架锚索加固优化后，其水平挤压和垂直应力作用，顶板低应力范围仅 1.5m，全部处于顶板锚固层内，增加的锚索长度后，锚固段全部置于稳定岩层中，即使受到采动影响，锚索能力发挥其承载悬吊作用。（2）两帮通过补打或增加锚杆直径和提高支护密度优化后，两帮低应力区仅为 0.5m 左右，两帮表面最低应力值为 2～3MPa，具有较好承载力，以至于在采动影响下能较好地实现高集中应力转移和扩散。

上述分析表明，顶板增加高预应力桁架锚索优化后，在其强有力的水平和垂直方向双重挤压作用下，将低应力泄压区控制在锚杆锚固层内，增长锚索调动了深部硬岩强度，共同强化了顶板作用。两帮优化后，提高了两帮的支护强度，促使围岩高应力转移。优化组合方案实现了载荷均匀化。

4.2.2 巷道塑性区分布特征

原有支护条件下，5207 运输平巷围岩塑性区模拟结果如图 5a 所示，分析发现：（1）巷道顶板塑性区范围较大，深度达 5m 左右。（2）巷道实体煤侧帮底角缺失锚杆支护。相比同旁顶角塑性区发育范围和深度大，深度达 4m 左右。（3）两帮塑性区范围呈非对称分布，煤柱侧塑性区范围较实体煤侧大，塑性深度在 4m 左右。这也验证了煤柱侧破坏往往较实体煤侧严重，煤柱帮是巷道控制的关键。

优化支护条件下围岩塑性区模拟结果如图 5b 所示，对比图 5 分析可得：（1）采用优化支护后，巷道顶板塑性区范围明显减小，塑性深部为 4m 左右，较图 5 减小了 1m 左右。（2）实体煤帮增大锚杆直径和底角补打锚杆后，底角塑性区范围明显减小，深度为 3.5m 左右，较图 5 减小了近 0.5m。（3）煤柱帮经过提高锚杆支护密度，塑性区范围明显减小，塑性深度为 2.5m，较图 5 减小了近 1.5m。

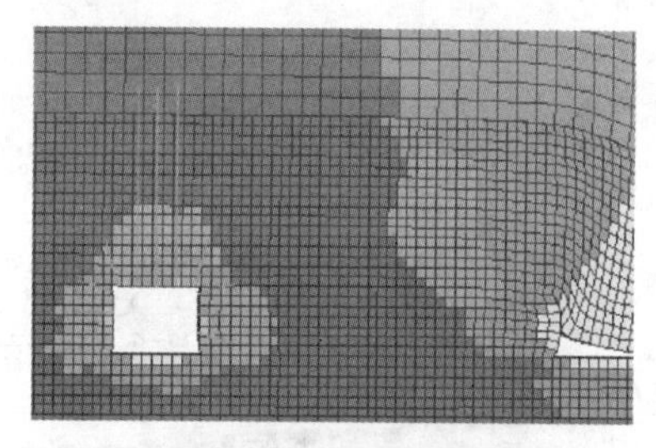

a 原有支护下围岩塑性区分布

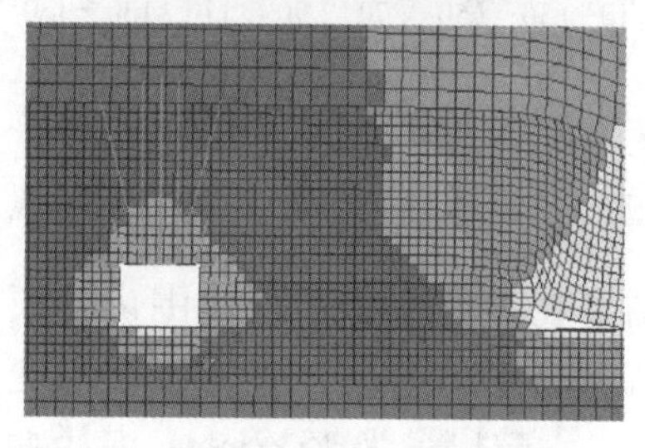

b 优化支护下围岩塑性区分布

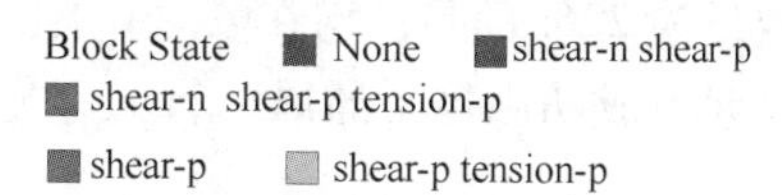

图 5 优化前后巷道围岩塑性区分布

基于上述研究，支护技术优化作用机理主要体现在如下几个方面：（1）高预应力桁架锚索双重作用机制：在桁架锚索水平方向和垂直方向的双重挤压下，使顶板表面处于变形闭锁状态，限制其变形破坏。(2) 提高了锚固结构锚固力：通过增加锚索长度，提高锚杆直径，增强了锚杆索可锚性和围岩的支护强度。(3) 提高了围岩抗剪强度：巷道煤岩体主要是剪切破坏[8]，上述分析发现优化支护方案不但削弱了两帮应力集中程度，而且提高了帮、底角的剪切强度，增强了围岩抗剪切滑移破坏能力，有效地控制了巷道围岩的稳定。

5　工业性试验评价

5207 综放面回采期间，在采用了优化支护方案控制的运输平巷区段布置测站，采用十字布点法进行巷道围岩表面位移监测。距离综放面 180m 处开始监测，监测过程如图 6 所示。

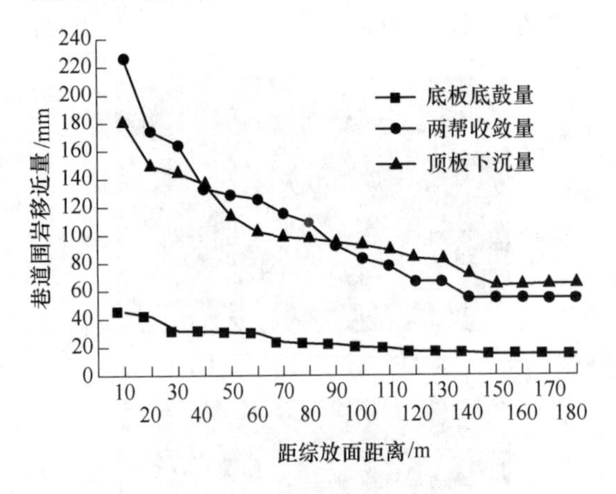

图 6　5207 运输平巷表面位移变化曲线

结果表明：采动影响范围内，顶板最大下沉量为 180.4mm，底板底鼓量变化不明显，最大鼓出量为 45.2mm，巷道两帮最大收敛量为 226.1mm，均在安全范围之内。最后，巷道成功满足了通风、行人等需要。

6　结论

(1) 从地质生产条件和支护结构方面分析回采巷道变形破坏特征，得出大跨度特厚煤顶、剧烈采动作用和支护结构支护效能低综合作用是导致回采巷道变形破坏的主要原因。

(2) 根据厚煤顶围岩破坏特点，基于支护一体化思路，确定双重作用的高预应力桁架锚索、强力径向单体锚索、煤帮补打锚杆综合互补控制的优化方案，有效控制了回采巷道围岩的变形。

(3) 数值分析验证发现，优化方案减小了低应力区和塑性区范围，提高了巷道围岩抗剪强度。工业性试验表明，巷道采用优化支护方案后，顶板最大下沉量为 180.4mm，底板最大鼓出量为 45.2mm，两帮最大收敛值为 226.1mm，均在安全范围之内，对类似工程条件巷道具有借鉴意义。

参 考 文 献

[1] 谢广祥，王磊．综放工作面煤层及围岩破坏特征的采厚效应［J］．煤炭学报，2010，35 (2)：177-181.

[2] 何满潮，齐干，程骋，等．深部复合顶板煤巷变形破坏机制及耦合支护设计［J］．岩石力学与工程学报，2007，26 (5)：987-992.

[3] 何富连，高峰，孙运江，等．窄煤柱综放煤巷钢梁桁架非对称支护机理及应用［J］．煤炭学报，2015，40 (10)：2296-2302.

[4] 李树荣，王国栋，朱现磊，等．新三矿大跨距切眼桁架锚索支护试验研究［J］．矿业工程研究，2009，24 (2)：17-20.

[5] 何富连，殷东平，严红，等．采动垮冒型顶板煤巷强力锚索桁架支护系统试验［J］．煤炭科学技术，2011，39 (2)：1-5.

[6] 严红，何富连，徐腾飞．深井大断面煤巷双锚索桁架控制系统的研究与实践［J］．岩石力学与工程学报，2012，31 (11)：2248-2257.

[7] 殷帅峰，蔡卫，何富连．高预紧力桁架锚索与单体锚索平行布置支护原理及应用［J］．中国矿业大学学报，2014，43 (5)：823-830.

[8] 黄汉富，张彬，方新秋．松软厚煤层开切眼围岩稳定性研究及其应用［J］．煤炭科学技术，2007，35 (7)：103-107.

特厚煤层临近采空区巷道围岩控制技术

赵勇强

（中国矿业大学（北京）资源与安全工程学院，北京　100083）

摘　要：以五家沟煤矿临近采空区巷道围岩控制工程为研究背景，首先分析了特厚煤层临近采空区巷道围岩的变形机理，然后采用数值模拟方法确定了临近采空区区段保护煤柱的合理宽度，最后提出了临近采空区巷道围岩支护方案，并进行了现场工程应用。现场实践表明，18m 区段保护煤柱条件下，采用桁架锚索、单体锚索与锚杆结合的围岩控制技术能够较好地解决特厚煤层临近采空区巷道围岩变形控制问题。

关键词：特厚煤层；煤柱宽度；围岩变形；支护技术；现场实践

0　引言

目前，随着放顶煤开采技术尤其是综合机械化放顶煤开采技术的不断提高，开采煤层厚度也在不断增大，而开采煤层厚度的增加虽然提高了煤矿生产的效益，但也造成了巷道维护难度的加大以及大量煤炭资源损失[1~4]。与普通巷道相比，特厚煤层临近采空区巷道顶板为强度较小的松散破碎煤体，顶板自身稳定性较差，而且还受本工作面采动和采空区影响，常规支护难以保证巷道围岩的稳定性[5~8]。

针对特厚煤层临近采空区巷道围岩控制难题，国内学者进行了大量的研究。马其华等[9]基于深井开采过程中沿空掘巷技术，提出高预紧力、强力锚杆＋强力锚索＋强力钢带的联合支护方式；于斌[10]等针对大同矿区特厚煤层临空巷道超前支护技术的稳定性与可用性，结合理论分析与现场实践，得到巷道超前支护段强矿压显现机制，提出巷道顶板水压致裂有效控制技术，保证了特厚煤层综放工作面的正常生产；彭林军[11]通过理论分析数值模拟以及现场实测等方法，认为合理确定特厚煤层分层综采巷道煤柱宽度、支护方式能够最大程度发挥围岩的自承能力，提高巷道围岩的稳定性。

本文在前人研究的基础上，结合特厚煤层临近采空区巷道生产地质条件，针对此类巷道围岩的变形机理进行探讨，并基于数值模拟和现场试验对区段保护煤柱合理宽度和巷道围岩控制技术进行研究。

1　特厚煤层临近采空区巷道围岩变形机理

巷道开挖后，原岩应力重新分布，巷道围岩由之前的三向应力状态转变为双向应力状态，从而使巷道围岩承载能力降低，造成巷道围岩变形。

巷道顶板变形主要包括老顶下沉和顶板离层。其中，老顶下沉是由基本顶下沉并在采空区断裂引起的，这部分变形具有不可控性；顶板离层是由巷道两帮承载能力下降以及支护强度不够而无法承受顶板

基金项目：国家自然科学基金重点资助项目（51234005），中央高校基本科研业务费项目。

作者简介：赵勇强（1989—），男，山西人，在读硕士。手机：13126880851，E-mail：309865148@qq.com。

压力引起的，如果得不到有效的支护措施，顶板离层则会进一步加大。底板变形主要是由采空区形成的侧向支承压力以及本工作面回采形成的超前支承压力造成的，支承压力通过巷道两帮向底板传递，导致底板岩层在支承压力作用下向巷道空间变形，同时两帮产生的塑性变形间接增加了巷道的宽度，使底板变形进一步加大。两帮变形主要受巷道开挖以及采空区侧向支承压力影响，区段保护煤柱受巷道开挖和上工作面采空区侧向支承压力的作用，煤柱强度降低，承载能力变小，同时在本工作面采动作用下，煤柱变形破坏持续增加，并将大部分支承压力转移到实体煤帮，使得实体煤帮的变形急剧增大，巷道两帮围岩难以控制[12,13]。

临近采空区巷道是由顶板、保护煤柱、实体煤帮以及底板组合的一个有机整体，其中任意一个部分的变形失稳都将引起巷道整体的结构失稳，因此，临近采空区巷道围岩变形是各组成部分相互作用、相互影响的综合结果。

2 临近采空区区段保护煤柱宽度确定

基于5207综放面的开采地质条件，采用FLAC^{3D}数值软件对不同宽度区段保护煤柱条件下巷道围岩的应力分布及变形破坏特征进行了研究，进而确定临近采空区区段保护煤柱合理宽度。建立数值模型，取模型 x 方向长度为110m，y 方向（煤层走向）长度为65m，高度为60m。模型上部加载载荷 q 为10MPa，侧压系数取1.1，即在 x 向、y 向施加水平应力11MPa，本构关系采用摩尔-库仑模型，模型力学参数选取见表1。

表1　煤岩体力学参数

岩　性	体积模量/GPa	剪切模量/GPa	抗拉强度/MPa	内聚力/MPa	内摩擦角/(°)
粉砂岩	20.89	13.63	8.43	18.30	39.65
中砂岩	5.52	5.55	2.37	12.71	38.37
细砂岩	12.81	10.77	7.34	13.24	40.70
砂质页岩	19.32	12.12	7.75	16.38	28.65
5号煤	5.63	2.34	1.22	4.42	30.73
砂质泥岩	4.73	3.86	2.52	6.30	33.08

巷道高度取3.3m，宽度取4.6m，模拟方案取煤柱宽度16m、17m、18m和19m四种情况，研究不同宽度煤柱下围岩应力场与塑性区分布特征。

图1给出了不同煤柱宽度巷道围岩垂直应力分布云图。从图1中可以看出，煤柱内垂直应力峰值随着煤柱宽度的增加而不断减小，相应的应力集中现象也随着煤柱宽度的增加而逐步缓减；煤柱中部弹性核区的宽度，即两个峰值应力之间的距离，随着煤柱宽度的增加而增加，煤柱支承能力也不断提高。显然，煤柱宽度较小时，巷道围岩将处于支承压力影响范围内，对于煤柱及巷道围岩的稳定性控制是不利的。

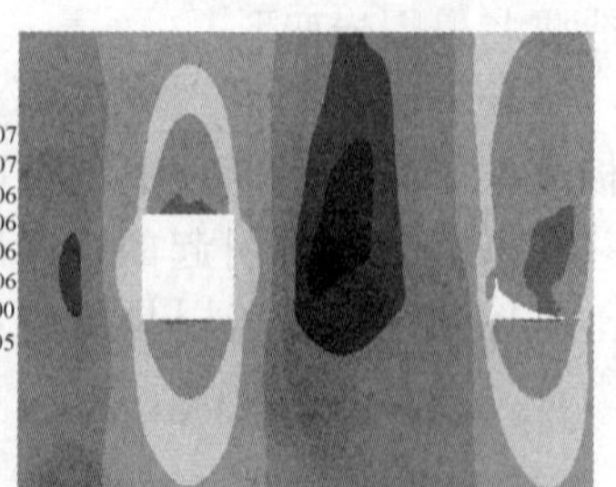

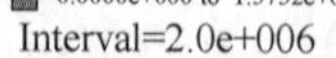

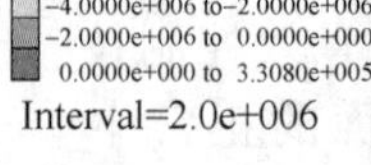

煤柱宽度16m

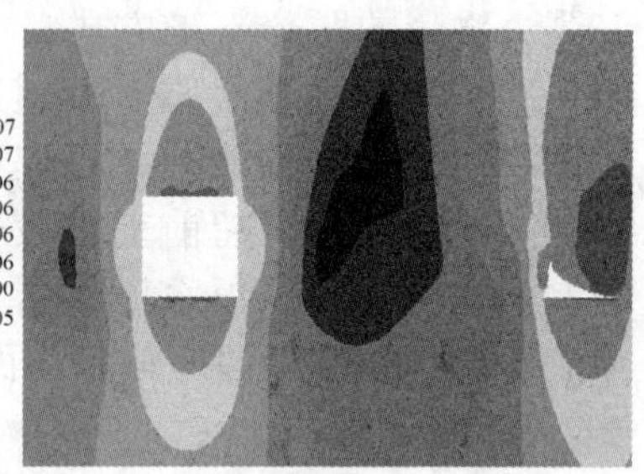

煤柱宽度17m

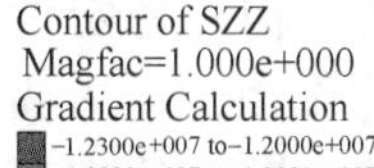

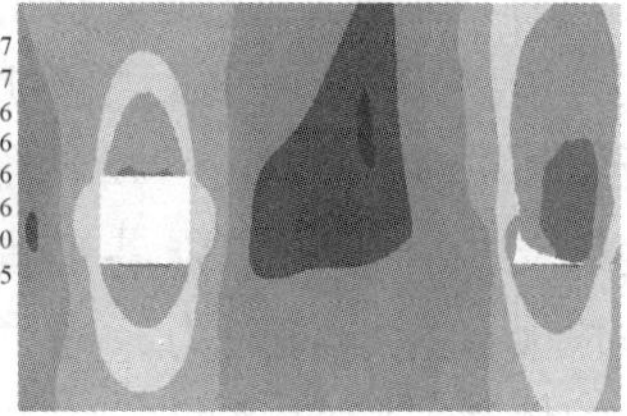

煤柱宽度 18m

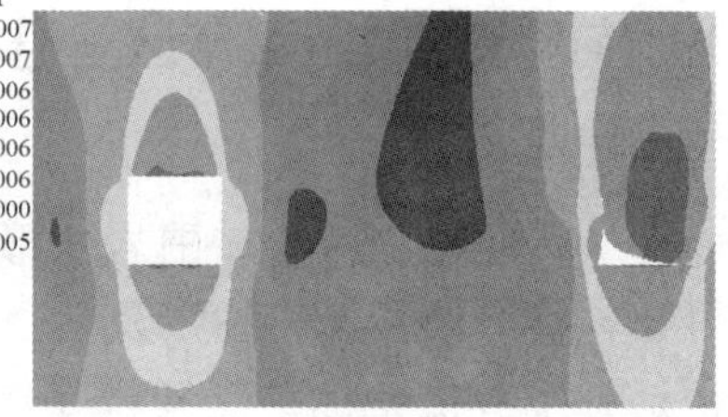

煤柱宽度 19m

图 1　不同煤柱宽度巷道围岩垂直应力分布云图

图 2 给出了不同宽度煤柱围岩塑性区分布规律。从煤柱内部来看，煤柱宽度为 16m 时，其内部没有弹性区，两侧塑性区相互贯通；煤柱宽度为 17m 时，弹性区宽度较小，仅为 6m 左右，两侧塑性区仍有贯通趋势；但随着煤柱宽度从 17m 增大到 18m 时，煤柱内弹性区宽度从 6m 增大到 9m，对应的核区率从 34% 增大到 50%，弹性区显著增加。从巷道围岩来看，当煤柱宽度为 16m 时，围岩破坏较为严重，顶板、底板以及实体煤帮的破坏深度分别达 4.0m、2.0m、3.5m；当煤柱宽度为 17 ~ 19m 时，巷道围岩破坏深度有减小的趋势，巷道围岩破坏深度区域稳定。

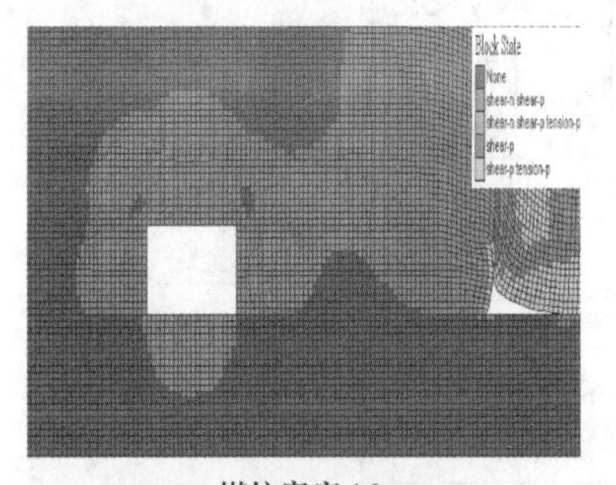

煤柱宽度 16m

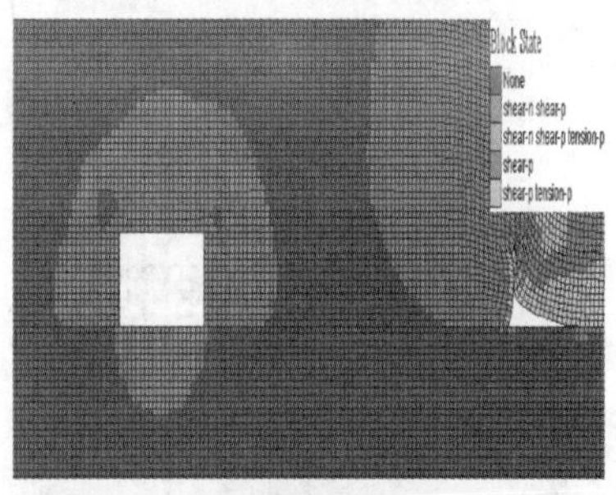

煤柱宽度 18m

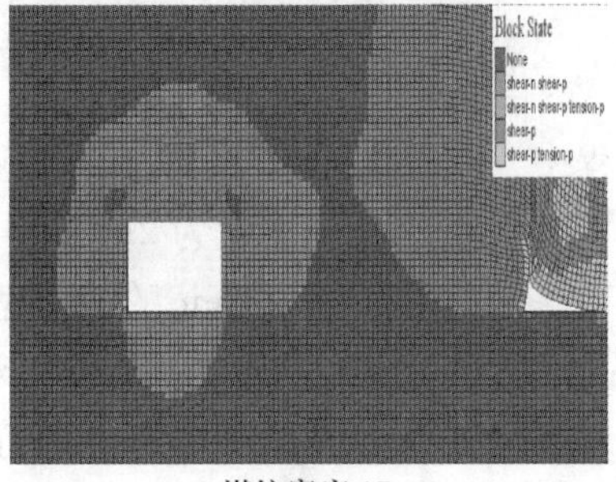

煤柱宽度 17m

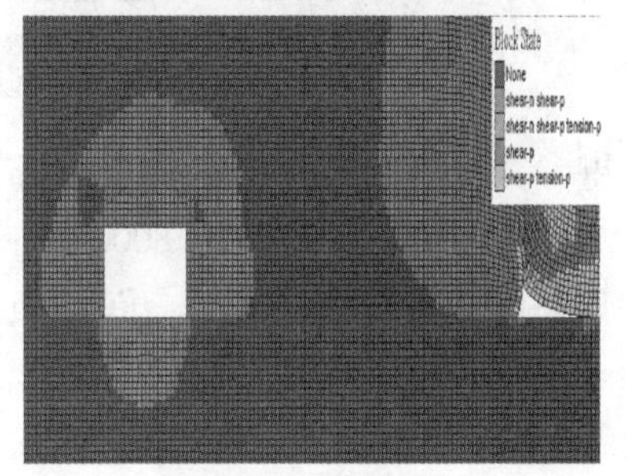

煤柱宽度 19m

图 2　不同煤柱宽度巷道塑性区分布云图

通过对不同宽度煤柱下巷道围岩应力分布特征来看，煤柱宽度越大，越有利于巷道围岩的稳定性控制；从塑性区分布特征来看，煤柱宽度大于等于 18m 时，巷道围岩破坏深度趋于稳定，且煤柱内部弹性区宽度达到巷道高度的 2 倍以上，煤柱能够保持稳定。因此，综合考虑煤柱及巷道围岩稳定性控制、提高煤炭资源回收率等因素，最终确定区段保护煤柱留设宽度为18m。

3　特厚煤层临近采空区巷道支护技术研究

从临近采空区巷道围岩变形机理分析可知，巷道顶板、煤柱以及实体煤帮的支护是一个有机整体，三者相互作用、密不可分，任何一部分支护强度的降低都将对巷道围岩稳定性造成影响。

特厚煤层临近采空区巷道支护应遵循以下原则：（1）桁架锚索顶板形成强大闭锁结构，单体锚索则对闭锁结构外稳定性较差的岩体起到加强支护的作用，单体锚索与桁架锚索共同承载顶板载荷，约束顶板岩体的变形破坏。（2）加强锚杆支护密度与支护强度，增强巷道围岩整体性，发挥顶板自身承载能力，减少顶板压力对两帮的传递，同时将两帮浅部围岩变形压力转移到深部，提高两帮煤体对顶板的支承能力。

结合巷道实际生产地质条件确定支护方案，如图3所示。

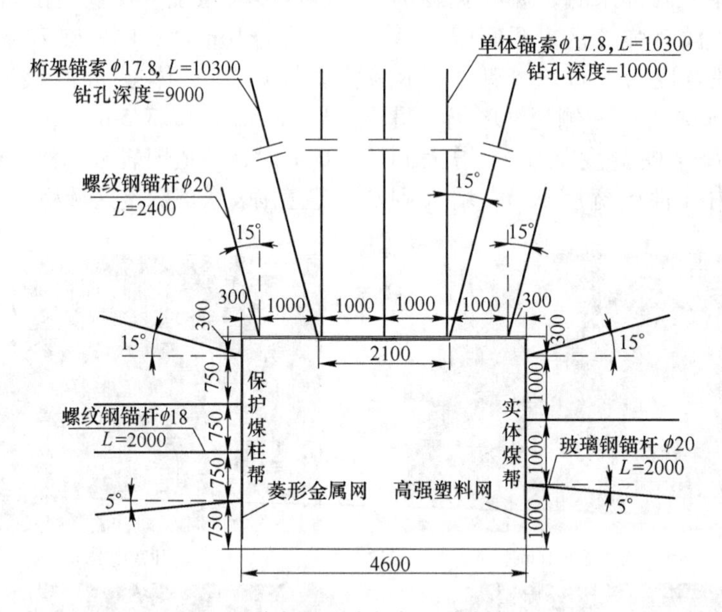

图3　巷道支护设计方案（单位：mm）

支护关键参数：桁架锚索采用ϕ17. 8mm ×10300mm，跨度2100mm，排距8000mm；单体锚索采用ϕ17. 8mm×10300mm，间排距2000mm×2000mm，2-1-2布置；顶锚杆密度为5根/排，间排距1000mm×1000mm；实体煤帮密度为3根/排，间排距1000mm × 1000mm；煤柱帮锚杆密度：4根/排，间排距750mm×1000mm。

4　现场实践

根据前面的研究成果，验证煤柱留设和围岩控制方案的合理性，工作面回采过程中，在长度为100m的试验段煤柱内设置压力观测站，在深度为2m、4m、6m、8m、10m、12m、14m、16m的距离埋设8个钻孔应力传感器，进行钻孔应力观测，同时对巷道表面位移与顶板离层进行实时监测，现场观察数据进行整理后，如图4所示。

从图4中可以看出，回采期间，受采动影响，煤柱内支承压力大小有一定的变化，但煤柱弹性核区宽度变化较小，弹性核宽度始终大于2倍巷道高度，区段煤柱能够保持稳定。与此同时，巷道两帮相对位移累计量为215mm，顶底板相对位移累计量为178mm，顶板以及两帮整体性较好，没有冒顶片帮发生；顶板离层量在0～10mm之间，表明采动影响下巷道顶板基本无离层现象。可见，18m区段保护煤柱条件下，采用桁架锚索、单体锚索与锚杆结合的围岩控制技术能够有效地保证特厚煤层临近采空区巷道围岩的稳定性。

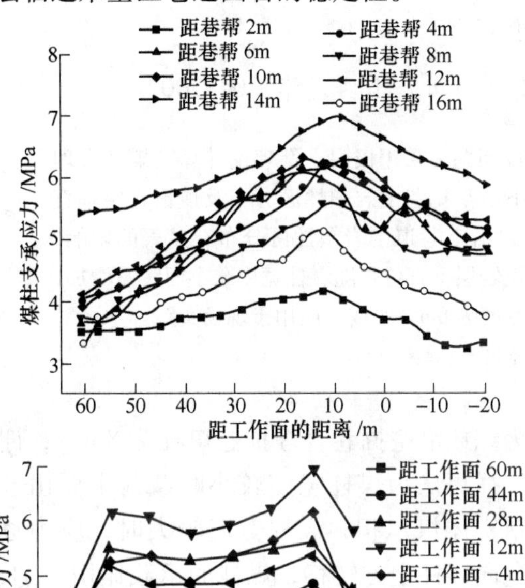

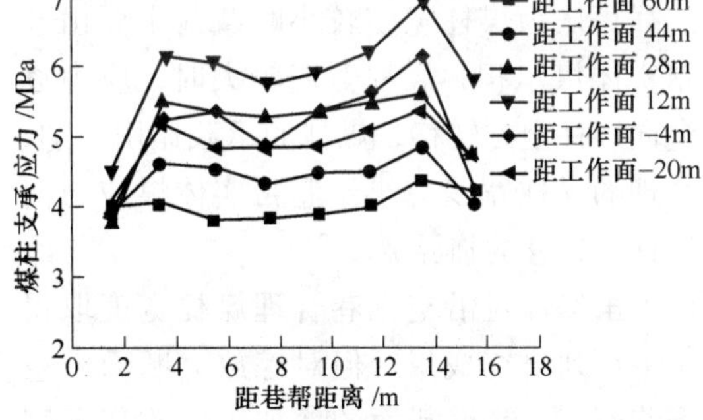

图4 煤柱支承应力分布图

5 结论

（1）通过理论分析揭示了特厚煤层临近采空区巷道围岩变形大的根本原因是受本工作面回采超前支承压力和采空区侧向支承压力的双重作用。

（2）通过数值模拟分析确定了合理的区段保护煤柱宽度，在此基础上，结合巷道支护原则提出桁架锚索、单体锚索与锚杆联合支护方案，并在现场工程实践中取得良好效果。

参考文献

[1] 孟金锁．综放采区煤炭损失构成及对策分析[J]．煤炭学报，1998，23（3）：305-309.

[2] 赵经彻．我国综采放顶煤开采技术及其展望[J]．中国工程科学，2001，3（4）：9-16.

[3] 吴健．我国放顶煤开采的理论研究与实践[J]．煤炭学报，1991，16（3）：1-11.

[4] 王汉鹏，李术才，李为腾，等．深部厚煤层回采巷道围岩破坏机制及支护优化[J]．采矿与安全工程学报，2012，29（5）：631-636.

[5] 严红，何富连，王思贵．特大断面巷道软弱厚煤层顶板控制对策及安全评价[J]．岩石力学与工程学报，2014，33（5）：1014-1023.

[6] 徐亚民．厚煤层沿空动压巷道锚网支护技术[J]．煤矿安全，2013，44（9）：107-109.

[7] 裴孟松，鲁岩，郭卫彬，等．含夹矸厚煤层沿空巷道围岩稳定性及支护技术研究[J]．采矿与安全工程学报，2014，31（6）：950-956.

[8] 肖亚宁，马占国，赵国贞，等．沿空巷道三维锚索支护围岩变形规律研究[J]．采矿与安全工程学报，2011，28（2）：187-192.

[9] 马其华，王宜泰．深井沿空巷道小煤柱护巷机理及支护技术[J]．采矿与安全工程学报，2009，26（4）：520-523.

[10] 于斌，刘长友，刘锦荣．大同矿区特厚煤层综放回采巷道强矿压显现机制及控制技术[J]．岩石力学与工程学报，2014，33（9）：1863-1872.

[11] 彭林军，张东峰，郭志飚，等．特厚煤层小煤柱沿空掘巷数值分析及应用[J]．岩土力学，2013，34（12）：3609-3616.

[12] 刘金海，曹允钦，魏振全，等．深井厚煤层采空区迎采动隔离煤柱合理宽度研究[J]．岩石力学与工程学报，2015，34（S2）：4269-4277.

[13] 李磊，柏建彪，王襄禹．综放沿空掘巷合理位置及控制技术[J]．煤炭学报，2012，37（9）：1564-1569.

王家岭矿综放大断面沿空掘巷煤柱合理宽度研究

李安静

（中煤华晋能源责任有限公司王家岭分公司，山西河津　043300）

摘　要：针对王家岭矿综放大断面沿空掘巷煤柱留设问题，采用极限平衡理论计算了煤柱合理宽度，结合 UDEC 数值模拟，分析了不同煤柱宽度下沿空掘巷围岩塑性区分布及顶板岩层垂直位移特征。结果表明，综放大断面条件下煤柱宽度对沿空巷道围岩塑性区分布有显著的影响，但对煤柱沿采空区一侧塑性区宽度影响并不大；顶板岩层垂直位移随煤柱宽度减小而缓慢增加，随煤柱失稳急剧增长。综合分析，认为合理的煤柱宽度为 8m，并成功应用于现场实践。

关键词：综放；大断面沿空掘巷；数值模拟；煤柱宽度

0　引言

随着煤矿开采机械化程度的提高及矿井开采的大型化，对煤炭采出率和回采巷道支护技术要求越来越高，传统的留设较宽的区段煤柱护巷的布置方式缺点日益凸显，而留窄煤柱沿空掘巷已成为提高煤炭采出率的有效方法之一[1]。近年来，国内外学者对不同条件下的沿空掘巷煤柱合理宽度进行了深入的研究：柏建彪等通过数值模拟分析了不同硬度煤层合理护巷窄煤柱宽度，认为软煤 4 ~ 5m，中硬煤层为 3 ~ 4m[2]；王永等提出煤柱稳定核区，即认为煤柱中心必须要具有一定的稳定核区，并且稳定核区的范围要在煤柱宽度的一半以上以此来保证煤柱的稳定性[3]；郑西贵等研究了不同宽护巷煤柱沿空掘巷掘采全过程的应力场分布规律，分析了煤柱宽度对沿空掘巷煤柱和实体帮应力演化的影响，认为综放沿空掘巷合理护巷煤柱为 8m[4]；谢广祥等认为煤柱宽度较小时载荷主要由巷帮实体煤承担，煤柱宽度较大时，应力逐渐向煤柱上方转移，煤柱的承载作用增加，合理的煤柱宽度应小于巷帮实体煤应力向煤柱内转移的临界宽度[5]。

虽然针对沿空掘巷合理煤柱宽度取得了一系列研究成果，但对综放大断面沿空掘巷而言，巷道断面的增加不仅改变了窄煤柱的应力状态，而且在围岩大结构下窄煤柱也要产生更大的给定变形，同时，综放面大量煤炭的采出又进一步加剧了基本顶的回转变形，这些因素均使得综放大断面沿空掘巷煤柱的留设更趋复杂[6,7]。本文拟以中煤王家岭综放大断面沿空掘巷为背景，采用理论计算，数值模拟分析求解合理煤柱宽度，为类似条件下沿空掘巷窄煤柱宽度留设提供借鉴。

作者简介：李安静（1965—），男，江苏沛县人，高级工程师，现从事绿色开采方面研究工作。E-mail：Drem3421@sina.com。

1 工程概况

王家岭矿20109工作面位于201盘区，主采2号煤层，煤层平均埋深330m，均厚6.21m，平均倾角3°，其老顶为厚9.6m细砂岩，直接顶为2.0m砂质泥岩，底板为1.61m泥岩。20109工作面采用走向长壁综放开采，长度265m，采煤机割煤高度3m，放煤高度3.21m，采放比为1:1.07。工作面上部为尚未开采的实体煤，下部为20107工作面采空区，区段回风平巷沿20107工作面采空区掘进，采用沿空掘巷技术，具体工作面及巷道布置如图1所示。为满足生产运输需要，巷道设计断面为5.6m × 3.55m，断面19.88m²，为大断面回采巷道。

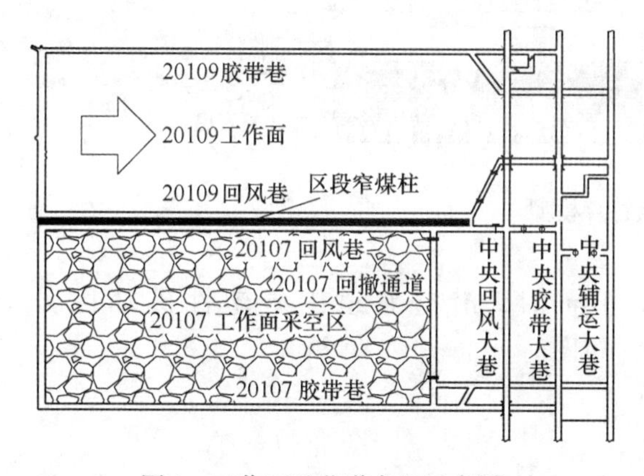

图1 工作面及巷道布置示意图

2 窄煤柱合理宽度的数值模拟

2.1 窄煤柱合理宽度的理论计算

沿空掘巷是在上区段工作面回采结束后沿相邻采空区留小煤柱掘进，煤柱处于覆岩破断所形成的稳定大结构之下，其两侧分别为上区段工作面回采及掘巷形成塑性区，若要保持窄煤柱的稳定性，则煤柱中部必须存在一定范围的稳定核区，且核区的宽度要大于煤柱两侧塑性区宽度之和。根据极限平衡理论合理的最小煤柱宽度B为[8]：

$$B = x_0 + x_1 + x_2 \tag{1}$$

$$x_0 = \frac{\lambda m}{2\tan\varphi}\ln\left(\frac{k\gamma H + \dfrac{C}{\tan\varphi}}{\dfrac{C}{\tan\varphi} + \dfrac{p}{\lambda}}\right) \tag{2}$$

$$x_1 = (0.3 \sim 0.5)(x_0 + x_2) \tag{3}$$

式中，x_0为沿采空区侧煤柱塑性区宽度，m；x_1为稳定核区宽度，m；x_2为沿空巷道侧锚杆有效长度，2.5m；C为煤体内聚力，2.3MPa；φ为煤体内摩擦角，44°；p为煤柱帮支护阻力，0.6MPa；m为201采区平均采厚，6.2m；λ为侧压系数，0.58；k为最大应力集中系数，2；γ为覆岩平均容重，kN/m³；H为201采区综放面平均埋深，265m。

根据以上条件进行计算得x_0 = 3.24m，x_1 = 1.62 ~ 2.85m，由此可以得出B = 7.36 ~ 8.59m，综合考虑现场地质生产条件取煤柱的宽度为8m。

2.2 数值模拟分析

2.2.1 数值模型的建立

根据王家岭煤矿地质生产条件，采用UDEC软件进行数值模拟，以分析不同煤柱宽度下，沿空掘巷围岩大结构移动规律、煤柱塑性区及位移变化规律。模型走向长度为200m，垂直高度为60m，开挖工作面长度为100m，模型底部边界垂直方向固定，左右边界水平方向固定。所模拟的煤层厚度6.0m，巷道尺寸为5.6m × 4.0m（宽 × 高），煤层和顶底板均划分为0.5m × 0.5m的块体，侧压系数取0.58。岩块采用摩尔-库仑模型，节理模型采用接触库仑滑移模型。岩层节理简化为水平方向和垂直方向两组节理，各岩层物理力学参数见表1，岩体间节理参数见表2。平面应变模型如图2所示。

表 1　计算模型中煤岩体力学参数

岩层种类	天然密度 /kg · m^{-3}	剪切模量 /GPa	体积模量 /GPa	内聚力 /MPa	内摩擦角 /(°)	抗拉强度 /MPa
上部岩层	2700	9.32	2.50	1.93	34	1.57
细砂岩	2700	9.23	2.43	1.83	30	1.57
中砂岩	2750	9.24	2.45	1.73	32	1.57
2 号煤	1412	1.42	1.20	1.13	25	0.59
砂质泥岩	2659	5.21	1.30	1.33	26	1.23
泥　岩	2468	5.23	1.32	1.42e	28	1.23
下部岩层	2700	9.13	2.50	1.83	30	1.57

表 2　计算模型煤岩层节理力学参数

岩层种类	法向刚度 /GPa	切向刚度 /GPa	内聚力 /MPa	内摩擦角 /(°)	抗拉强度 /MPa
上覆岩层	5.60	2.50	1.90	20	0.50
细砂岩	5.20	2.40	1.30	20	0.47
泥　岩	5.20	2.38	1.26	18	0.39
2 号煤	2.20	1.40	1.00	12	0.10
下覆岩层	2.60	1.70	1.20	15	0.50

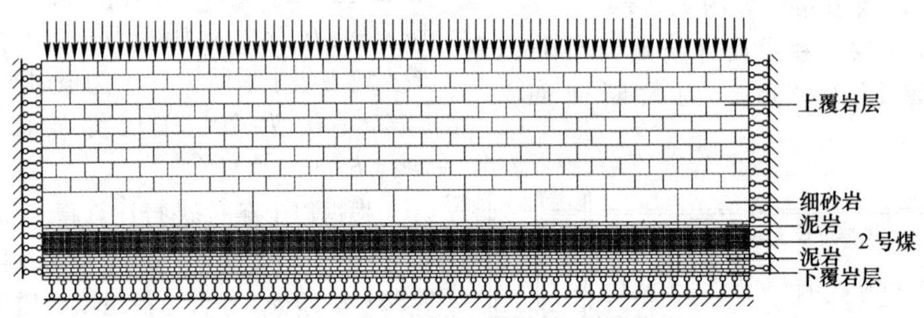

图 2　数值计算模型

2.2.2　模拟结果分析

（1）围岩塑性区与煤柱宽度关系。图 3 为煤柱宽度分煤柱宽度分别为 4m、8m、12m、16m 时，沿空巷道围岩塑性破坏区分布图。

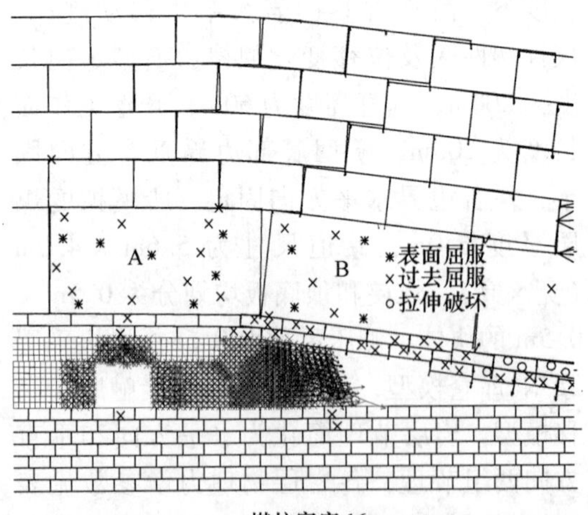

煤柱宽度 16m

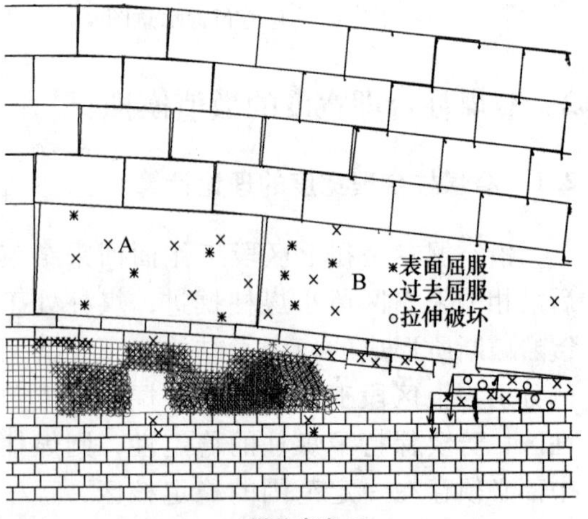

煤柱宽度 12m

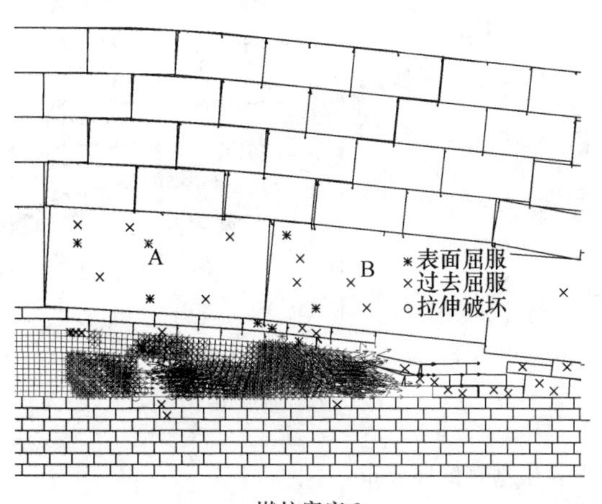

煤柱宽度 8m

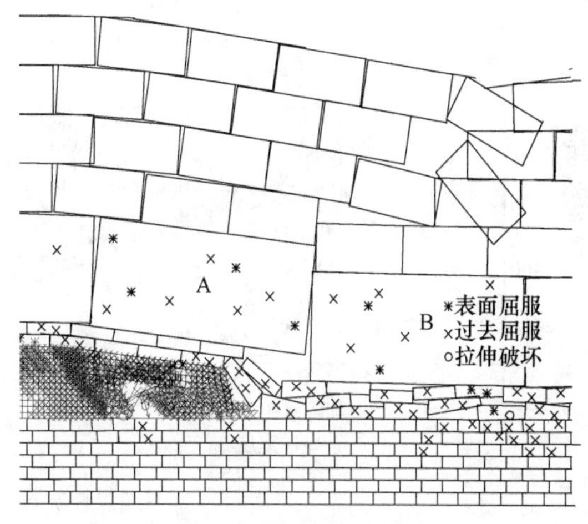

煤柱宽度 4m

图3　不同煤柱宽度下围岩塑性破坏区分布

由图3可知，不同煤柱宽度下煤层覆岩运动具有一致性，上区段工作面采过后顶板在靠近采空区边缘破断，继而回转下沉运动至稳定，煤柱沿采空区侧形成一定范围的塑性区。当煤柱宽度由16m逐渐降至8m时，煤柱两侧塑性变化具有以下规律：1）煤柱沿采空区一侧塑性区的宽度基本不随煤柱宽度的变化而变化，说明掘巷引起的应力扰动对采空区侧煤柱影响较小。2）巷道侧煤柱的塑性区则有所增加，这主要是由于随煤柱宽度减小，采空区侧向支承压力与掘巷引起的支承压力作用增强的结果。3）煤柱中弹性核区逐渐减小，当煤柱宽度为8m时，煤柱中弹性核区的宽度约为煤柱宽度的30%，煤柱仍具有较高的承载能力，当煤柱宽度为4m时，塑性区贯穿整个煤柱，煤柱失去承载能力，发生失稳破坏。

（2）顶板岩层垂直位移与煤柱宽度关系。图4为不同煤柱宽度下顶板岩层不同高度垂直位移分布曲线。

由图4可知，不同煤柱宽度下顶板岩层垂直位移具有如下规律：1）顶板深部（大于2.0m）垂直位移分布与覆岩大结构的运动相一致，自实体煤帮至采空区，垂直位移基本呈线性增加趋势，并且随煤柱宽度的减小而增加。2）浅部岩层（小于2.0m）存在显著的垂直方向位移运动，距离巷道自由面越近，垂直方向位移越大，其垂直方向位移存在明显不对称特征，最大垂直位移位于巷道中心轴偏煤柱帮侧300～500mm范围。3）煤柱宽度对于浅部围岩垂直位移具有较大影响，煤柱宽度由

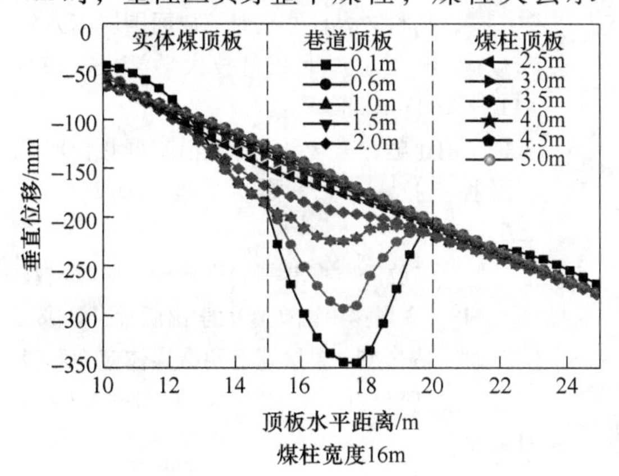

煤柱宽度16m

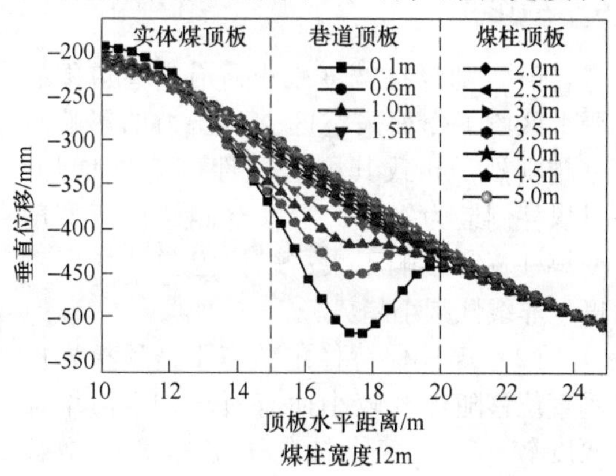

煤柱宽度12m

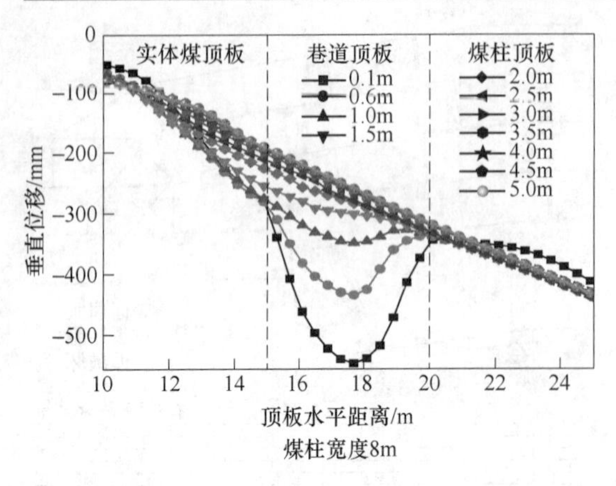

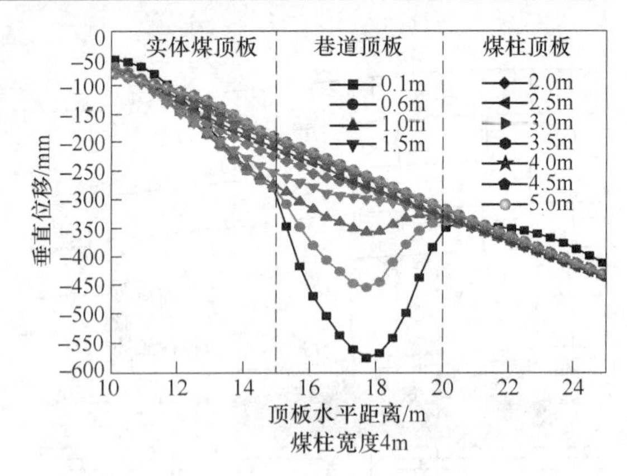

图4　不同煤柱宽度下顶板岩层垂直位移分布

16m 减小至 4m 过程中，巷道内垂直位移呈非线性增加，依次为 350m、520m、530m、580mm，垂直位移持续增大。

3　现场实践

根据上述研究分析，将 20109 工作面区段回风平巷作为试验巷道，待 20107 工作面回采顶板运动稳定后进行沿空掘巷，区段煤柱留设宽度为 8m，并在巷道中布置 5 个测站，以观测掘进及回采期间围岩表面位移变化规律。结果表明，掘巷初期围岩变形速率较大，掘巷 15 ~ 20d 后围岩移近速率趋于稳定，巷道两帮移近保持在 4mm/d 以内，认为此时沿空掘巷围岩已处于稳定状态，两帮总移近量约为 260mm，顶底板总移近量不大于 320mm，沿空掘巷围岩保持良好的稳定。

4　结论

（1）随煤柱宽度减小，沿空巷道围岩受上区段工作面采空区支承压力的影响越来越剧烈，导致其围岩塑性区宽度增加，且煤柱侧最为敏感；沿采空侧塑性区宽度受煤柱宽度影响不大；煤柱内弹性核区宽度呈非线性减小趋势。

（2）煤柱保持稳定状态下，顶板岩层垂直位移随煤柱较小而有所增加，但增加幅度较小，随着煤柱的失稳呈急剧增长趋势。

（3）给出综放大断面沿空掘巷窄煤柱合理宽度的确定方法，即从极限平衡论、煤柱塑性区分布规律、顶板垂直位移三个方面综合确定窄煤柱的合理宽度为 8m。

参 考 文 献

[1] 于洋，柏建彪，陈科，等. 综采工作面沿空掘巷窄煤柱合理宽度设计及其应用 [J]. 煤炭工程，2010 (7)：6-9.

[2] 柏建彪，侯朝炯，黄汉富. 沿空掘巷窄煤柱稳定性数值模拟研究 [J]. 岩石力学与工程学报，2004 (20)：3475-3479.

[3] 王永，朱川曲，等. 窄煤柱沿空掘巷煤柱稳定核区理论研究 [J]. 湖南科技大学学报，2010 (4)：5-8.

[4] 郑西贵，姚志刚，张农. 掘采全过程沿空掘巷小煤柱应力分布研究 [J]. 采矿与安全工程学报，2012 (4)：459-465.

[5] 谢广祥，杨科. 煤柱宽度对综放面围岩应力分布规律影响 [J]. 北京科技大学学报，2006 (11)：1005-1008.

[6] 李磊，柏建彪，王襄禹. 综放沿空掘巷合理位置及控制技术 [J]. 煤炭学报，2012 (9)：1564-1569.

[7] 李学华. 综放沿空掘巷围岩稳定控制原理与技术 [M]. 徐州：中国矿业大学出版社，2008.

[8] 侯朝炯，马念杰. 煤层巷道两帮煤体应力和极平衡区的探讨 [J]. 煤炭学报，1989 (4)：21-29.

厚硬直接顶沿空留巷关键块结构优化控制研究

刘少沛

（平顶山天安煤业股份有限公司十矿，河南平顶山　467000）

摘　要：为探寻厚硬直接顶条件下沿空留巷在回采过程中强烈矿压显现机理，从理论上分析了厚硬直接顶沿空留巷顶板承载大结构的形式及力学环境，认为合理关键块 B 的长度控制是保证厚硬直接顶沿空留巷关键块稳定的关键，结合数值模拟得出了平煤十二矿深部厚硬直接顶条件下保持沿空留巷关键块体稳定状态的最优长度，并基于其厚硬顶板运动特征提出了控制关键块体长度的倾向小水平转角钻孔群切顶控制技术，成功应用于现场实际。

关键词：厚硬顶板；沿空留巷；关键块长度；切顶控制

0　引言

近年来，为了提高资源回收率，减少巷道掘进量及维护工作量，沿空留巷技术在我国得到了越来越广泛的应用。国内外学者对不同条件下的沿空留巷进行了深入的研究，取得了一系列研究成果[1~7]，但对于深部高地应力厚层坚硬顶板直覆开采条件下沿空留巷围岩控制技术研究还比较少。厚层坚硬直接顶沿空留巷条件下，一方面顶板往往形成大面积冒落从而对沿空留巷围岩产生冲击破坏，另一方面采空区因缺乏破碎矸石形成的缓冲垫层而使关键块回转幅度的加剧亦造成沿空留巷围岩小结构应力集中程度增加，给围岩稳定性控制带来很大难度。本文针对平煤十二矿在沿空留巷过程中出现的巷旁充填体大变形、实体煤帮大面积片帮等一系列剧烈矿压显现现象，从理论分析入手揭示了其矿压剧烈显现原因，数值模拟了其顶板关键块体 B 的合理长度，并提出一种行之有效的促使沿空留巷顶板关键块充分卸压方法，有效控制厚硬直接顶条件下沿空留巷大变形。

1　工程背景

本文以平煤十二矿己$_{14}$－31010 工作面下区段进风平巷为背景，该工作面作为己$_{15}$煤层的上保护层主采己$_{14}$煤层，工作面上下两区段平巷均为进风平巷，采用沿空留巷 Y 形通风开采，其具体布置情况如图 1 所示。己$_{14}$－31010 工作面所采煤层埋深约 1081 ~ 1143m，平均厚度约为 0.6m，倾角平均 5.5°，煤层直接顶为 0 ~ 8m 细砂岩，普氏系数为 5.7；老顶为 9 ~ 18m 厚中粒砂岩，普氏系数为 9。根据保护层开采需要，工作面回采高度为 1.8m，长度 150m，走向长壁后退式采煤法，全部垮落法控制顶板的综合机械化采煤工艺。

2　沿空留巷覆岩受力分析

2.1　厚硬直接顶受力分析

根据砌体梁理论，若满足以下关系：

$$h \geqslant m + 2 \qquad (1)$$

式中，h 为坚硬直接顶岩层的厚度，m；m 为煤层采高，m。

作者简介：刘少沛（1990—）男，汉族，河南宝丰人，2013 年毕业于河南理工大学采矿工程专业，学士学位，现任职于平顶山天安煤业股份有限公司十矿综采三队。手机：15716534999，E-mail：3109854716@qq.com。

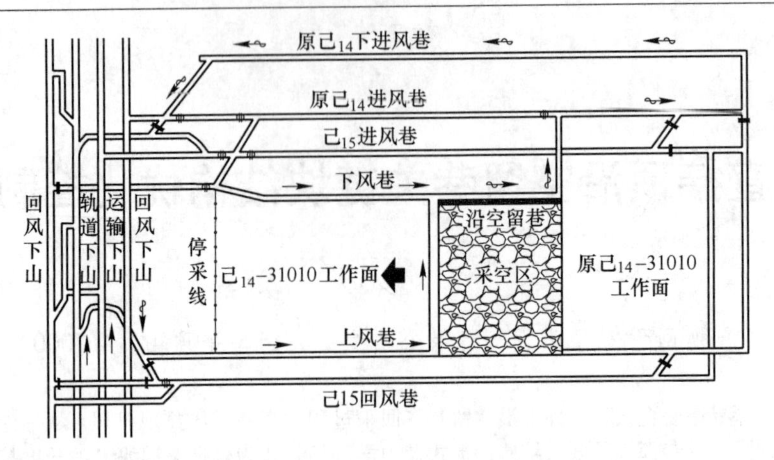

图1　己$_{14}$－31010沿空留巷位置

厚硬直接顶可以形成稳定的砌体梁结构，其中关键块体B的长度可由现场实测或根据直接顶的极限跨距两种方法确定。结合现场直接顶垮落步距及相似模拟实验结果可建立厚层坚硬顶板条件下顶板及围岩的受力模型，如图2所示。

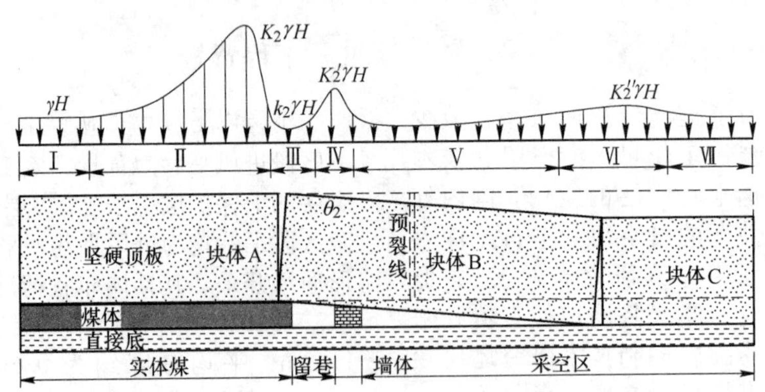

图2　厚硬岩层直覆下沿空留巷顶板结构与应力分布

Ⅰ—原岩应力区；Ⅱ—前集中应力区；Ⅲ—内低值应力区；Ⅳ—墙上集中应力区；Ⅴ—外低值应力区；Ⅵ—后集中应力区；Ⅶ—压实应力区

厚硬顶板条件下，采空区因覆岩垮落过程中缺少垮落带形成较大的无充填空间，随工作面推进，块体B在采空区侧回转下沉，直至与块体C形成稳定的砌体梁结构，由于采空区较大无充填空间的影响，势必造成块体B回转下沉量的增加，导致直接支撑坚硬顶板的充填墙体承受更大的变形压力，且由于关键块体B破断块度的增加，也进一步加大了充填墙体所需承受的给定载荷，二者的综合影响使得充填墙体出现较高的应力集中，而墙体两侧一定距离则为应力降低区，此时沿工作面倾向自实体煤帮至采空区形成如图2所示的七个应力区。

2.2　关键块合理长度理论分析

对于厚硬顶板条件下沿空留巷而言，覆岩关键块体可以通过实施爆破预裂等卸压技术来控制长度，其长度应该控制在一个合理的范围[8~10]。

老顶岩块在形成砌体梁结构前，关键块体并非一直以相互挤压“咬合”的形式运动，其铰接点位置也处于变化之中，考虑关键块体运动过程中对沿空留巷最不利情况，墙体承受的应力 σ 与顶板悬臂梁 L 之间的关系为：

$$\sigma=\frac{\sum\gamma_i h_i L^3}{b(2x_0+2r+b)} \tag{2}$$

式中，γ_i、h_i分别为老顶及其上方软弱岩层的体积力和厚度；L 为老顶悬臂的长度；b 为巷旁墙体的宽度；x_0为老顶在煤体内的断裂线至巷道的水平距离；r 为巷道宽度。

由以上分析可知，墙体承受的应力与悬臂梁长度呈正相关，悬臂越长则墙体需要承受的应力越高，若保证墙体承受的应力小于其强度，则悬臂长度必须小于一定的数值。但关键块体的长度过小，也会给沿空留巷围岩控制带来不利影响，具体可分为以下两种形式。

（1）关键块体在采空区触底后稳定。若过短的关键块体在采空区触底后稳定，此时关键块体在采空区一侧的回转下沉量等于煤层采出厚度，关键块体越短，其触底稳定时回转角度 θ 越大，导致充填体"给定变形"量的增加，给留巷围岩控制带来不利影响。

（2）关键块体在采空区未触底前即形成新的平衡结构。若关键块体过短其在采空区未触底前即形成如图 3 所示平衡结构：关键块 C 一端支撑点位于采空区底部，另一端则与关键块体 B 相互挤压而保持平衡，此时块体 C 对块体 B 向下施加较大的剪力，其与关键块体 B 覆岩载荷及自重共同作用于留巷围岩，大大增加围岩所需承受应力。这种情况也对留巷围岩控制造成不利影响，因此合理的关键块体长度对厚硬顶板沿空留巷的围岩控制尤为重要。

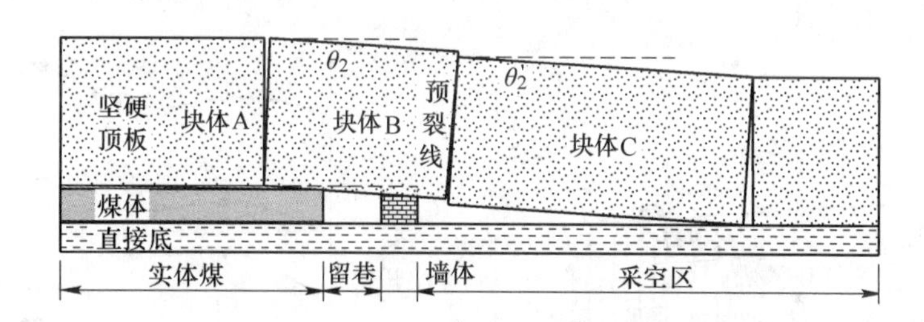

图 3 短关键块体条件下顶板结构示意图

3 合理关键块体长度数值模拟

3.1 数值模型的建立

采用离散单元法计算软件 UDEC 对平煤十二矿厚硬岩层直覆下关键块体合理长度展开数值分析，建立的模型尺寸为：宽×高＝150m×60m，模型两边采用水平位移约束，底边为固定边界，即同时限制水平和垂直位移。其余岩层重力按照 $\gamma=25.0\text{kN/m}^3$ 施加均布载荷 26.59MPa，侧压系数按实测取 0.7，模拟岩层的物理力学性质参数见表 1，具体模型如图 4 所示。

表 1 岩石物理力学参数

岩 性	密度 /kg·m^{-3}	体积模量 /GPa	剪切模量 /GPa	内摩擦角 /(°)	内聚力 /MPa
覆 岩	2500	5	3.7	19	1.2
中粒砂岩	2700	16	10	30	2
细砂岩	2700	22	14	39	3
己$_{14}$煤	1500	5.3	2.9	15	0.6
砂质泥岩	2500	7	4	20	1
充填材料	2500	16	9	25	3

所模拟的巷道设计断面为 4.6m×3.4m，充填体宽度为 2.4m，高度取 1.6m。数值模拟中通过预置切口控制关键块在墙

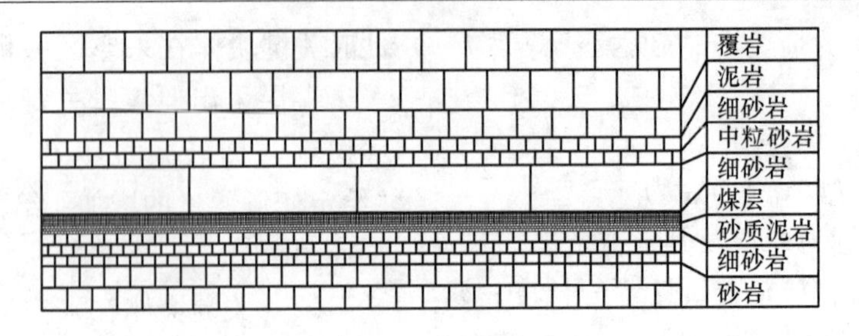

图4　数值模拟模型

体外悬臂长度，以模拟充填体外不同关键悬臂长对围岩位移的影响。采用单一变量法使悬臂长度由 2.5m 递增至 15m，递增梯度为 2.5m。

3.2　模拟结果分析

模拟回采过程中，对不同悬臂长度下沿空留巷围岩运动状态以及围岩变形进行监测，选取三种典型情况分析，其结果如图 5 和图 6 所示。

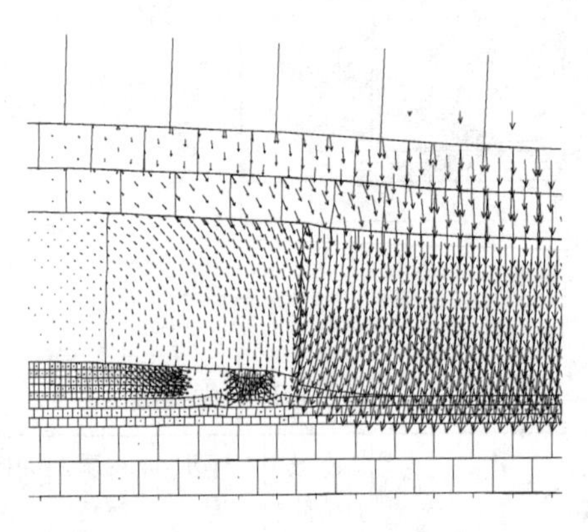

悬臂 2.5m

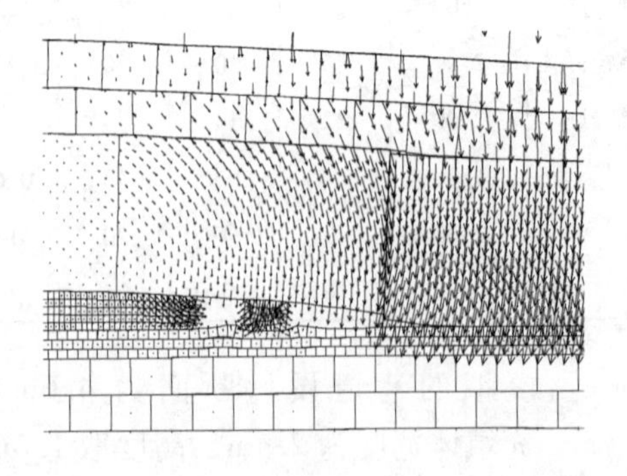

悬臂 7.5m

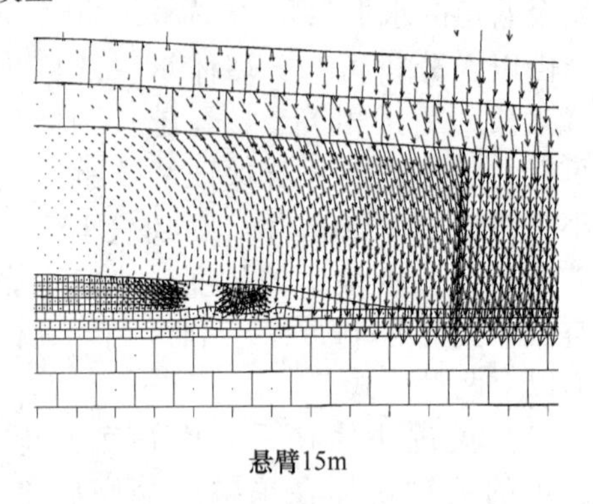

悬臂 15m

图5　沿空留巷围岩运动状态及位移分布

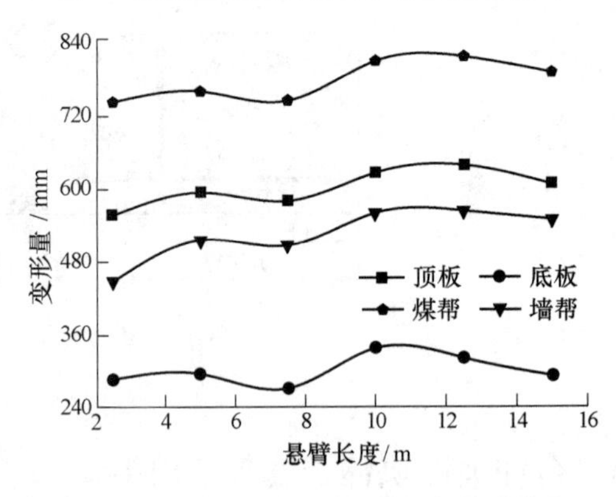

图6　不同悬臂长度下留巷围岩变形分布

由图 5 和图 6 可知，若在墙体外侧 2.5m 位置处切断关键块，此时关键块 B 长度较短，关键块 B 与关键块 C 均需较大的回转下沉方能形成稳定的“拱结构”，但由于切口及采空区下位空间的影响，关键块 C 不能触矸，其与关键块 B 形成铰接结构，并将部分压力传递至块体 B 上，使得充填体成为主要承载体，大大增加了充填墙体的应力集中及变形程度。若在墙体外侧 7.5m 位置处切断关键块，关键块 B 稳定时所需回转量及充填墙体给定变形量均较小，此时关键块 C 下沉较充分，并成为关键块 B 在采空区侧的支撑点，二者形成的“最优拱结构”，变形监测显示此关键块长度下沿空留巷围岩变形最小。墙体外侧关键块 B 长度为 15m 时，两关键块均能充分回转下沉并接触底板，但悬臂长度的增加也导致墙体给定载荷的增加，变形监测显示此状态下围岩变形也较大。

4 顶板关键块控制及效果

为消除大跨度悬顶悬露以及回转下沉对沿空留巷围岩的影响，在分析厚硬顶板沿空留巷围岩结构运动特征的基础上，采用倾向小水平转角钻孔群切顶控制方案控制沿空留巷充填体外侧顶板悬臂长度，即切顶卸压。未切顶卸压前，沿空留巷处顶板一直以较大速率下沉，充填墙体内倾严重；卸压后，后顶底板移近速率实测如图 7 所示，测点在工作面推过 30m 后，顶底板移近速率明显下降，自工作面推过测点 210d 后，留巷保持稳定，顶底板移近量控制在 850mm 以内，且工作面周期来压明显减小，留巷矿压显现剧烈程度明显下降；有效弱化了留巷区域高应力，保护了充填墙体的完整与稳定。

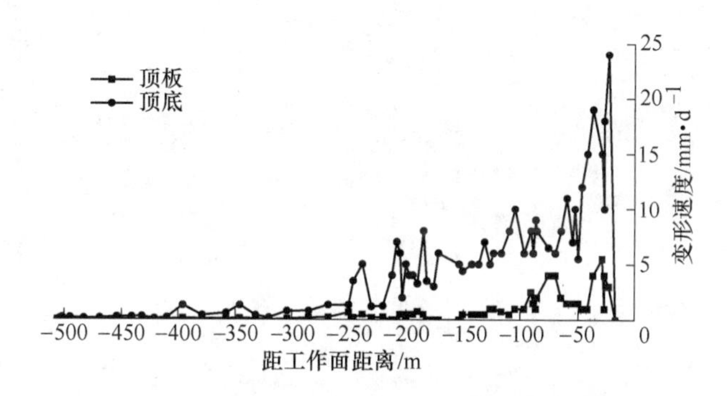

图 7 上区段工作面推进过程中顶底板位移速率

5 结论

（1）分析了厚硬顶板沿空留巷围岩承载大结构的形式及力学环境，尤其对关键块体 B 的运动与充填体受力进行了着重分析，得出了厚硬顶板条件下充填体的受力及变形较一般沿空留巷大原因。

（2）对关键块 B 的合理长度进行了讨论，并对不同长度关键块体 B 所可能形成的结构及其对充填体不同的影响给予合理理论分析。

（3）通过 UDEC 数值模拟分析了关键块体 B 不同长度时顶板所形成的不同结构形式及留巷围岩变形位移，得出了平煤十二矿厚硬顶板条件下沿空留巷合理关键块体 B 的长度。

（4）结合模拟所得沿空留巷厚硬顶板关键块最优长度，现场采用倾向小水平转角钻孔群切顶控制方案对切顶卸压，有效弱化了留巷区域高应力，保护了充填墙体的完整与稳定。

参考文献

[1] 康红普，牛多龙，张镇，等．深部沿空留巷围岩变形特征与支护技术［J］．岩石力学与工程学报，2010（10）：1977-1987.

[2] 李迎富，华心祝．沿空留巷上覆岩层关键块稳定性力学分析及巷旁充填体宽度确定［J］．岩土力学，2012（4）：1134-1140.

[3] 李迎富，华心祝，蔡瑞春．沿空留巷关键块的稳定性力学分析及工程应用［J］．采矿与安全工程学报，2012（3）：357-364.

[4] 陈勇，柏建彪，朱涛垒，等．沿空留巷巷旁支护体作用机制及工程应用［J］．岩土力学，2012（5）：1427-1432.
[5] 李学华．综放沿空掘巷围岩大小结构稳定性的研究［D］．徐州：中国矿业大学，2000.
[6] 马立强，张东升，陈涛，等．综放巷内充填原位沿空留巷充填体支护阻力研究［J］．岩石力学与工程学报，2007（3）：544-550.
[7] 华心祝，赵少华，朱昊，等．沿空留巷综合支护技术研究［J］．岩土力学，2006（12）：2225-2228.
[8] 张农，韩昌良，阚甲广，等．沿空留巷围岩控制理论与实践［J］．煤炭学报，2014（8）：1635-1641.
[9] 刘坤，张晓明，李家卓，等．薄煤层坚硬顶板工作面沿空留巷技术实践［J］．煤炭科学技术，2011（4）：17-20.
[10] 孙晓明，刘鑫，梁广峰，等．薄煤层切顶卸压沿空留巷关键参数研究［J］．岩石力学与工程学报，2014（7）：1449-1456.

大断面端头悬顶支护技术研究

何富连，许华威

（中国矿业大学（北京）资源与安全工程学院，北京　100083）

摘　要：结合理论分析、数值模拟及现场监测等方法，对大断面综放开采端头悬顶的破坏机理进行研究。研究了顶煤厚度及切眼宽度对端头悬顶稳定性的影响；切眼越宽，悬顶下沉量越大，稳定性越难保证；顶煤厚度小于一定值时对悬顶的影响较大。提出以螺纹钢锚杆锚固为“小结构”，以桁架锚索锚固为“大结构”的支护方式，保证大断面端头悬顶的稳定。

关键词：大断面；端头悬顶；端头支护；综放开采；桁架锚索

0　引言

近年来，随着煤矿高产高效工作面的推广，大断面端头悬顶越来越多的出现在各大矿区。端头区是采掘、运输设备的交接点，还是行人、通风、运料及输煤的咽喉，端头区设备空间关系复杂，空顶面积大，顶板稳定性差。因此保证端头悬顶的稳定性对于矿井的安全高效生产具有重要的意义。

文献［1~4］研究了工作面端头区所形成的“弧三角形悬板”的结构形式、运动规律、破坏机理，提出要保证工作面端头安全，要先控制好“弧三角形悬板”。文献［5~7］针对大倾角工作面端头难支护、支架移架困难等问题，研究了端头顶板支护形式及参数，提出此类支护的原则。何富连等[8~10]研究了大断面厚煤顶切眼裂隙场及顶板应力场的运动规律，提出了新型支护方案。

传统的端头区支护，大多数采用端头液压支架或单体液压支柱 + 钢梁，两种支护方式都能够对端头的大面积空顶提供有效的支护。但两者都会占用与工作面相连的两端巷道的空间，给大型设备的运输带来极大的不便，因此需要采用新型支护方式来解决此类问题。

1　工程概况

某矿首采工作面主采 4 号煤，煤层顶板厚度变化较大，首采工作面煤层平均厚度 10m，煤层为近水平煤层，采用综放方式开采。直接顶为泥岩、粉砂岩，厚 0.6 ~ 8.5m，含有煤线，层理和节理裂隙发育，自稳性差；老顶为泥质胶结粗砂岩，厚 2.50 ~ 12.75m，底板为砂质泥岩和细粒砂岩。

矿井首采工作面倾向长为 200m，走向长为 2000m；切眼尺寸为宽 × 高：9m × 3.5m，邻近切眼的运输巷尺寸为宽 × 高：5m × 3.5m，切眼与运输巷交会处的端头悬顶面积为 $9 \times 5 = 45m^2$，属大断面端面悬顶。端头悬顶如图 1 所示。

基金项目：国家自然基金重点资助项目（51234005，51504259）。

作者简介：何富连（1966—），男，浙江临海人，教授，博士生导师。E-mail：fulianhe@ sohu. com。

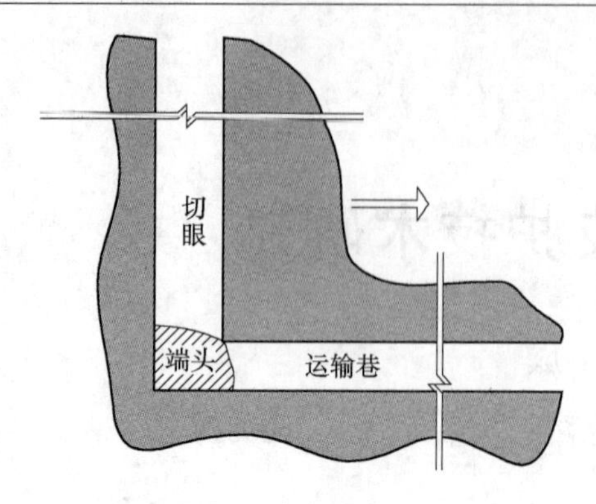

图 1　端头示意图

2　大断面端头悬顶破坏的影响因素

由于矿井巷道顶板为软弱厚煤层及厚层泥岩，强度较弱，故围岩移近量变化较大。巷道断面跨度大，顶板中部拉应力集中，离层破坏范围大，增加端头悬顶垮冒的几率。结合地质条件及端头悬顶的破坏形式对不同顶煤厚度和不同开切眼宽度对端头悬顶稳定性的影响进行模拟分析。

根据模拟结果可知，端头悬顶稳定性的主要影响因素为切眼的宽度及悬顶顶煤的厚度，现对二者进行分析。

2.1　切眼宽度对端头悬顶稳定性的影响

顶煤厚度为 8m 时，不同开切眼宽度顶板下沉量的关系如图 2 所示。

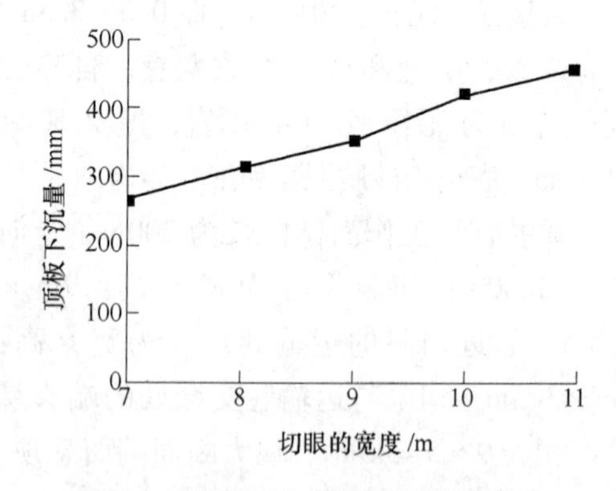

图 2　切眼宽度与悬顶下沉量的关系

切眼宽度的不同导致悬顶上方的塑性区的分布也不同。如图 3 所示，随着切眼宽度的增加，悬顶上方的塑性区范围从悬顶的中部向两边扩散，且向上部扩散，这是由于切眼宽度的增加，悬顶中部拉应力集中，使悬顶上覆煤体及岩层发生破坏，其塑性区增加。而切眼两肩角处应力集中，其导致的破坏范围向斜上方延展。

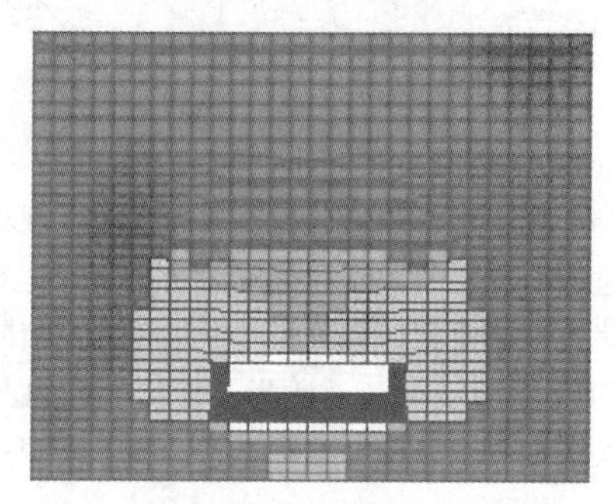

切眼宽度 9m

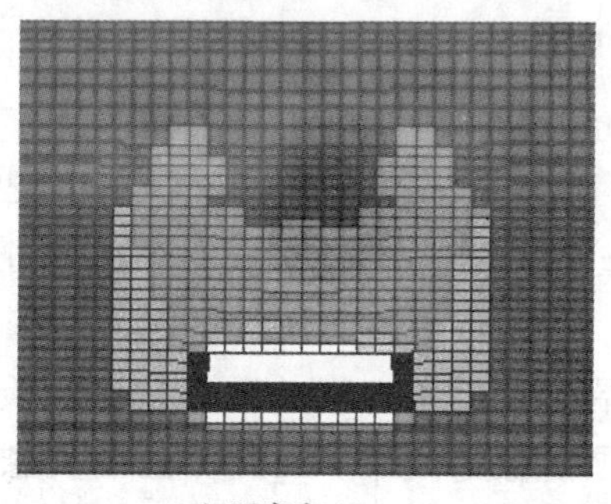

切眼宽度 11m

图 3　切眼宽度与悬顶塑性区的分布

2.2　顶煤厚度对端头悬顶稳定性的影响

开切眼宽度为 9m 时，不同顶煤厚度与顶板下沉量的关系如图 4 所示。

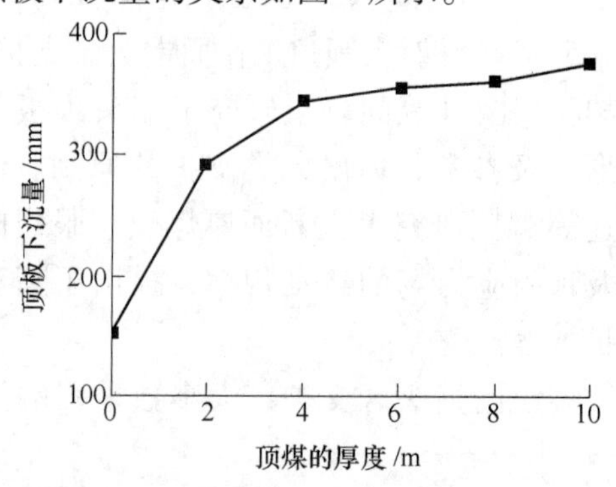

图 4　顶煤厚度与悬顶下沉量的关系

顶煤厚度的变化也会导致悬顶上方的塑性区的分布发生变化（图5），当顶煤厚度为2m时（即采煤高度为8m时），悬顶上方的塑性区分布范围较大，且由于采高较大，两帮受水平应力作用向内挤压，帮部出现切应力区，两帮煤体内部的初始应力状态遭到破坏，出现塑性区，且帮部有明显内挤现象。而当顶煤厚度为8m时（即采高为2m时），悬顶上方塑性区范围显著减少，且两帮无明显内挤现象。

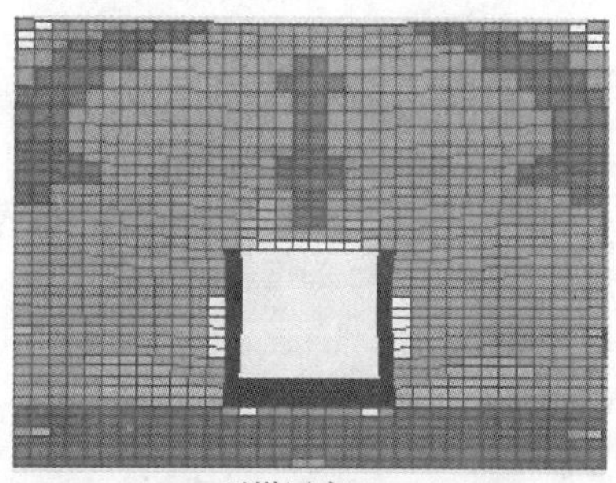

顶煤厚度2m

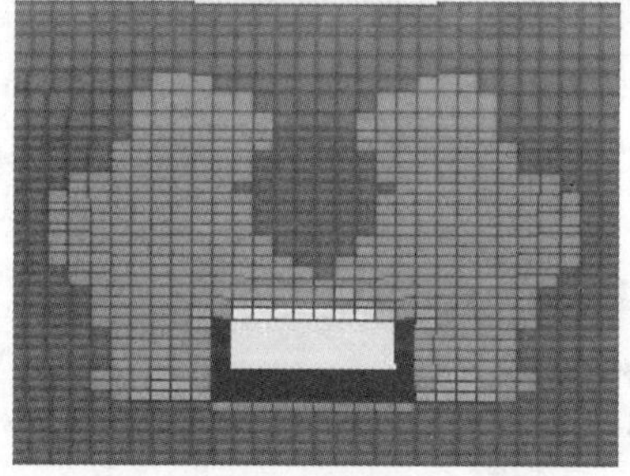

顶煤厚度8m

图5 顶煤厚度与悬顶塑性区的分布

大断面端头悬顶开挖以后，受到切眼开挖和邻近的辅运巷道开挖的影响，同时井下的运输车辆也会影响到端头悬顶的稳定。悬顶上方为4.2m厚的煤层，其破坏形式为水平错动变形及冒漏，台阶下沉，同时有大煤块压破网兜的现象。如不及时支护处理，将危及切眼的安全。

3 大断面端头悬顶的支护机理及支护方案

3.1 大断面端头悬顶的支护机理

根据大断面端头悬顶的塑性区分布情况可知其变形破坏最严重。高预紧力锚杆在施加一定预紧力后变为主动支护体，使表面破碎围岩由原来的两向应力状态重新转化为三向应力状态，增大围岩的承载力。顶板中的高预紧力桁架锚索能使锚杆锚固范围内较破碎岩层转化为一个具有强承载力、整体性较好的较厚岩层，对顶板浅部围岩控制起到重要作用。高预应力桁架锚索倾斜打向巷帮两肩窝，可将锚杆锚固体的“小结构”整体锚固到上位稳定岩层中，形成“稳定大结构”。

3.2 大断面端头悬顶支护方案

结合大断面端头悬顶的变形破坏形式和特征，结合矿井工程地质实际，提出如下支护方案：在端头悬顶沿运输巷轴向打11排螺纹钢锚杆，锚杆直径为22mm，锚杆长度为2400mm，锚杆间排距为800mm×800mm；锚杆用钢筋梯子梁连接在一起，钢筋梯子梁为直径12mm钢筋焊接而成，长度为4200mm，宽度为80mm。在螺纹钢锚杆排之间每隔一排打一个桁架锚索，锚索直径为17.8mm，锚索长度为8300mm，锚索孔深为7000mm，锚索钻孔间距为2100mm，锚索排距为1600mm。在悬顶与钢筋梯子梁之间铺设由直径为6mm的钢筋焊接而成的规格为1000mm×2000mm的金属网来防止小煤块掉落。悬顶支护示意图及两帮图如图6和图7所示。

将支护方案在现场进行应用，并进行矿压观测。结果显示，悬顶经过15d左右趋于稳定，悬顶下沉量最大值为85mm，该支护方案能够很好地支护端头悬顶，取得了良好的控制效果。

4 结论

（1）切眼宽度的变化影响悬顶下沉量的大小，切眼宽度越大，悬顶越容易破碎，且悬顶下沉量也同时增大，悬顶岩层中有

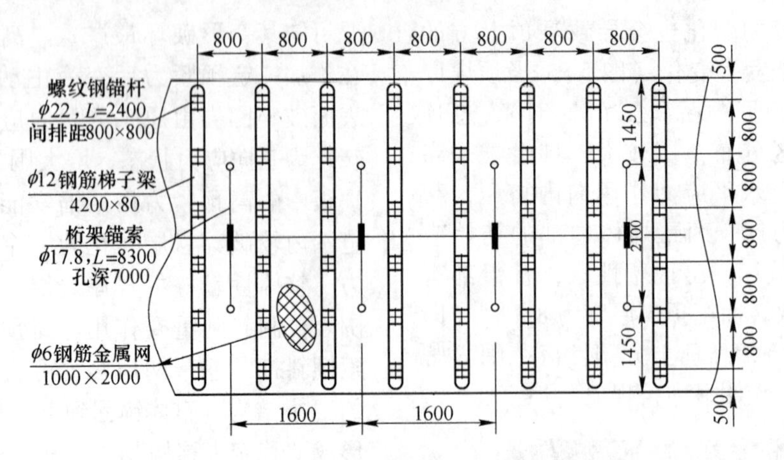

图6 端面悬顶支护示意图（单位：mm）

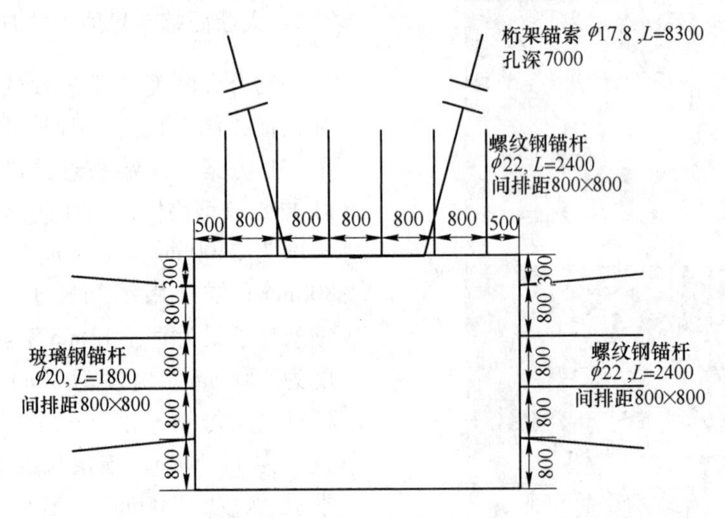

图7 端面悬顶及帮支护图（单位：mm）

分界岩层，分界岩层上部的岩层下沉量小，分解岩层以下的岩层下沉量大。

（2）悬顶下沉量受顶煤厚度的影响，随着顶煤厚度的增加，悬顶下沉量在顶煤厚度小于4m时增加明显，当顶煤厚度大于4m时，悬顶下沉量增长不明显。

（3）大断面端头悬顶支护的关键是将端头悬顶锚固到稳定坚硬岩层中，用钢筋梯子梁+螺纹杆锚杆+钢筋金属网可将悬顶下部较破碎部分锚固为统一的整体，再在螺纹钢锚杆间打高预应力锚索，可将悬顶锚固到上部坚硬稳定岩层中。对大断面端头悬顶起到很好地锚固效果。

参考文献

［1］何廷峻．工作面端头悬顶在沿空巷道中破断位置的预测［J］．煤炭学报，2000（1）：30-33.

［2］肖亚宁．综放工作面端头区结构稳定性研究［J］．中国矿业，2010（2）：86-88，103.

［3］杨培举，刘长友．综放面端头基本顶结构与合理支护参数［J］．采矿与安全工程学报，2012（1）：26-32.

［4］代进，李洪，蒋金泉．放顶煤工作面端头“弧三角形悬板”的弹性分析［J］．岩石力学与工程学报，2004（S2）：4757-4760.

［5］李卫东，屠洪盛．综放工作面快速推进端头支护技术［J］．煤炭科学技术，2011（4）：

51-54.

[6] 辛家祥．大倾角工作面两巷布置及端头支护方式研究［J］．煤矿开采，2015（6）：31-33，111.

[7] 曹新奇，马立强，杨明福，等．大倾角煤层工作面端头支护及超前支护技术［J］．煤炭科学技术，2012（7）：1-4.

[8] 何富连，薄云山，徐祝贺，等．厚煤顶开切眼围岩稳定性及其锚索合理构型研究［J］．采矿与安全工程学报，2015（2）：233-239.

[9] 何富连，许磊，吴焕凯，等．厚煤顶大断面切眼裂隙场演化及围岩稳定性分析［J］．煤炭学报，2014（2）：336-346.

[10] 何富连，许磊，吴焕凯，等．大断面切眼顶板偏应力运移及围岩稳定［J］．岩土工程学报，2014（6）：1122-1128.

基于单片机的煤矿巷道支护体结构受力远程监测系统设计及研究

施伟，李政，肖鹏

（中国矿业大学(北京)资源与安全工程学院，北京 100083）

摘　要：针对煤矿巷道支护体受力监测问题，本文以 STC89C52 单片机、测力传感器模块、信号放大模块、AD 模数转换模块、无线发射模块为硬件基础，结合 MATLAB GUI 编写的上位机系统，研发并设计煤矿巷道支护体受载无线监测终端系统。该系统可实时采集支护体受载数据，同时将支护体受载数据实时传输至上位机，并提供异常状态预警方式，解决了煤矿井下支护体受载实时监测以及及时预警的问题。

关键词：巷道支护；应力监测；无线发射；监测终端

0　引言

我国以煤炭作为主要的一次性消费能源，长久以来煤炭在一次性能源消费比例中约占 70%。2014 年煤炭产量已达 38.7 亿吨[1]。然而，在其巨大产能的背后潜存着瓦斯、顶板、粉尘、火灾、水灾煤矿五大灾害[2]，而其中尤以顶板灾害对现代煤矿企业造成的人员伤亡、经济损失最为严重，且发生概率相比其他灾害较高[3]。目前煤矿生产对于支护体受载监控装置大多采用的是总线固定式的监测系统[4~6]，这种安装方式对于当巷道围岩较为稳定时较为有利，但是对于安装处在动态变化中的掘进巷道及回采工作面监测点的安装与监测较为不便。本文针对这种情况研发出一种基于单片机的煤矿巷道支护体结构受力远程监测系统。该监测系统主要由应变测力模块、无线发射模块、无线接收模块、信号处理模块、上位机显示等系统模块组成，该检测系统将相关支护体应力信息采集后通过无线传输将相关信息传输至位于检测中心处的主机，其相应检测点可紧随掘进或回采工作面移动而移动，不需额外铺设相应通信网络，从而相应简化现场安装操作工程量。

1　支护体应力采集系统结构

该便携式远程应力监测系统其采集信号模块与接收模块均采用 STC89C52 单片机。接收模块应力传感器由电阻应变片与前置放大电路组成，该应力传感器将监测点处的支护体所受载荷转化为相应的模拟电信号，经 PCF8591T AD/DA 芯片将监测点处应力电信号转换为相应的数字信号。系统对应力信号处理完毕后，从单片机通过无线发射模块 24L01，将其所采集的支护体应力数字信号发送给主机，主机通过无线接收模块 24L01 对发送过来的数据进行相应处理。首先主机对从机接收过来的数据进行相应的判别，若此时支护体应力高于相应设定的警戒值，则相应主单片机处理器发出相应指令通过驱动电路在监测点附近发出声光报警，通知工作人员此时该处所监测的应力异常。与此同时主单片机通过串口通信将从从机处采集回来的支护体应力数据实时发送到上位机，上位机软件通过动态扫描，实时将相应监测点附近的支护体应力变化情况记录下来，以供相应技术工作人员参考。图 1、图 2 分别为支护体应力监测从机结构原理图、支护体应力监测主机结构原理图。

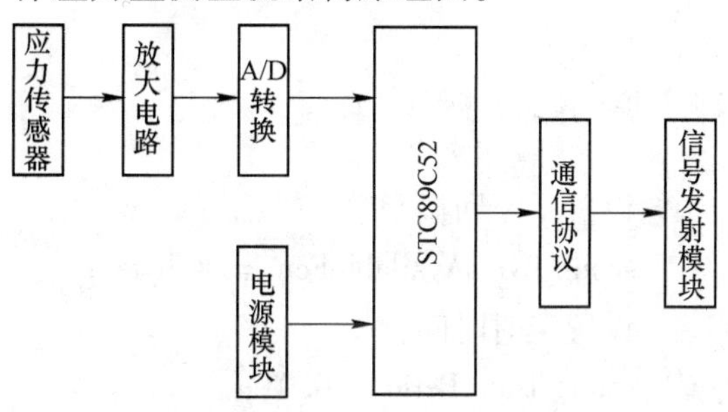

图 1　支护体应力监测从机结构原理图

2　系统硬件电路设计

该便携式远程支护体应力监测系统，

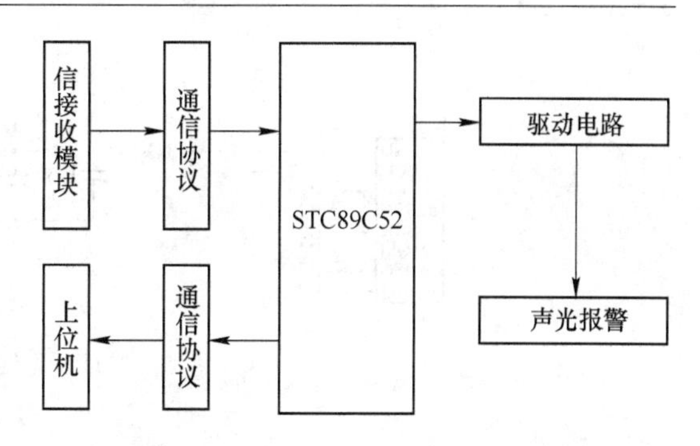

图 2 支护体应力监测主机结构原理图

其电路硬件部分主要为应变片传感器、PCF8591T、AD/DA 模数信号转换模块、STC89C52 最小单片机系统、24L01 无线接收与发射模块。其中应力采集模块与 PCF8591T AD/DA 模数信号转换模块电路如图 3 所示，STC89C52 最小单片机系统如图 4 所示，24L01 无线接收与发射模块如图 5 所示。

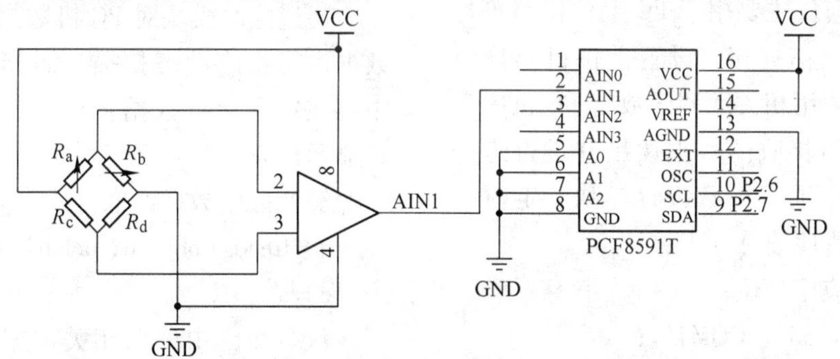

图 3　应力采集模块与模数转换模块电路图

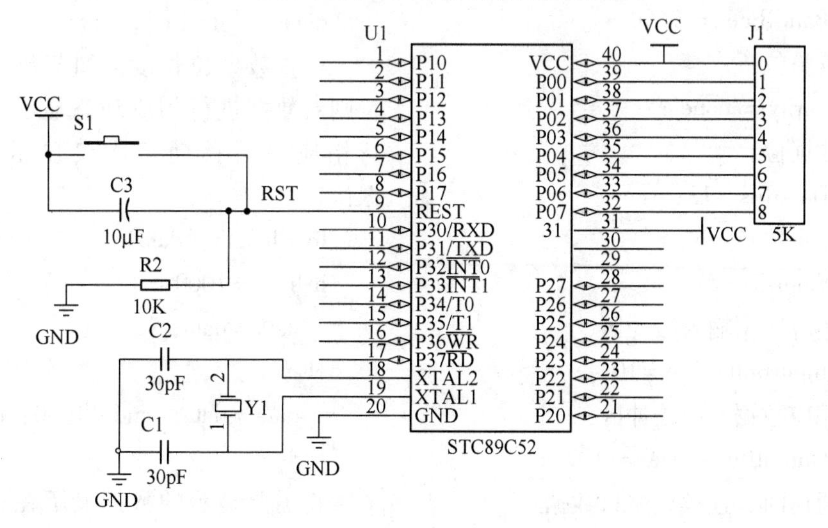

图 4　STC89C52 最小单片机系统

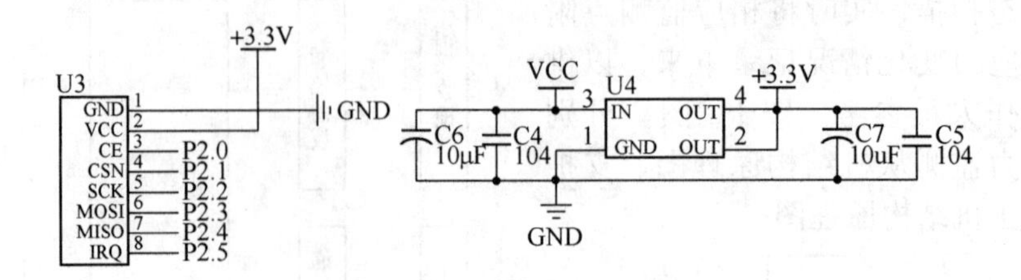

图5　24L01 无线发射与接收模块

3　系统上位机软件设计

本文上位机系统采用 Matlab GUI 编写，上位机软件主要包括通信参数设计模块、定时扫描模块、数据读取及分析模块以及相应数据显示模块[7]。

3.1　通信及扫描参数设计

该部分模块主要用于 PC 上位机与单片机进行相应通信连接，设置上位机扫描时间即可及时调用相关回调函数将 PC 机中数据缓存区中所接收的数据读出并进行进一步处理。其中通信参数设计模块、定时扫描模块部分程序设计如下：

设置相应串口位：

scom = serial （'COM1'）;

设置通信波特率：

scom. BaudRate = 9600;

设置校验位：

scom. Parity = 'none';

设置数据位：

scom. DataBits = 13;

设置停止位：

scom. StopBits = 1;

设置相应数据输入缓冲区：

scom. InputBufferSize = 1024;

设置相应数据输出缓冲区：

scom. OutputBufferSize = 1024;

异步通信时，连续读串口数据：

scom. ReadAsyncMode = 'continuous';

设置中断回调函数：

scom. BytesAvailableFcn = @ bytes;

设置定时时间：

scom. TimerPeriod = 0. 01;

设置定时回调函数：

scom. timerfcn = @ dataDisp

3.2　数据读取及显示程序设计

通过定时模块对 PC 机数据缓冲区中的数据进行相应动态扫描，如若接收缓冲区中存在数据便将数据读出，进行相应处理并显示出来。

缓冲区中数据读取：

a = fread （obj，n，'uchar'）;

c = a';

从缓冲区中读取相关数据后进行相应串行连接：

data = ［data c］;

检查数据位长度，如若数据位长度较长则对数据进行相应动态显示，使数据进行相应平滑移动每次仅显示 1000 个数据位。

```
ln = length （data）;
if ln < = 1000
   data = data;
else
   data = data （end - 1000：end）;
end
```

将需要显示的数据显示在相应界面坐标轴上，并同时设置坐标轴范围：

```
plot (data,'-','parent', handles.axes1)
axis (handles.axes1, [0 1100 -20 270])
```

3.3 软件界面设置

通过在 Matlab 命令窗口中输入 GUIDE 打开 GUI 设置界面，通过点击拉取菜单栏中的静态文本框、下拉菜单、按钮、坐标轴等模块通过相应排版建立如图 6 所示的软件界面。通过在打开串口按钮后的回调函数中添加设置上述3.1 与3.2 中的通信及扫描参数以及数据读取及显示程序代码，便可完成该便携式远程支护体应力监测系统上位机的初步设计。

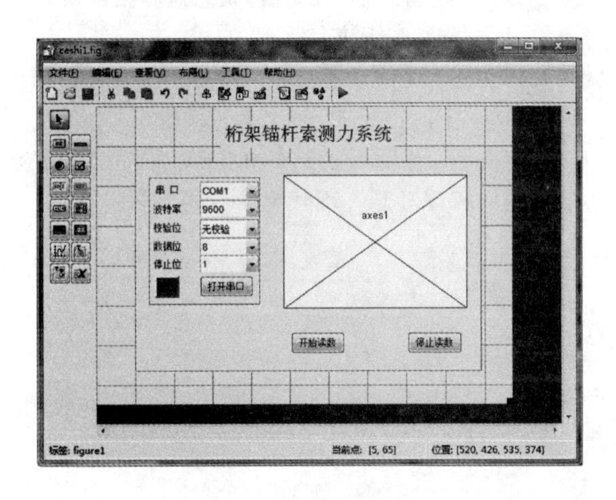

图6 软件设计界面

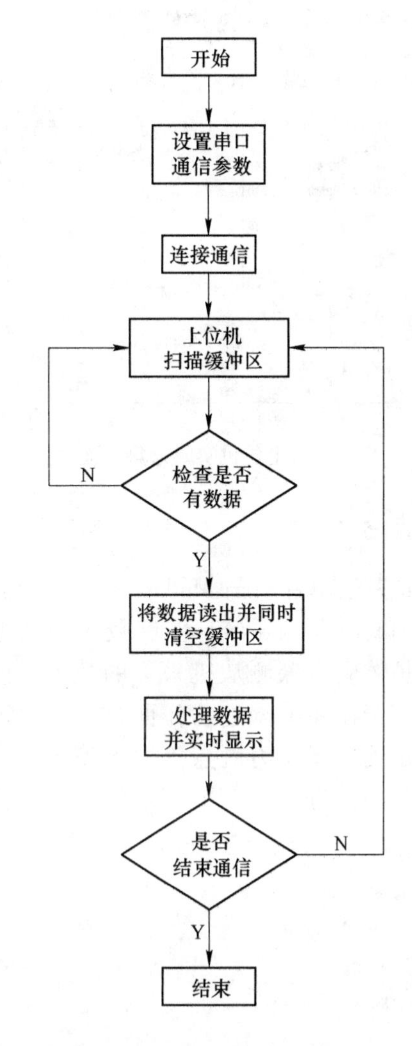

图7 上位机操作流程

4 系统实验测试与应用

将硬件电路焊接调试完毕后，通过 USB 连接 PC 机，打开 PC 机上的上位机通信软件，进行如图 7 流程图所示的操作，便可建立 PC 机与单片机之间的通信。上位机软件启动界面和实时采集界面如图 8 和图 9 所示。

支护体应力采集及监测系统扫描速度为 0.1s 即可以实时的将监测点处的锚杆索应力数据实时监测并同时发送到相应上位机，供相关工程技术人员实时参考。

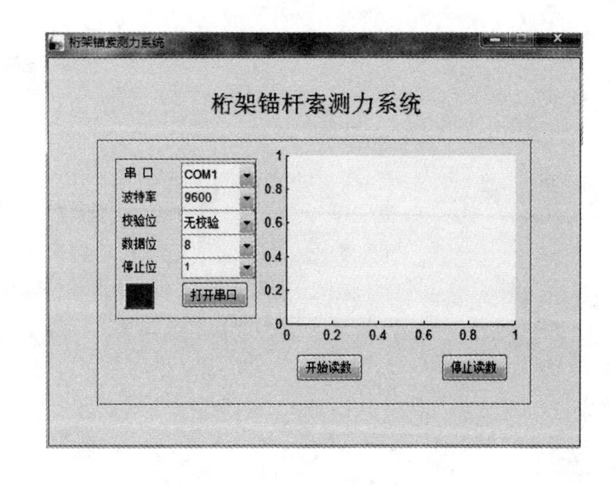

图8 上位机软件启动界面

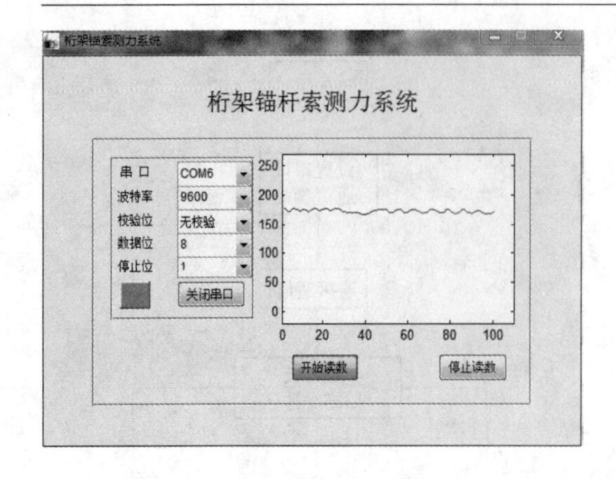

图 9　上位机实时采集界面

5　结论

该基于单片机与 Matlab 上位机的支护体应力实时监测系统，能够较为准确地接收支护体应力探测从机采集的数据，该装置适用于在井下掘进工作面、回采面等临时设定支护体应力测点等地方使用，其具有较强的移动性。采用无线传输适用于井下中短距离传输采用分布式测站布置能够有效的随掘进以及回采工作面的移动而移动。

参 考 文 献

[1] 王炳文．中国煤炭产业集中度及政策研究［D］．北京：北京交通大学，2013.

[2] 梁开武．煤矿企业工伤风险分级评价研究［J］．煤矿安全，2009（6）：122-125.

[3] 缪协兴．采动岩体的力学行为研究与相关工程技术创新进展综述［J］．岩石力学与工程学报，2010（10）：1988-1998.

[4] 孙凌宇．危险化学气体泄漏报警系统的研究［D］．天津：河北工业大学，2005.

[5] 万剑．基于 GPRS 的远程状态监测技术研究［D］．天津：天津大学，2011.

[6] 郑文栋．无线动态灯光网络技术研究与分析［D］．上海：上海交通大学，2008.

[7] 王战军，沈明．基于 Matlab GUI 的串口通信编程实现［J］．现代电子技术，2010（9）：38-40.

回采巷道冒顶高度综合预测方法与工程应用

贾后省[1]，连小勇[2]

（1. 河南理工大学能源科学与工程学院，河南焦作　454003；
2. 泰安市鸿熙矿业科技有限公司，山东泰安　271000）

摘　要：针对回采巷道围岩破裂深度难以确定、冒顶事故频发等问题，选取了三种典型围岩破裂的基本理论进行适应性分析，借助已有的预测理论，结合三种基本理论的冒顶预测方法，提出采用模糊预测综合分析法确定巷道的冒顶高度。同时，以五家沟回采巷道为工程背景进行了工程应用，冒顶高度预测结果与实测结果相当，预测结果可为巷道安全支护决策提供依据。

关键词：围岩破裂；冒顶；综合预测；支护

0　引言

煤矿顶板事故的频繁发生造成了极其恶劣的负面影响，严重损害了行业形象，影响了社会稳定和谐，其中矿井顶板事故是煤矿灾害之首，其死亡人数占煤矿死亡总人数的38%以上，造成了巨大的财产损失[1~4]。其原因主要是巷道冒顶具有较高的隐蔽性、突发性和高度危险性，这无疑会给人们带来巨大的精神压力和心理恐惧[1~3]。然而矿井条件日趋复杂，人们无法对巷道冒顶隐患准确识别，继而无法采取及时补救措施，以至于冒顶事故发生时，人们显得毫无抵抗能力。回采巷道顶板为煤或较软弱的岩层，顶板物理力学性质较弱，且不同地段巷道的地质条件变化较大，造成了回采巷道冒顶高度难以预测。目前确定巷道的冒顶高度的理论：自然冒落拱理论、轴变理论、弹塑性破坏理论。各个理论的适用条件不同，采用单一的理论预测巷道的冒顶高度合理程度不够，为此，采用模糊预算综合分析法，确定每种理论预测冒顶高度值的权重，提出综合分析的冒顶高度，为巷道支护参数设计提供依据。

1　巷道冒顶形态分析

从本质上掌握巷道围岩破裂机理是进行科学支护设计的基础和关键，国内外多位学者，如Fenner、Kastner、于学馥、董方庭、陆士良、侯朝炯、何满潮、马念杰等，对巷道围岩变形破坏和稳定性控制问题进行了大量的研究工作，取得了丰富的研究成果；其中最重要的共识是认为巷道冒顶是由围岩变形破坏引起的。关于围岩破裂边界的研究，从围岩破裂形态上讲，主要有圆形、自然冒落拱形、椭圆形等几种形态。

1.1　围岩圆形塑性区理论

早在20世纪50年代，诸多学者对于巷道围岩塑性破坏主要基于摩尔-库仑破坏准则，并结合弹性和弹塑性理论分析的方法，芬纳（Fenner，1938）、卡斯特奈（Kastner，1951）以理想弹塑性模型和岩石破坏后体积不变假说为基础，得到了圆形硐室围岩弹塑性区应力和半径的Kastner方程，得出了塑性区半径R的解析解（式（1））。图1为卡斯特奈所采用的双向等压条件下塑性区计算理论模型，该理论认为双向等压条件下塑性区形状为圆形[4,5]。在巷道支护设计中，该理论至今沿用，促进了矿山巷道支护设计的科学、合理化。巷道开挖后，围岩应力重新分布，一般将巷道两侧改变后的切向应力增高部分称为支承压力[6]，若巷道两侧是松软的煤，则在此压力下就可能出现破坏状态，随着向岩体内部的发展，岩块的抗压强度逐渐增加，直到某一半径 R 处岩块又处于弹性状态，这一半径 R 范围内的岩体处于极限平衡状态，在此范围内岩块所处的应力圆与其强度包络线相切，这个区域成为极限平衡区。极限平衡区内岩块存在冒顶隐患，理论上可以将 $(R-r)$ 作为冒顶高度。

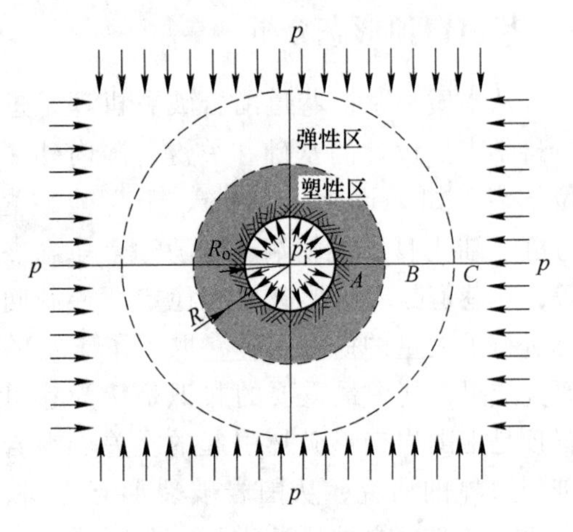

图1　弹塑性破坏理论计算模型

极限平衡区半径：

$$R = r\left[\frac{(\gamma H + C\cot\varphi)(1-\cot\varphi)}{p_i + C\cot\varphi}\right]^{\frac{1-\sin\varphi}{2\sin\varphi}} \tag{1}$$

冒顶高度为：

$$h = r\left\{\left[\frac{(\gamma H + C\cot\varphi)(1-\cot\varphi)}{p_i + C\cot\varphi}\right]^{\frac{1-\sin\varphi}{2\sin\varphi}} - 1\right\} \tag{2}$$

式中，p_i 为支护阻力；C 为围岩的内聚力。

当 $r=2.5\text{m}$，$\gamma=2.5\text{kg/m}^3$，$H=200\text{m}$，$C=6\text{MPa}$，$\varphi=25°$，$p_i=20\text{MPa}$ 时，考虑掘进机掘进影响系数，$\delta = 0.2$。则可得出 $h_{弹\max}=3.763\text{m}$、$h_{弹\min}=0.500\text{m}$。

1.2　顶板自然冒落拱理论

矿山压力作用下，巷道顶板岩石发生碎裂、冒落而逐渐形成拱形顶板，如图2所示，形成自然崩落拱后，顶板压力趋于平衡而不再冒落，现场实践中，对于一些服务年限较长的大巷、永久硐室等巷道，常把顶板设计成拱形，以增加顶板的稳定性。该结论认为冒落拱范围内岩层存在冒顶危险，巷道得以稳定的前提是支护体承载力需大于冒落拱区域岩石重量，同时适应冒落区内的围岩变形。普式理论[7]认为，巷道开挖完成后会在顶板上方形成自稳结构，自稳定结构外轮廓为抛物线，自稳结构范围内岩层存在冒顶危险，冒顶高度确定可以根据抛物线的方程确定。

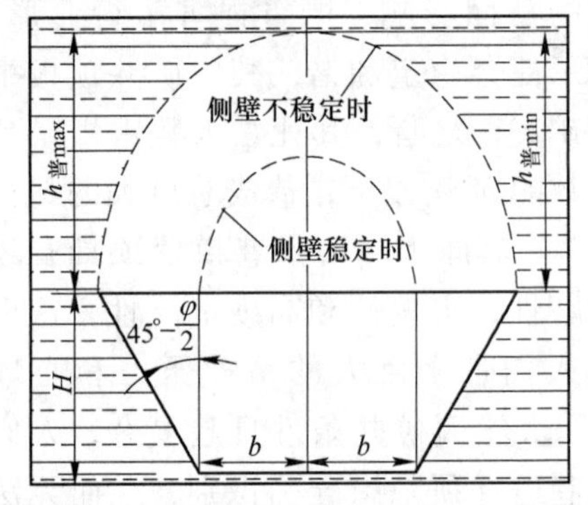

图2　自然冒落拱理论计算模型

该理论冒顶计算公式如下：

$$h_{普\max} = \frac{H\tan\left(45° - \frac{\varphi}{2}\right) + b}{f} \tag{3}$$

$$h_{普\min} = \frac{b}{f}$$

当 $H=3.3\text{m}$、$b=2.5\text{m}$、$\varphi=25°$、$f=0.7$ 时，可得 $h_{普\max}=6.026\text{m}$、$h_{普\min}=3.571\text{m}$。

1.3　围岩破裂轴变理论

基于古典地压理论、散体理论，于学

馥教授（1955、1981）等提出了“轴变论”理论，分析了巷道轴比变化对围岩变形和破坏的控制作用。图3为“轴变论”椭圆形破坏区计算模型，轴变论充分考虑了双向不等压应力环境，认为围岩破坏的最后形状为椭圆形，这也就从力学本质上说明了冒落拱的存在及其形状，并阐明了冒落拱的形成和扩展过程。该理论认为，巷道掘进过程中，开挖引起的围岩应力重新分布超过岩体的极限强度值时造成巷道的冒落，同时使其轴比关系发生改变，围岩应力分布状态再次改变并达到某种平衡，巷道冒落最终可自行稳定，巷道在应力均匀分布的轴比状态下最稳定，其形状为椭圆形[8~10]。该理论三个假设：（1）巷道周围的应力分布应该是均布应力，且在同一半径上其应力相等。（2）巷道应力应该为压应力，在巷道表面不出现拉应力。（3）其应力值应该是各种界面中最小的。

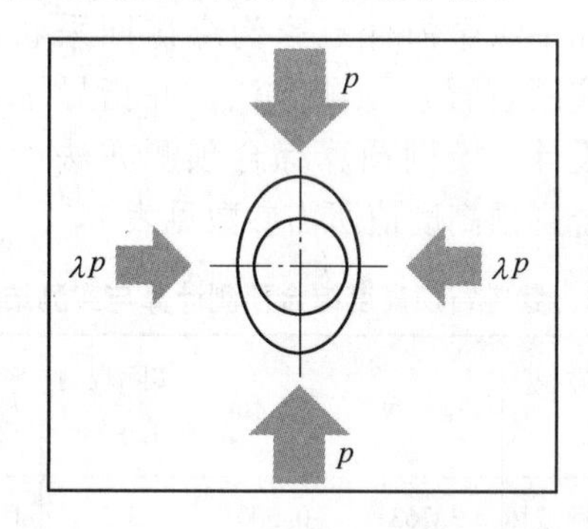

图3 “轴变论”计算模型

当巷道两帮稳定时，冒落拱高度为：

$$h = \frac{b}{\lambda}\sqrt{\left(\frac{f}{K}\right)^2 + \lambda} - \frac{bf}{\lambda K} \approx \frac{b}{\lambda} \tag{4}$$

当巷道两帮不稳定时，冒落拱高度为：

$$\begin{aligned} h_{高位} &= \frac{a}{\lambda}\sqrt{\left(\frac{f}{K}\right)^2 + \lambda} + \frac{af}{\lambda K} \\ h_{低位} &= \frac{a}{\lambda}\sqrt{\left(\frac{f}{K}\right)^2 + \lambda} - \frac{af}{\lambda K} \end{aligned} \tag{5}$$

式中，a 为巷道半高，m；f 为顶板岩石坚固性系数，$f = \tan\varphi$；K 为稳定状态安全系数，$K \geqslant 1$；λ 为围岩侧压力系数，据有关资料，当埋深小于500m时 $\lambda = 0.5 \sim 3.5$，松散软弱地层中 $\lambda = 0.5 \sim 1.0$。

当 $H = 3.3$m、$a = 1.65$m、$b = 2.5$m、$\varphi = 25°$、$K = 2$、$\lambda = 0.6$ 时，$h = 4.12$m、$h_{高位} = 8.437$m、$h_{低位} = 3.514$m。

2 模糊预算综合预测方法

预测分析中有很多不同预测方法，不同的预测方法能反应不同的有用信息，将不同的预测方法进行适当的组合，综合利用各种预测方法所提供的预测信息，从而形成综合预测值。综合预测值是将每个单项预测方法的值配以合适的权重从而形成的。冒顶综合预测值利用模糊预算综合预测方法[11]求出。该方法的关键是确定各个单项预测方法的权重。

2.1 综合预测方法简介

设共有 $n(n \geqslant 2)$ 种预测方法。设：

$y(i)$ 为 i 条件的实际观测值，其中 $i = 1, 2, \cdots, n$。

$h_j(i)$ 为 i 条件第 j 种方法的预测值，其中 $j = 1, 2, \cdots, n$；$i = 1, 2, \cdots, n$。

$e_j(i)$ 为 i 条件第 j 种方法的预测误差，其中 $j = 1, 2, \cdots, n$；$i = 1, 2, \cdots, n$。

$k_j(i)$ 为 i 条件求出的第 j 种方法的加权系数，其中 $j = 1, 2, \cdots, n$；$i = 1, 2, \cdots, n$，$\sum_{j=1}^{n} k_j(i) = 1, 0 \leqslant k_j(i) \leqslant 1$。

$h(i+1)$ 为 $i+1$ 条件的组合预测值，其值为 $h(i+1) = \sum_{j=1}^{n} k_j(i) h_i(i+1)$，$i = 1, 2, \cdots, n$。

对于第 j 种方法，其与实际观测值的权重 k_j 由两个参数决定：最近周期预测误差绝对平均值的相对指标 E_j 和随机有限时域长度内预测误差绝对累计值的相对指标 EA_j。

2.2 模糊变权重指标的计算

2.2.1 相对指标 E_j和 EA_j的求解

E_j和 EA_j 的值是由下面的公式计算得到:

$$\begin{cases} e_j(i) = y(i) - h_j(i) \\ a_j(i) = \sum_{m=0}^{k-1} |e_j(i-m)|/k \\ s_j(i) = \sum_{m=0}^{l-1} |e_j(i-m)| \\ E_j(i) = a_j(i)/\max_{1\leqslant j\leqslant n}(a_j(i)) \\ EA_j(i) = s_j(i)/\max_{1\leqslant j\leqslant n}(s_j(i)) \end{cases} \quad (6)$$

式中，i 为当前预测理论；k 为取平均的周期数（$k\geqslant1$）；l 为有限时域长度（$l>k$）；$a_j(i)$ 为预测理论 i，第 j 种方法的 k 个预测误差绝对平均值；$s_j(i)$ 为预测理论 i 第 j 种方法的 l 个预测误差绝对累计值。

2.2.2 权重 $k_j(i)$ 的计算

根据式（6），$E_j(i)$，$EA_j(i)$ 的值的区间为［0，1］，$k_j(i)$ 的取值范围也定位该区间。设 $\widetilde{E}_j(i)$，$\widetilde{EA}_j(i)$，$\widetilde{k}_j(i)$ 分别是 $E_j(i)$，$EA_j(i)$，$k_j(i)$ 的模糊值。定义相同的模糊子集：很小（VS）、较小（MS）、小（SS）、中（MM）、大（LL）、较大（ML）、很大（VL），则有如下权重 $k_j(i)$ 的模糊语言推理规则。

$$\begin{aligned} &\text{If}\quad \widetilde{E}_j(i)=VS \quad \text{and} \quad \widetilde{EA}_j(i)=VS \quad \text{then} \quad \widetilde{k}_j(i)=VS \\ &\text{If}\quad \widetilde{E}_j(i)=VL \quad \text{and} \quad \widetilde{EA}_j(i)=VL \quad \text{then} \quad \widetilde{k}_j(i)=VS \end{aligned} \quad (7)$$

若各模糊子集分别由其核元素代表，则权重的推理可用带修正因子 α 公式来表示。

$$\widetilde{k}_j(i) = [\alpha\widetilde{E}_j(i) + (1-\alpha)\widetilde{EA}_j(i)] \quad (0\leqslant\alpha\leqslant1) \quad (8)$$

式中，α 反映对预测理论的侧重程度。

显然，这反映了权重的模糊语言推理规则，避免了推理规则定义中的空档或跳变现象，所以，这种带修正因子的量化方法是合理及可行的，且运算简便。

$\widetilde{E}_j(i)$，$\widetilde{EA}_j(i)$，$\widetilde{k}_j(i)$的论域为［0，1］，故将 $\widetilde{k}_j(i)$ 论域为［－1，0］，利用式（9）将 $\widetilde{k}_j(i)$ 值映射到［0，1］上。

$$\widetilde{k}'_j(i) = \widetilde{k}'_j(i) + 1 \quad (9)$$

然后由式（10）进行归一化处理，从而得到第 j 种方法的权系数 $k_j(i)$。

$$\widetilde{k}_j(i) = \frac{\widetilde{k}'_j(i)}{\sum_{j=1}^{n}\widetilde{k}'_j(i)} \quad (10)$$

3 工程应用

在中煤金海洋五家沟煤矿回采巷道进行了应用该冒顶预测方法，并指导了巷道支护设计，模糊预算综合预测方法计算巷道综合冒顶高度值所需参数见表1。

表1 巷道冒顶高度综合预测计算与实测结果

围岩破裂形态	h_{max}/m	h_{min}/m	实际观测值 y_i/m	$k_j(i)$
圆形塑性破坏	3.763	0.500	3.3	0.366
自然冒落拱	6.026	3.571	3.2	0.170
椭圆形破裂	8.437	3.514	4.1	0.099

根据模糊预算综合预测方法，计算每种预测冒顶高度理论的权重值 $k_j(i)$，然后将各种预测冒顶高度理论计算的平均值与权重值相乘，得出综合预测冒顶高度值为3.9m。矿井实际发生的冒顶高度的平均值为3.5m，从煤矿巷道设计要求的角度上说，误差较小，可以判断模糊预算综合预测法在预测巷道顶板冒顶高度时具有较好

的适应性。

根据预测的冒顶高度，考虑一定的安全系数，巷道预测的高度值为4m，因此，采用5m接长锚杆为主的支护形式。根据现场反馈的实际应用结果，支护成本明显降低，巷道安全性显著提高，采用新支护方式的地段未发生过冒顶，技术经济效益显著。

4 结论

选取了三种典型围岩破裂的基本理论，进行了适应性分析，并阐述了三种基本理论计算巷道冒顶高度的方法。提出了回采巷道冒顶高度模糊预算综合预测算法，根据各个理论预测高度的最大值和最小值与实际观测值的匹配程度，自动地调整权重的分配，且计算量小，预测精度高，对实际巷道支护参数定量选择具有指导意义。

参考文献

[1] 康红普，颜立新，郭相平，等．回采工作面多巷布置留巷围岩变形特征与支护技术［J］．岩石力学与工程学报，2012（10）：2022-2036.

[2] 严红．特厚煤层巷道顶板变形机理与控制技术［D］．北京：中国矿业大学（北京），2013.

[3] 杨光荣．李家壕矿切眼顶板冒顶危险区预测原理与方法研究［D］．北京：中国矿业大学（北京），2013.

[4] 马念杰．软化岩体中巷道围岩塑性区分析［J］．阜新矿业学院学报（自然科学版），1995（4）：18-21.

[5] 马念杰，赵志强，冯吉成．困难条件下巷道对接长锚杆支护技术［J］．煤炭科学技术，2013（9）：117-121.

[6] 钱鸣高，石平五．矿山压力与岩层控制［M］．徐州：中国矿业大学出版社，2003.

[7] 缪协兴．自然平衡拱与巷道围岩的稳定［J］．．矿山压力与顶板管理，1990（2）：55-57.

[8] 于学馥，乔端．轴变论和围岩稳定轴比三规律［J］．有色金属，1981（3）：8-15.

[9] 于学馥．轴变论与围岩变形破坏的基本规律［J］．铀矿冶，1982（1）：8-17，7.

[10] 于学馥．重新认识岩石力学与工程的方法论问题［J］．岩石力学与工程学报，1994（3）：279-282.

[11] 唐小我，王景，曹长修．一种新的模糊自适应变权重组合预测算法［J］．电子科技大学学报，1997，26（3）：289-292.

基于 ANSYS 的玻璃钢锚杆偏心载荷分析

江魏[1,2]，李英明[2]

（1. 安徽理工大学能源与安全学院，安徽淮南　232001；
2. 煤矿安全高效开采省部共建教育部重点实验室，安徽淮南　232001）

摘　要：玻璃钢锚杆作为一种新型的支护材料，被大量应用于煤矿的巷道支护中。然而在实际施工中常常由于不合理的操作，使锚杆端部受到偏心载荷作用，理论和实验都证明了偏心载荷是不利的受力状态。通过采用了 ANSYS 有限元分析软件对锚杆受到偏心载荷进行数值模拟，对锚杆受到不同偏心角所产生的应力变化和形变量进行对比分析。模拟结果表明，玻璃钢锚杆在受到偏心载荷的作用下，其所受到应力和形变量急剧变大，而且随着偏心角的增加，应力和形变量继续变大，变化范围幅度减弱。

关键词：玻璃钢锚杆；偏心载荷；ANSYS 有限元；对比分析

0　引言

锚杆支护是一种主动支护形式，具有支护效果好、支护成本低等诸多优点，代表了巷道支护的发展方向，在国内外已得到广泛应用，成为井巷工程的主要支护形式之一。而玻璃钢锚杆以其轻质高强、制造成本低、可切割且不产生火花，成为金属锚杆理想替代产品，已在煤帮支护中得到一定应用。玻璃钢锚杆端部在煤矿实际应用时由于施工等原因经常受到偏心载荷作用。

文献［1］对金属锚杆受偏心载荷作用进行了理论分析，发现偏心载荷作用进行对锚杆受力是极为不利的，分析是基于假设受力的作用点集中于一点。实际受力时，力的作用一般应为一个区域，而且发生偏心载荷作用后，玻璃钢锚杆尾部会发生相应变形，将减小偏心载荷作用影响，是一个动态过程。

文献［2］对玻璃钢锚杆受偏心载荷作用进行了实验分析，偏心载荷作用是极为不利的工作状态，与正常受力相比，玻璃钢锚杆最大拉拔力及延伸量均大幅下降。

实际施工操作过程中，由于工人施工等原因，会导致偏心载荷作用，而且也会产生不同大小的偏心角，偏心角的不同可能会对锚杆的应力变化和形变量导致不同的效果。ANSYS 软件既可以确保有限元分析的高精度，又可以大大降低了计算的复杂度。因此利用 ANSYS 有限元分析软件对锚杆受到偏心载荷作用时的受力状况进行数值模拟。

1　软件介绍

ANSYS 软件是美国 ANSYS 公司研制的大型通用有限元分析软件，它是世界范围内成长最快的 CAE 软件，能够进行包括结构、热、声、流体以及电磁场等学科的研究。ANSYS 的功能强大，操作简单方便，现在已成为国际最流行的有限元分析软件[7]。

Workbench 是 ANSYS 公司开发的新一代协同仿真软件，与传统 ANSYS 比较，Workbench 有利于协同仿真、项目管理，可以进行双向的参数传输功能，具有复杂装配体接触关系的自动识别、接触建模功能，可对复杂的几何模型进行高质量的网格处理，自带可定制的工程材料数据库，方便进行编辑和应用[7]。

ANSYS Workbench 分析过程中的具体步骤如下：

（1）创建或导入模型：软件中自带绘图功能，可以通过 Geometry 进行模型的绘制或者可以通过 CAD，PRO/E，Solid work 等专业绘图后进行导入。

（2）定义材料特性：进入 Engineering Data 模块进行所分析材料特性的添加以及修改。

（3）划分网格：节点和单元。

（4）施加载荷并求解：施加约束和载荷以及载荷选项，设置具体数值后进行 Slove 求解。

（5）查看结果：查看具体分析结果，得出结论。

2 玻璃钢锚杆的静力分析

2.1 玻璃钢模型的建立

Solid Works 软件是世界上第一个基于 Windows 开发的三维 CAD 系统，有着功能强大、易学易用和技术创新三大优势，采用 Solid Works 对模型进行建立，模型采用全螺纹式玻璃钢锚杆，由于 Workbench 和 Solid Works 两者之间设有接口，所以可以很容易进行模型的导入[5]，导入到 Workbench 中的模型如图 1 所示。

为了得出金属锚杆承受偏心载荷时的应力分布，将制作好的模型导入 ANSYS Workbench 中，然后 ANSYS 软件按照制定

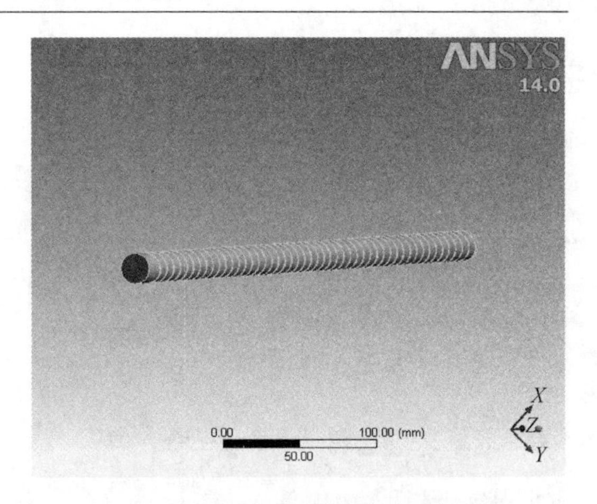

图 1 全螺纹玻璃钢锚杆模型

的单元大小和形状对几何体进行网格划分产生节点和单元。有限元网格的划分过程包括 3 个步骤：

（1）定义实体单元属性。包括指定单元类型、分配实常数、分配材料属性等。

（2）设置网格控制。包括网格的大小，形状，尺寸，位置等。

（3）生成网格。

对于其中的 Physics perference 采用 CFD 模式，Solver preference 采用 Fluent，对模型进行网格划分，共划分 12032 个节点，54894 个单元。划分网格如图 2 所示。

图 2 锚杆离散化网格划分模型

2.2 静力分析

首先对玻璃钢的一端进行固定，在 AN-

SYS Workbench 中利用 Fixed Support 对锚尾进行固定，之后对锚杆端头施加中心载荷，偏心载荷作用的位置分布在锚杆端部，并且是一个集中载荷，如图 3 所示。

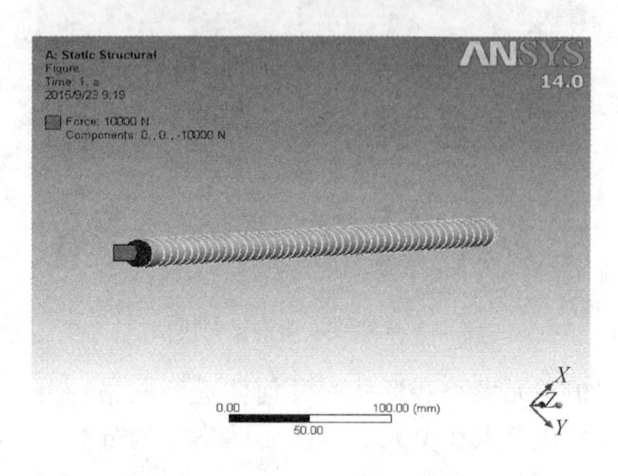

图 3　受中心载荷后的锚杆模型

对锚杆一端进行位移约束，另一端施加偏心载荷，其值大小为 10000N。分析结果应力图（图4）所示，图中模型上不同的颜色代表该区域应力值的大小。图中下方的色谱表明不同的颜色对应不同的数值（带符号）。通过颜色分布可以得到最大应力区域和整个模型的应力分布等[6]。

由分析结果可以看出，锚杆在受中心载荷的作用下，锚杆应力值为19.395～37.407MPa。

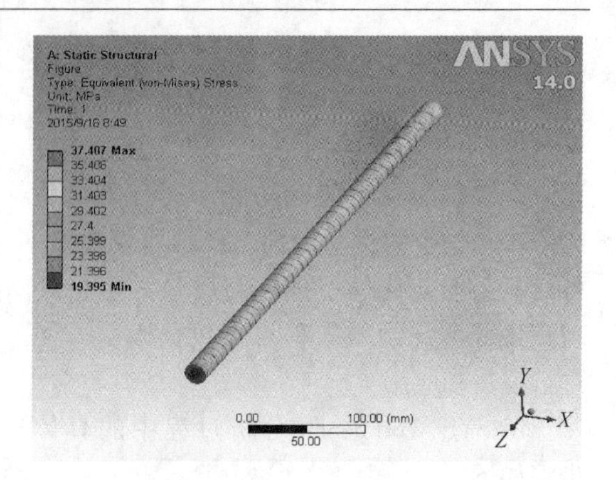

图 4　锚杆受中心载荷作用应力云图

在玻璃钢锚杆的实际操作中常常由于矿井工人操作不当或错误而导致锚杆经常受到偏心载荷的作用，理论表明偏心载荷作用是煤帮锚杆极为不利的受力状态[1]。因此，为了再现玻璃钢锚杆受偏心载荷的力学响应，有必要对玻璃钢锚杆受偏心载荷下的力学响应进行数值模拟研究。

一般现场使用中锚杆偏心角不会大于 15°，故分别分析偏心角为 2°、3°、5°、8°、10°、12°的应力变化情况和锚杆的形变量变化情况。

由于 ANSYS Workbench 不能直接改变力的偏转角，所以采用分解到各坐标轴上的方式，见表 1。

表 1　偏心载荷时的力的分解表

角度/(°)		2	3	5	8	12	15
分力	X	302.2	452.9	755.2	1205.5	1802.5	2241.2
	Y	174.5	261.5	436	696	1039.5	1294
	Z	9993.9	9986.2	9962	9903	9781	9659
合　力		10000	9999.7	10000	10000	9999.9	9999.7

当偏心角度达到 3°时，在 Workbench 中可以利用合成法构造此偏心力，空间坐标系的点取 $X = 452.9$，$Y = 261.5$，$Z = -9986$。

由于在 Workbench 中不能直接构造偏心力，所以只能利用坐标分解的方法，在锚杆受到偏心角 3°的偏心载荷时，综合受力可以达到 9999.7N，基本符合数值模拟偏心载荷的要求（图 5）。在锚杆中心位置发生偏心载荷时，锚杆所受到的应力变化幅度以及锚杆的变形量较之中心位置不发生偏转时有很大的变化（图6）。

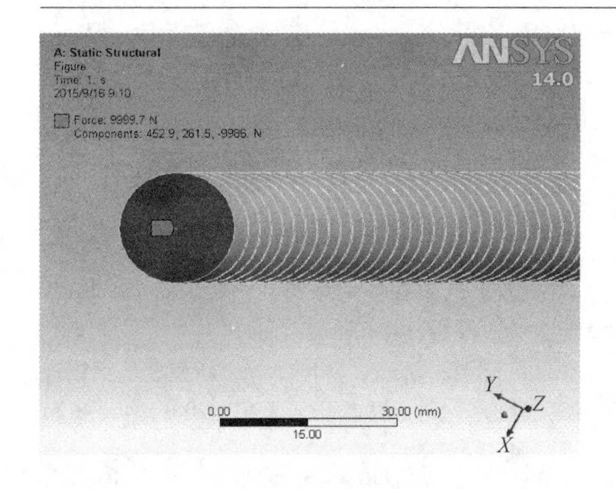

图 5　锚杆受偏心载荷 3°时受力图

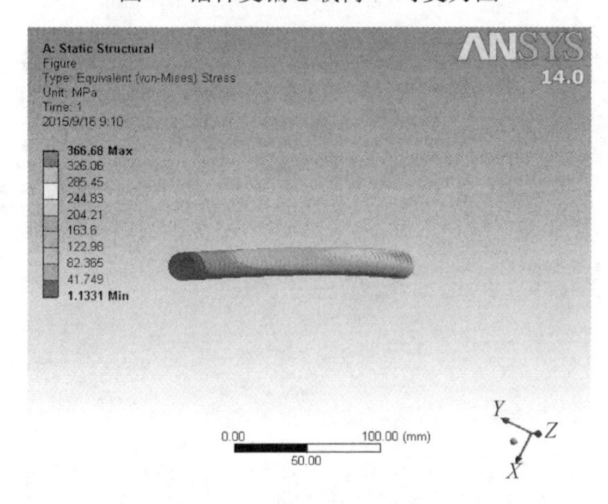

图 6　锚杆受偏心角 3°的应力云图

在锚杆端部受到偏心载荷作用时，端部应力较之中心载荷时有了急剧增大的趋势，而且这种趋势蔓延到整个锚杆。在端部位置变化可以达到 10 倍以上，随着向固定位置变化这种增加趋势有所减弱。

当锚杆受到偏心载荷作用下，锚杆的整个形变量都发生了很大的改变，如图 7 所示。

在偏心载荷的作用下应力发生了很大的变化，和中心载荷进行对比分析，可以得出锚杆在受偏心载荷不同时锚杆所受到的最大应力变化。

从数值曲线图可以看到，当锚杆从中心载荷到微小的偏心载荷下，应力发生了急剧的变化，由原来的中心载荷情况

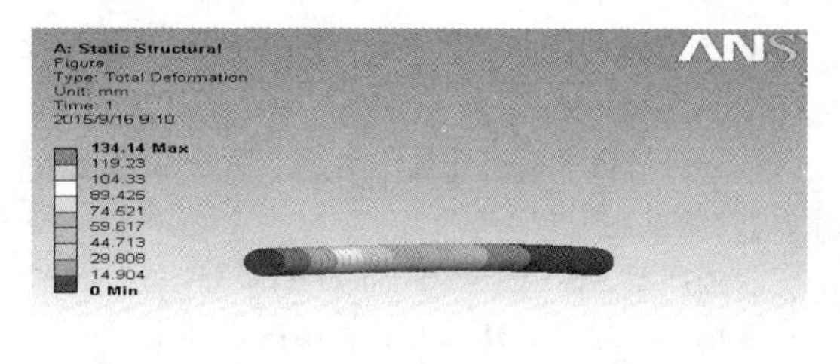

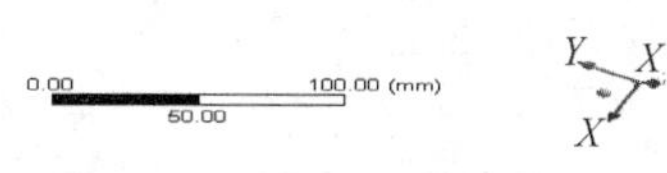

图 7　锚杆中心受偏心角 3°形变云图

37.407MPa 变成了在受到偏心角 3°的 366.68MPa，而且随着偏心角度的增加，应力继续变大，但是变化的幅度较之前有了明显减弱的趋势。

3　结论

（1）偏心载荷对玻璃钢锚杆支护是十分不利的受力情况，在实际操作中要尽可能减少偏心载荷的作用。

（2）在玻璃钢锚杆的实际应用中，偏心载荷作用下，锚杆受力大小和位移变化情况比中心载荷时要大得多，锚杆易损坏。

（3）锚杆在受到偏心载荷时，所产生的应力对正常中心载荷时有较大的变化，随着偏心角度的变大，应力和形变量逐渐增加，变形幅度减弱。

参 考 文 献

[1] 孔恒，马念杰. 锚杆尾部的破断机理研究［J］. 岩石力学与工程学报，2003，22（3）：383-386.

[2] 李英明，马念杰，杨科. 玻璃钢锚杆受偏心载荷作用实验研究［J］. 玻璃钢/复合材料，2009（4）：86-88.

[3] 石建军，马念杰. ANSYS 软件在锚杆静力分析中的应用［J］. 华北科技学院学报，2007（4）：29-31.

[4] 石建军，马念杰. 金属粗尾锚杆有限元模拟［J］. 煤炭学报，2005，30（2）：188-199.

[5] 江洪，李仲兴. Solid Works 2006 基础教程（第2版）［M］. 北京：机械工业出版社，2009：

151-156.

［6］吕建国，康士廷．ANSYS Workbench 14 有限元分析自学手册［M］．北京：人民邮电出版社，2013：113-117.

［7］浦广益．ANSYS Workbench 基础教程与实例详解(第二版)［M］．北京：中国水利水电出版社，2013.

［8］杨振茂，马念杰，孔恒，等．玻璃钢锚杆的试验研究［J］．煤炭科学技术，2002，30（2）：42-45.

［9］付永刚，贾西阁，李英明．玻璃钢锚杆在偏W通风回风巷煤帮支护中的应用［J］．煤矿安全，2015，46（7）：176-177.

［10］韩洪亮．玻璃钢锚杆杆体主要性能的试验分析［J］．煤炭科学技术，2005，33（4）：67-69.

［11］肖坤，李英明，张红柱．玻璃钢锚杆支护失效形式及相应对策［J］．煤矿安全，2015，46（4）：197-198.

［12］马念杰，张玉，陈刚，等．新型玻璃钢锚杆研究［J］．煤矿开采学报，2001，4（46）：45-46.

近距离煤层开采“两带”发育高度研究

许海涛[1,2]，康庆涛[1,2]

（1. 河北省矿井灾害防治重点实验室，河北三河　065201；
2. 华北科技学院安全工程学院，河北三河　065201）

摘　要：$3_{上}$与$3_{下}$煤层为近距离煤层，为了保证$3_{下}$煤层安全回采，需对近距离煤层“两带”发育规律进行研究。根据$43_{下}20$工作面工程地质及采煤工艺条件，应用UCEC数值模拟软件，对工作面“两带”发育高度进行数值模拟，结合规程公式计算结果，综合分析预计$43_{下}20$工作面顶板冒落带最大高度为14m，导水裂隙带最大高度为35m，研究结果将为$43_{下}20$工作面回采设计提供理论依据。

关键词：近距离煤层；两带；数值模拟

0　引言

通过数十年的观测研究，对于炮采、普采和分层综采长壁工作面的覆岩“两带”高度和形态分布已基本查清，归纳总结了“两带”高度计算的经验公式，并写进了《建筑物、水体、铁路及主要井巷煤柱留设与压煤开采规程》（以下简称《“三下”采煤规程》）[1~4]，规程中的经验公式适用于单层开采厚度1~3m、累计采厚不超过15m的条件。随着机械化水平的不断提高，炮采、机采工艺已广泛地被综采工艺所取代。采煤方法不同，“两带”发育高度和变化规律也随之改变，差异明显[5,6]。

本文根据某矿开采地质、工艺条件，建立力学模型，用基于损伤力学、能够对岩石变形、破断、移动全过程进行模拟的UCEC分析软件[7]，对$43_{下}20$综采工作面两带发育高度进行数值模拟，结合规程公式计算结果，综合分析获得工作面两带发育高度，为工作面安全开采提供理论依据。

1　开采技术条件

$43_{下}20$工作面位于－315m辅助水平以北，工作面煤层为山西组的$3_{下}$煤层，该面在倾斜方向上煤层倾角＋2°～＋20°，平均7°。工作面上部为$3_{上}$煤层采空区，$3_{上}$、$3_{下}$煤层间距仅为6～8m。工作面设计长1702m，宽63.8～248.2m。该区域水文地质条件中等，影响开采的含水层主要为$3_{下}$煤层顶板砂岩含水层、第四系孔隙含水层及三灰含水层。该工作面地质构造较简单，掘进期间未揭露陷落柱地质构造，仅揭露四条不含（导）水的正断层。$43_{下}20$采煤工作面采用综合机械化一次采全高倾向后退式采煤法采煤，采用全部垮落法管理顶板。

2　覆岩岩石力学特征分析

由表1可知，在0~20m覆岩范围内，

作者简介：许海涛（1979—）男，山东菏泽人，讲师。手机：13785663461，E-mail：xuhaitao@haotter.com.cn。

4个钻孔中有3个钻孔含有较高比例的具有一定隔水性能的泥岩以及粉砂岩，只有T4321-2号钻孔0～20m泥岩比例偏低为38.4%；在20～40m覆岩范围内，4个钻孔均不同程度的含有泥岩及粉砂岩类，其中T4321-1号、17-12号钻孔泥岩比例在50%以上，T4321-2号钻孔泥岩比例偏低为20.2%；综合统计结果，泥岩类岩层所占比例为60%左右，覆岩岩性属于软弱型，即泥岩、砂质泥岩为主。

表1 $43_{下}20$ 工作面及附近 $3_{下}$ 煤顶板岩性构成统计表

基岩钻孔	基岩厚度/m	0～20m覆岩				20m以上覆岩			
		砂岩/m	比例/%	泥岩/m	比例/%	砂岩/m	比例/%	泥岩/m	比例/%
T4321-1号	37.94	3.67	18.80	15.89	81.20	5.26	28.60	13.12	71.40
T4321-2号	40.22	12.74	61.60	7.93	38.40	15.60	79.80	3.95	20.20
T3301-3号	33.05	3.67	18.80	15.89	81.20	7.13	58.30	5.10	41.70
17-12号	42.43	2.50	12.50	17.50	87.50	8.90	39.67	13.53	60.33
平　均	38.41	5.65	27.93	14.30	72.07	9.22	51.60	8.93	48.45

3 “两带”发育高度预计

3.1 按规程预计“两带”高度

根据《“三下”采煤规程》要求，若煤层覆岩为坚硬、中硬、软弱、极软弱，采用单一薄及中厚煤层或厚煤层分层开采时，冒落带、导水裂隙带高度可按相应公式进行计算。

（1）根据《“三下”采煤规程》，按软弱型覆岩岩性计算冒落带高度。

1）$3_{上}$煤层厚度为1.9m，按式（1）计算的3上煤层冒落带高度为5.8～2.8m。

$$H_m = \frac{100\sum M}{6.2\sum M + 32} \pm 1.5 \tag{1}$$

2）$3_{下}$煤层厚度为2.5m，按式（1）计算的$3_{下}$煤层冒落带高度为6.8～3.8m。

从计算结果看，$3_{下}$煤层冒落带高度大于上下煤层间距（6.5m），所以$3_{下}$煤层冒落带高度应按$3_{上}$煤层冒落带高度计算，$3_{上}$煤层冒落带最大高度为5.8m，加上上下两层煤相对高差6.5m，得$3_{下}$煤层冒落带高度为12.3m。

（2）根据《“三下”采煤规程》，上下两层煤的最小间距小于下煤层开采形成的冒落带高度，下煤层的导水裂缝带高度按上下煤层的综合开采厚度计算，取其中标高值大者作为两层煤的导水裂缝带高度。

1）$3_{下}$煤层开采厚度取为2.5m时，由式（2）计算得$3_{上}$煤层、$3_{下}$煤层综合开采厚度为3.1m。

$$M_Z = M_2 + \left(M_1 - \frac{h}{y_2}\right) \tag{2}$$

式中，M_Z为上下煤层综合开采厚度，m；M_2为下煤层厚度，m；M_1为上煤层厚度，m；h为上下煤层间距，m；y_2为下煤层的冒落带高度与采厚之比。

2）按$3_{下}$煤层导水裂缝带高度预计。按综合开采厚度预计导水裂缝带高度，将综合开采厚度3.1m代入式（3），得$3_{下}$煤层导水裂缝带高度为25.2～17.2m。

$$H_{li} = \frac{100\sum M}{3.1\sum M + 5.0} \pm 4.0 \tag{3}$$

3）按$3_{上}$煤层预计导水裂缝带高度，将$3_{上}$煤层采厚1.9m代入式（3）得21.4～13.4m，相对$3_{下}$煤层$3_{上}$煤层导水裂缝带标高应加上两层煤间距6.5m，得$3_{上}$煤层导水裂缝带高度为27.9～19.9m。

根据《“三下”采煤规程》，两层煤的

导水裂缝带高度取其中标高最大值为两层煤导水裂缝带高度，因此$3_{下}$煤层导水裂缝带高度为27.9~19.9m。

3.2 “两带”发育高度数值模拟计算

根据上述条件建立数值模型，模拟分析$3_{上}$煤层开采后，其上覆岩层垮落带、导水裂缝带的发育分布规律；在$3_{上}$煤层开采后形成采空区，上覆岩层已经破坏的情况下，开采其下部$3_{下}$煤层时，$3_{下}$煤层上覆垮落带、导水裂缝带发育分布规律；通过数值模拟研究，分析近距离煤层开采时（$3_{上}$、$3_{下}$煤层间距为6~8m），上一个煤层开采对下一个煤层两带发育的影响。

$43_{下}20$ 工作面生产技术条件，结合综合柱状图，模拟工作面不同采高时上覆岩层裂隙带发育高度。整个模型尺寸（宽×高）475m×70m，上边界载荷按采深250m计算，模型底边界垂直方向固定，左右边界水平方向固定，原始数值计算模型如图1所示。

（1）$3_{上}$煤层开采后，其上覆岩层的垮落带高度约为7m，裂隙带的发育高度约为24m（图2）。

（2）4321工作面的开采，导致$43_{下}20$皮带巷上方的裂隙带发育较大，其裂隙带发育高度最大约为33m，其他位置的裂隙带发育高度约为30m（图3）。

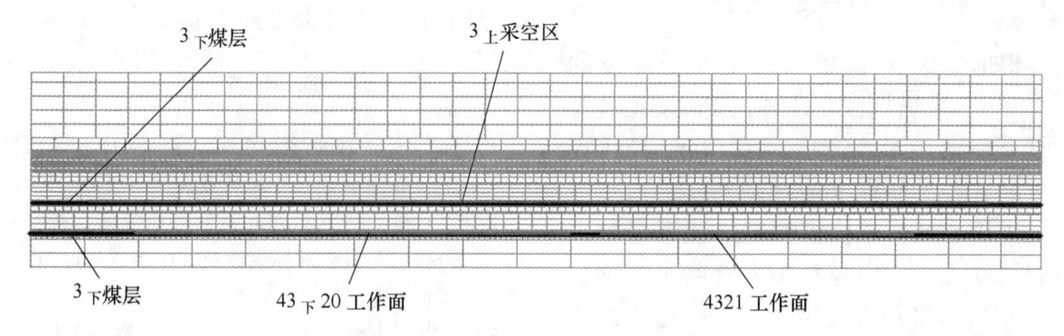

图1 煤层倾角为15°时计算模型

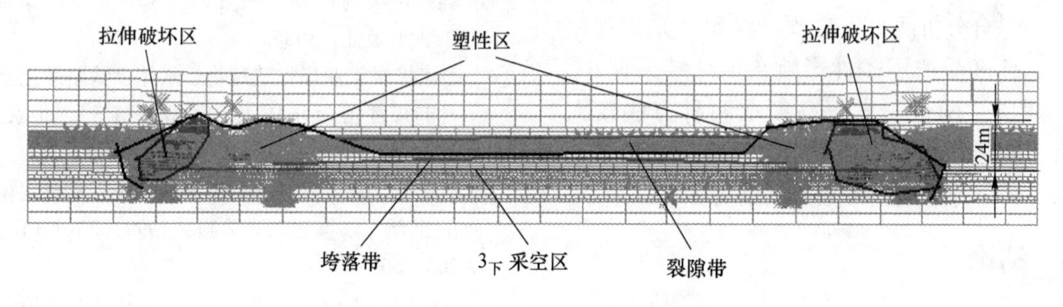

图2 $3_{上}$ 煤层采场围岩裂隙发育图

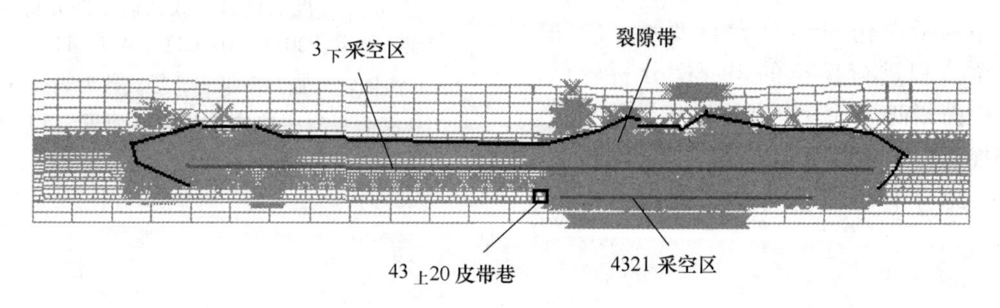

图3 4321 工作面开采裂隙分布图

(3) $43_{下}20$ 工作面开采，冒落带发育高度约为 14m，$43_{下}20$ 皮带巷上方裂隙带发育高度最大约为 35m，其他位置的裂隙带发育高度约为 30m（图 4）。

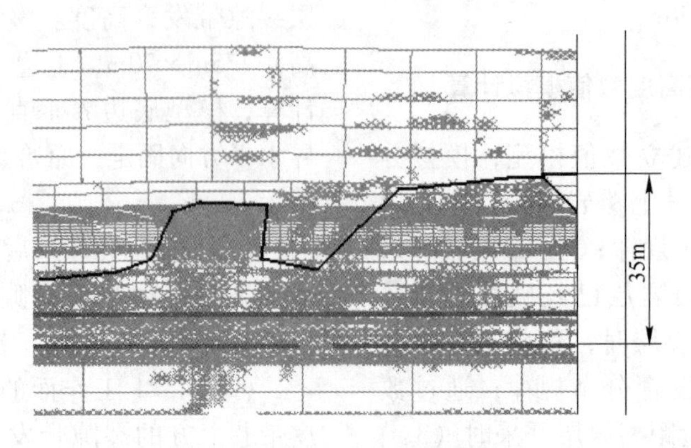

图 4　$43_{下}20$ 皮带巷局部放大图

3.3　“两带”发育高度综合预计

根据 2000 年国家煤炭工业局颁发的《“三下”采煤规程》计算，按软弱型计算 $3_{下}$煤层冒落带最大高度为 12.3m、导水裂缝带最大高度为 27.9m。

采用 UDEC 软件模拟工作面开采时上覆岩层变形、应力及裂隙发育特征，预计 $3_{下}$煤层冒落带最大高度为 14m、导水裂缝带最大高度为 35m。

综合分析两种方法预计结果，采用规程计算高度受适用条件影响，预计结果偏小，$3_{下}$煤层“两带”发育高度取两种方法较大者，初步预计 $43_{下}20$ 工作面冒落带最大高度为 14m、导水裂缝带最大高度为 35m。

4　结论

根据 $43_{下}20$ 工作面开采地质、工艺条件，用基于损伤力学对岩石变形、破断、移动全过程进行模拟的 UCEC 分析软件，对工作面“两带”发育高度进行数值模拟，结合规程公式计算预计结果，综合分析获得 $43_{下}20$ 工作面冒落带最大高度为 14m、导水裂缝带最大高度为 35m，预计结果为工作面回采设计提供理论依据。

参 考 文 献

[1] 何国清，杨伦，凌赓娣，等．矿山开采沉陷学［M］．徐州：中国矿业大学出版社，1994.

[2] 煤炭科学研究总院北京开采研究所．煤矿地表移动与覆岩破坏规律及其应用［M］．北京：煤炭工业出版社，1983.

[3] 煤炭工业部．建筑物、水体、铁路及主要井巷煤柱留设与压煤开采规程［S］．北京：煤炭工业出版社，1985.

[4] 国家煤炭工业局．建筑物、水体、铁路及主要井巷煤柱留设与压煤开采规程［S］．北京：煤炭工业出版社，2000.

[5] 康永华．采煤方法变革对导水裂缝带发育规律的影响［J］．煤炭学报，1998，23（3）：263-266.

[6] 许延春，李俊成，刘世奇，等．综放开采覆岩“两带”高度的计算公式及适用性分析［J］．煤矿开采，2011，16（2）：4-7，11.

[7] 刘伟韬，武强，李献忠，等．覆岩裂缝带发育高度的实测与数值仿真方法研究［J］．煤炭工程，2005（11）：55-57.

煤巷顶板锚固体稳定性智能识别及工程应用

付孟雄[1]，张祥[2]

（1. 河南理工大学能源科学与工程学院，河南焦作　454003；
2. 山西天地王坡煤业有限公司，河南晋城　048021）

摘　要： 锚杆支护煤巷冒顶具有突发性、巨大破坏性等特点，长期以来存在预报不及时问题。针对煤矿锚杆支护顶板支护效果监测现状，确定了影响煤巷顶板单体锚杆锚固体稳定性的波导指标，与巷道支护参数结合对煤巷顶板锚固体稳定性进行分级。采用 Matlab 建立了单体顶板锚杆锚固质量评价分析的人工神经网络模型，通过查询测站优良锚固质量锚杆比例确定顶板锚固体稳定性类型。运用 Visual Basic 语言和 Matlab 混合编程，开发了基于声频应力波法和 BP 神经网络的煤巷顶板锚固体稳定性智能识别系统。将研究成果应用于贺西矿煤巷顶板锚固体稳定性的智能识别，结果表明预测结果与现实情况吻合。

关键词： 锚固质量；神经网络；锚固体稳定性；混合编程；智能识别系统

0　引言

自 20 世纪 90 年代以来，锚杆支护以其显著的技术和经济优越性已成为煤矿巷道支护的重要支护形式之一，是煤矿巷道支护形式的一场革命[1~3]。

锚杆支护效果监测是防治煤巷冒顶的有效手段，目前广泛采用的方法为围岩状况监测、锚固系统构件监测两类[4]，锚固质量声波无损检测方法是发展方向。

锚杆支护煤巷顶板失稳因素较多，顶板锚固体作为顶板重要的组成部分，其锚固质量是其主要影响因素。由于顶板锚固体的波导特性能够反映出锚杆的工作阻力、锚固剂密实程度及锚杆的有效锚固范围，因此煤巷顶板锚固体的波传播特征与其稳定类型（稳定顶板、较稳定顶板、基本稳定顶板、不稳定顶板、极不稳定顶板）存在关系，而且不同的稳定类型应具有相应的波传播特性。

锚杆支护煤巷冒顶具有突发性、巨大破坏性等特点，长期以来存在预报不及时问题。因此锚杆支护煤巷冒顶隐患预测应实现及时智能化预报。开发基于煤巷层状顶板锚固体波导特性的智能识别系统具有非常重要的实用价值。

1　煤巷顶板锚固体稳定性智能识别系统理论基础

1.1　声频应力波法原理

用弹射式传感器在锚杆端头施以轴向瞬时冲击力，由接收换能器接收锚固体底端产生的反射信号。如图 1 所示，通过对采集到的数据进行时域分析、频谱分析和能量衰减分析快速评价锚杆的锚固状态[5~13]。

作者简介：付孟雄（1989—），男，硕士研究生，主要从事矿山压力与岩层控制方面的工作。通信地址：河南省焦作市高新区世纪路 2001 号河南理工大学能源科学与工程学院。手机：15369279316，E-mail：756019387@qq.com。

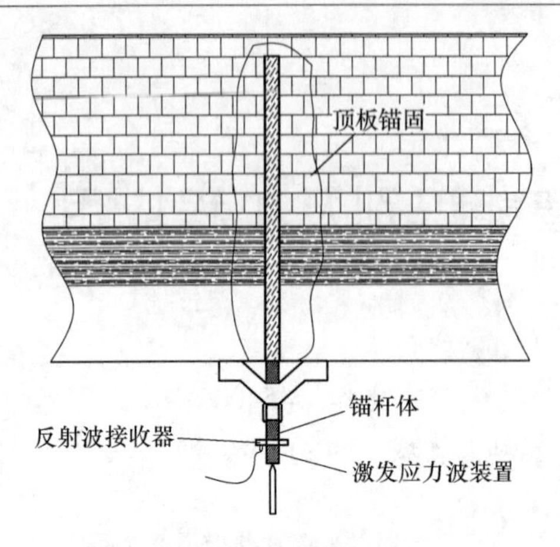

图1　无损检测示意图

激发的声频应力波在锚固体系广义波阻抗发生变化的界面处会发生反射和透射，应力波的能量重新分布。反射波的相位特征及能量衰减规律能够反映锚杆的锚固状态，应力波能量吸收系数与锚固段长度有如下关系：

$$a = \frac{1}{2x}\ln\frac{A_i}{A_{i+1}} \quad (i=1,2,3,\cdots) \quad (1)$$

式中，a 为能量吸收系数，奈培/m；x 为应力波在锚固段中的传播距离，m；A_i 为应力波第 i 次反射的反射波振幅。

应力波在锚杆中传播时，当通过波阻抗变化的界面时，反射信号的强弱呈现出不同现象。锚杆的锚固状态可以由反射波的相位特征及能量衰减规律表现出来，而应力波能量吸收系数与振幅衰减比及锚固段长度有关。因此，可用反射信号特征、振幅衰减比、锚固段长度与设计锚固段长度的百分比三个指标评价单体锚杆锚固质量。

1.2　煤巷顶板单体锚杆锚固质量分级

有关专家对煤巷锚杆锚固质量分级提出了很多种方法[14,15]。综合研究成果，根据应力波反射信号特征、振幅衰减比、检测锚固段长度与设计锚固段长度的百分比三个指标将单体锚杆锚固质量分为优、良、合格和不合格四类，在此分类基础上，将反射特征以数字信号来替代，可得到如下基于波导信息的锚固质量分级标准[16]，见表1。

表1　煤巷顶板单体锚杆锚固质量分级

级别	a	b	c
优	$a \leqslant 0.6$	$b > 1.5$	$c > 90\%$
良	$0.6 < a \leqslant 1.2$	$1.4 < b \leqslant 1.5$	$75\% < c \leqslant 90\%$
合格	$1.2 < a \leqslant 2.0$	$1.3 < b \leqslant 1.4$	$60\% < c \leqslant 75\%$
不合格	$2.0 < a$	$b \leqslant 1.3$	$c \leqslant 60\%$

注：a 为反射特征（$0 \leqslant a \leqslant 3$），$b$ 为振幅衰减比，c 为检测锚固段长度与设计锚固段长度的百分比。

1.3　煤巷顶板锚固体稳定性分级

煤巷顶板锚固体由若干单体锚杆锚固体构成，各种单体锚杆锚固体稳定性的数量比例决定顶板锚固体的稳定性。顶板锚固体稳定性划分标准一般有两种：一是通过分析锚杆工作载荷与围岩位移关系曲线；二是通过各种锚固质量的锚杆的比例来划分围岩的稳定性，当“优”等锚杆达到85%以上时，认为巷道的支护状态为稳定；当“优”等锚杆低于85%大于50%时，认为巷道支护状态为一般；当“优”等锚杆低于50%时，认为巷道的支护状态为差。然而当把顶板或巷道进行更加详细的划分时，仅依据“优”等锚杆的比例是不够精确的，所以本文提出依据优、良等锚杆的比例关系将煤巷顶板的稳定性划分为不同的等级。

表2是根据各种质量单体锚杆锚固体

表2　顶板锚固体稳定性划分标准

顶板类型	优等锚杆（a）	良等锚杆（b）	合格锚杆（c）	不合格锚杆（d）
非常稳定	$a \geqslant 85\%$	*	*	*
比较稳定	$a < 85\%$，$a+b \geqslant 70\%$		*	*
一般稳定	$70\% > a+b \geqslant 50\%$		*	*
不稳定	$30\% \leqslant a+b < 50\%$		*	*
极不稳定	$a+b < 30\%$		*	*

的数量比例划分的顶板锚固体稳定性，对于锚杆支护煤巷，优等锚杆和良等锚杆对顶板稳定性起着决定性的作用，故采用这两个质量等级的锚杆数量比例作为划分顶板锚固体稳定性的依据。

1.4 利用 Matlab 神经网络构建识别模型原理

Matlab 中的 BP 神经网络通过神经元的处理单元构成非线性动力学系统，实现与人脑相似的学习、记忆、识别等信息处理能力。由于其能够实现信息的高速并行处理、分布存储等特点被广泛应用于模式识别方面的研究[17~19]。将其应用到锚杆锚固质量智能识别原理如图 2 所示。

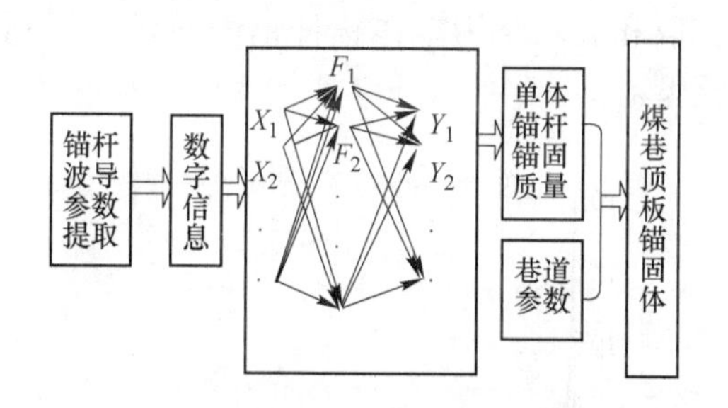

图 2 BP 网络识别锚杆锚固质量原理

$X_i(i=1,2,\cdots,n)$ —输入向量；

$F_i(i=1,2,\cdots,p)$ —中间层激励函数；

$Y_i(i=1,2,\cdots,m)$ —输出向量

2 煤巷顶板锚固体稳定性预测系统设计与智能识别实现

2.1 煤巷顶板锚固体稳定性智能识别系统设计

在系统设计中以大量现场单体顶板锚杆锚固体质量与波导参数为原始数据，利用 Matlab 神经网络工具箱，结合煤巷顶板锚固体参数，实现煤巷顶板锚固体稳定性的智能性预测。具体流程如图 3 所示。

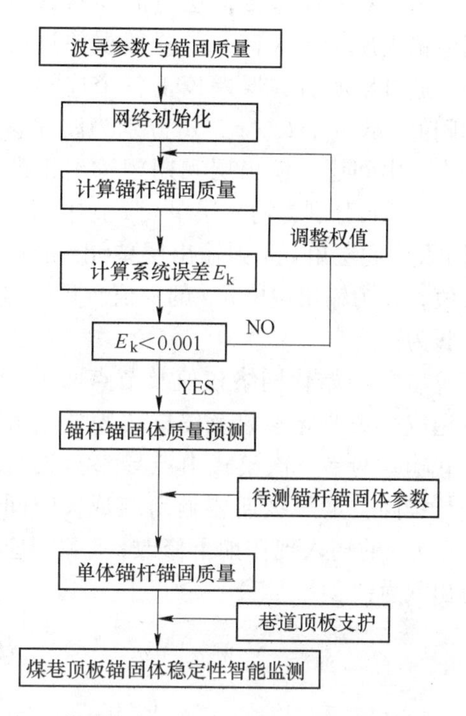

图 3 煤巷顶板锚固体稳定性的智能预测流程

2.2 波导参数与锚杆锚固质量关系的 BP 网络算法

煤巷顶板单体锚杆锚固质量与其影响因素之间具有复杂的非线性关系，影响因素本身具有高度的模糊性、随机性和不确定性。对于这类问题，神经网络具有较高的建模能力，能反映顶板锚杆锚固质量与其影响因素之间的非线性关系。BP 神经网络学习是典型的有导师学习，其学习算法（以下简称 BP 算法）是对简单的学习规则的推广和发展。波导参数与锚杆锚固质量的 BP 算法如图 4 所示。

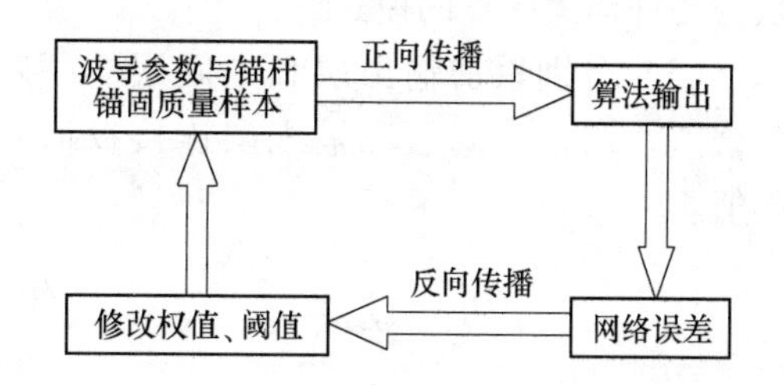

图 4 波导参数与锚杆锚固质量的 BP 算法示意图

采用累积误差传播法对波导参数及锚固体锚固质量等级模式的一般误差进行累加，通过累加后的误差校正各个连接权值和阈值。设 a_x，b_y，c_z，d_k 分别为波导参数样本，中间层，输出层和期望输出中的单元。w_{ij}，v_{jt} 分别为输入层单元 i 到中间层单元 j 及中间层单元 j 到输出层单元 t 的连接权值，γ_t 为输出层单元 t 的阈值。具体实现步骤为：

（1）初始化网络权值及节点阈值。随机选取一对波导参数及锚杆锚固质量等级模式输入网络，该模式由波导参数输入和锚杆锚固质量等级期望输出组成。中间层各单元 j 的输入现作如下修改：s_j 和相应的输出 b_j 为：

$$s_j = \sum_{i=1}^{n} W_{ij}a_i - q_j \tag{2}$$

$$b_j = f(s_j) = \frac{1}{1 + e^{-s_j}} \tag{3}$$

（2）计算输出层各单元 t 的输入 I_t 和相应的输出 c_t：

$$I_t = \sum_{j=1}^{p} v_{jt}b_j - g_t \tag{4}$$

$$c_t = f(I_t) = \frac{1}{1 + e^{-I_t}} \tag{5}$$

（3）计算输出层和中间层各单元的一般化误差 d_t、e_j：

$$d_t = (\gamma_t - c_t)c_t(1 - c_t) \tag{6}$$

$$e_j = (\sum_{t=1}^{q} d_t v_{jt})b_j(1 - b_j) \tag{7}$$

（4）重新提供一对学习模式输入网络，重复以上步骤直至学习完成全部的波导参数与锚杆锚固质量的模式。

（5）分别累加输出层和中间层的一般化误差并调整中间层和输入层连接权值和阈值。

$$D_t = \sum_{1}^{m} d_t \tag{8}$$

$$E_j = \sum_{1}^{m} e_j \tag{9}$$

$$v_{jt}(n+1) = v_{jt}(n) + \alpha D_t b_j \tag{10}$$

$$\gamma_t(n+1) = \gamma_t(n) + \alpha D_t \tag{11}$$

$$W_{ij}(n+1) = W_{ij}(n) + bE_j a_i \tag{12}$$

$$\theta_j(n+1) = \theta_j(n) + \beta E_j \tag{13}$$

重复学习以上步骤，直到误差达到要求的精度或训练达到规定的步数算法结束。

2.3 基于锚杆波导参数的锚固质量等级知识库的建立及训练

在贺西矿现场获得各种锚固质量与对应的波导参数，组成网络训练的知识库。设定合适的精度及网络中间参数，对网络进行训练，得到的网络效果图如图 5 所示。由图 5 可见，训练 3866 步时，网络达到目标精度，符合工程需要。通过以上学习实现了锚固质量评价的神经网络知识获取和表示，为单体锚杆锚固质量的识别模型。

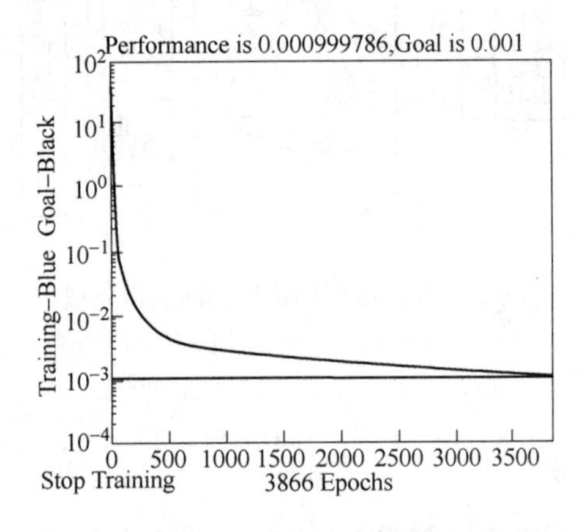

图 5 网络训练效果图

3 工程应用

3.1 工程地质条件

贺西矿 3 号煤层顶板主要岩性组成为细粒砂岩和泥质砂岩，顶板岩层中夹有 1 ~ 2 层煤线或泥岩，如图 6 所示。试验巷道为 2310 工作面材料巷，采用锚杆支护，巷道支护尺寸及支护参数如图 7 所示。

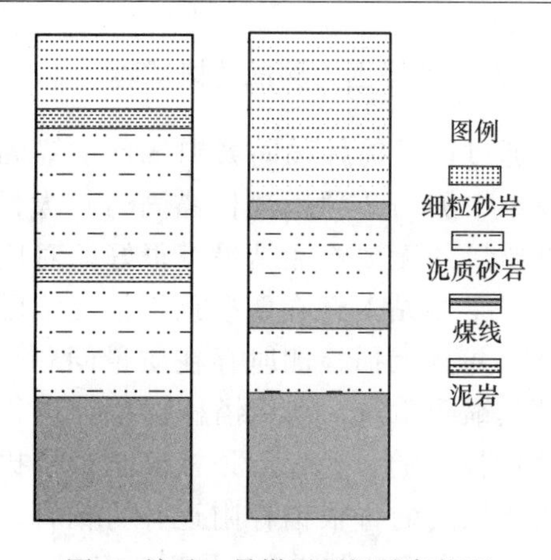

图 6　该矿 3 号煤层顶板赋存状况

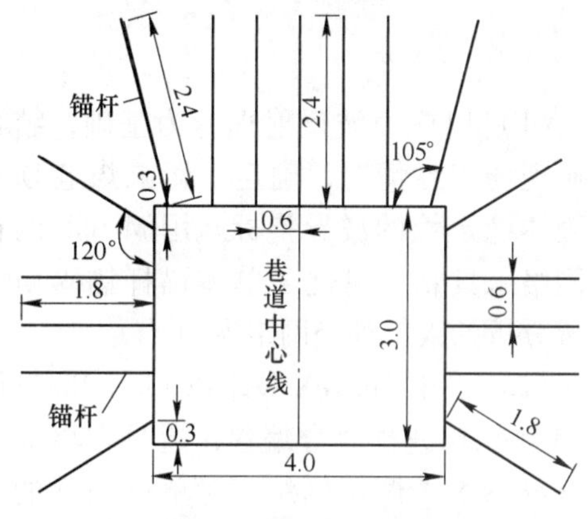

图 7　巷道支护参数图

3.2　顶板单体锚杆锚固质量监测及数据处理

以 3 号煤层 2310 工作面材料巷距入口 200m 和 600m 处的两处作为测站。利用无损检测仪检测的锚固体波导参数见表 3，001～007 为 1 号测站单体锚杆锚固体波导参数，008～014 为 2 号测站单体锚杆锚固体波导参数。

表 3　两个测站顶板锚杆波导特性

锚杆编号	a	b	c	锚杆编号	a	b	c
001	2.9	1.3	0.45	008	0.2	1.42	0.92
002	2.8	1.25	0.51	009	2.2	1.32	0.66
003	2.1	1.35	0.67	010	0.8	1.41	0.78
004	0.9	1.45	0.78	011	2.1	1.33	0.64
005	3	1.2	0.48	012	0.3	1.56	0.96
006	1.9	1.3	0.63	013	1.1	1.47	0.82
007	2.9	1.18	0.53	014	0.1	1.48	0.94

将表 3 中数据输入预测系统的地质力学参数及锚杆波导参数界面，如图 8 和图 9 所示。

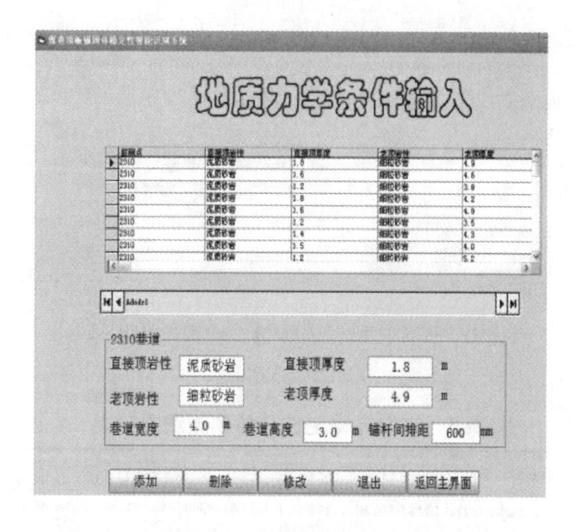

图 8　力学条件输入模块

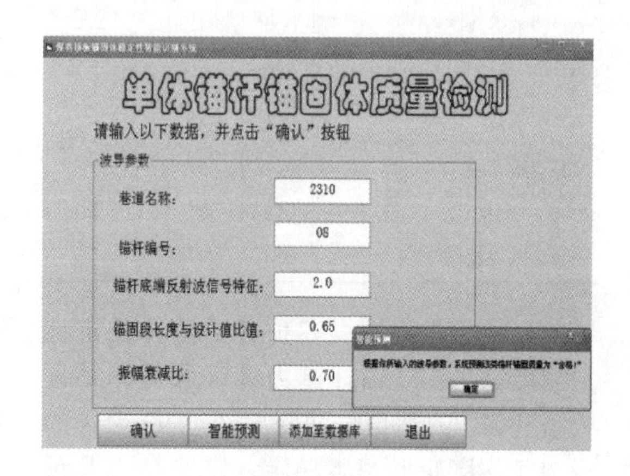

图 9　锚杆锚固智能识别模块

利用系统中的识别功能，实现锚杆锚固质量的智能分类，如图 10 所示。

通过单体顶板锚杆锚固体质量检测及预测，1 号测站共 7 根锚杆，优等锚杆根数为 0，良等锚杆根数为 1，优 + 良比例为：1/7 = 0.14，顶板锚固体稳定性为极不稳定；2 号测站共 7 根锚杆，优等锚杆根数为 3，良等锚杆根数为 2，优 + 良比例为：(3 + 2)/7 = 0.71，顶板锚固体稳定性为较稳定。软件的预测结果见表 4。

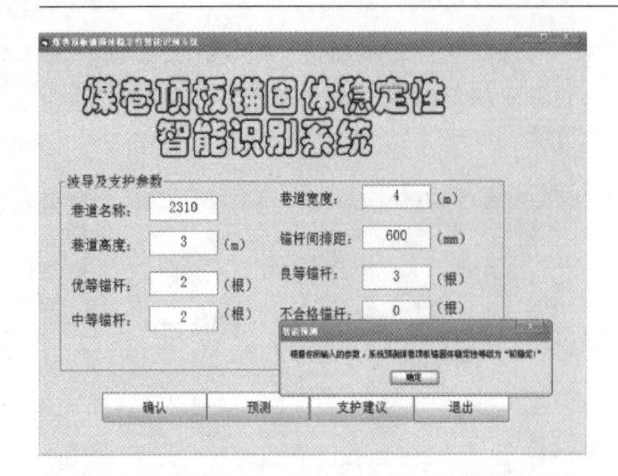

图 10　煤巷顶板锚固体稳定性智能识别模块
（2 号测站）

表 4　锚固体稳定性分类预测结果分类

锚杆编号	锚杆锚固质量	单体锚杆比例	顶板类型	锚杆编号	锚杆锚固质量	单体锚杆比例	顶板类型
001	不合格			008	优		
002	不合格			009	合格		
003	合格			010	良		
004	良	优＋良＝0.14	极不稳定	011	合格	优＋良＝0.71	较稳定
005	不合格			012	优		
006	合格			013	良		
007	不合格			014	优		

为验证两测站煤巷顶板锚固体稳定性预测结果，通过锚杆测力计读取两测站顶板锚杆锚固力数值，两断面经过 90 余天的观测，巷道变形基本稳定，观测结果及预估锚固质量见表 5。

表 5　锚固力监测结果及质量预估

锚杆编号	锚固力/kN	预估锚固质量	是否继续验证	锚杆编号	锚固力/kN	预估锚固质量	是否继续验证
001	80	不合格	是	008	125	合格	否
002	92	不合格	是	009	120	合格	否
003	102	合格	否	010	113	合格	否
004	105	合格	否	011	101	合格	否
005	95	不合格	是	012	119	合格	否
006	107	合格	否	013	120	合格	否
007	88	不合格	是	014	124	合格	否

3.3　破坏性锚固力测试拉拔试验

通过顶板锚杆锚固力测试预估锚固质量得出，测站 2 顶板锚杆锚固力较大，与锚杆质量的无损检测结果有很好的对应关系。但是测站 1 存在四根顶板锚杆锚固力偏低，并且无损检测时存在质量问题。为验证其锚固质量，利用锚杆拉拔计进行破坏性拉拔试验，为保证顶板安全，拉拔前在将要拉拔的每根锚杆附近补打锚杆，并用单体柱支撑，保证巷道顶板的安全。

4　结论

（1）以应力波反射理论为基础，结合煤矿现场实际情况，确定了影响煤巷顶板锚固体稳定性的波导指标。用 Matlab 的神经网络工具箱，建立了单体锚杆锚固质量评价分析的人工神经网络模型。

（2）采用 ActiveX 技术以 VisualBasic 语言和 Matlab 进行混合编程，通过在界面输入波导参数，调用网络，对单体锚杆的锚固质量进行评价，通过数据库的操作，计算各个测站优良锚杆比例，确定顶板锚固体的稳定类型。

（3）将此系统运用到贺西矿煤巷顶板锚固体稳定性的评价取得了较好的效果。

参 考 文 献

［1］侯朝炯，郭励生，勾攀峰，等．煤巷锚杆支护［M］．徐州：中国矿业大学出版社，1999.

［2］马念杰，侯朝炯．采准巷道矿压理论与应用［M］．北京：煤炭工业出版社，1995.

［3］康红普，王金华，等．煤巷锚杆支护理论与成套技术［M］．北京：煤炭工业出版社，2007.

［4］张文军，张宏伟．锚杆支护巷道顶板离层监测方法探讨［J］．辽宁工程技术大学学报，2002（4）：421-424.

［5］李张明．锚杆锚固质量无损检测理论与智能诊断技术研究［D］．天津：天津大学，2007.

[6] 李义，刘海峰，王富春．锚杆锚固状态参数无损检测及其应用［J］．岩石力学与工程学报，2004，23（10）：1741-1744.

[7] 李维树，甘国权，朱容国，等．工程锚杆注浆质量无损检测技术研究与应用［J］．土力学，2003，24（增刊1）：189-194.

[8] 汪明武，王鹤龄，罗国煜，等．锚杆锚固质量无损检测的研究［J］．工程地质学报，1999，7（1）：72-76.

[9] 张昌锁，李义，赵阳升，等．锚杆锚固质量无损检测中的激发波研究［J］．岩石力学与工程学报，2006，25（6）：1240-1245.

[10] 李义，王成．应力波反射法检测锚杆锚固质量的试验研究［J］．煤炭学报，2000，25（2）：160-164.

[11] 汪明武，王鹤龄．声频应力波在锚杆锚固状态检测中的应用［J］．地质与勘探，1998，34（4）：54-56.

[12] 薛道成，张凯．煤矿锚杆锚固结构系统横向振动特性研究［J］．中国矿业大学学报，2013，42（4）：695-699.

[13] 徐金海，周保精，吴锐．煤矿锚杆支护无损检测技术与应用［J］．采矿与安全工程学报，2010，27（2）：166-170.

[14] 李义，张昌锁，王成．锚杆锚固质量无损检测几个关键问题的研究［J］．岩石力学与工程学报，2008（1）：108-116.

[15] 段苏然，付龙，段伟．锚杆无损检测技术在煤矿中的应用［J］．西部探矿工程，2009（12）：99-101.

[16] 汪明武，王鹤龄．锚固质量的无损检测技术［J］．岩石力学与工程学报，2002，21（1）：126-129.

[17] 高东璇．基于BP神经网络的齿轮故障模式识别研究［D］．西安：长安大学，2010.

[18] 孙学勇．神经网络在局部放电模式识别中的实验研究［D］．哈尔滨：哈尔滨理工大学，2005.

[19] 张涛．BP神经网络在测井解释中的应用研究［D］．西安：西北大学，2010.

大倾角仰采煤壁片帮机理及防治技术

李英明，徐先胜

（安徽理工大学煤矿安全高效开采省部共建教育部重点实验室，
安徽淮南　232001）

摘　要：针对松软厚煤层仰采工作面煤壁易片帮这一问题，通过数值模拟研究煤壁片帮随倾角的变化规律。研究表明，随着煤层仰采角度增大，煤壁发生剪切破坏进而引起片帮几率增大，在一定地质条件下，煤层倾角超过10°后片帮变得十分严重；针对段王煤矿仰采片帮问题，分别提出了超前预注浆与工作面直接注浆两种技术方案，工程实践中采用化学注浆加固煤岩体技术，提高了煤岩体稳定性，消除了因工作面煤壁片帮引起的顶板事故，保证了工作面的顺利回采。

关键词：大采高；仰斜开采；煤壁片帮；数值模拟；注浆加固

0　引言

对于倾斜长壁工作面有俯斜开采和仰斜开采两种方法，一般仰斜开采管理难度大于俯斜开采，所以在选择开采方式时，一般不选用这种回采方法，但在实际生产中，为提高煤炭资源回收率，走向长壁回采工作面的上、下两顺槽沿中线布置，由于地质条件的变化，在回采过程中存在长度不一的仰俯采区域[1,2]，仰采是普遍存在于采煤生产中[3~5]。松软大采高工作面仰采矿压显现将更加剧烈，片帮尤为严重，煤壁片帮会导致架前无支护空间扩大，进而引起架前顶板漏冒，影响工作面推进速度和正常循环作业，无法实现高产高效开采，由此也会引发采空区发火及恶化其他矿山压力现象等，产生恶性循环[6]。因此，人们对煤壁片帮机理及规律进行了大量的研究，取得很多有益成果。文献[7~9]研究了俯、仰斜开采对煤壁片帮影响的力学机理，指出了由于工作面推进方向不同而引起顶板支承压力相对于煤壁自由面的位置不同，是造成煤壁片帮的主要原因之一，与水平工作面和俯斜工作面相比，仰斜开采煤壁片帮危险性和片帮显现程度都大大提高，片帮深度与仰斜角和采高成正相关关系。其研究能较好地解释割煤高度范围整体片帮机理，但实际片帮多以局部片帮为主。因此，开展松软厚煤层仰采煤壁片帮机理及其规律研究具有重要意义。

1　煤壁片帮规律研究

根据山西段王煤矿9号煤层具体情况，采用数值模拟研究方法，研究煤层倾角和采高对煤壁片帮的影响规律，本次数值模拟采用UDEC3.1软件，计算模型设计为平面应变模型[8,9]。地质力学参数见表1和表2，建立模型尺寸为180m×70m。模型块体的本构关系采用摩尔-库仑准则，节理面的本构关系模型选择面接触库仑滑移模型。

作者简介：李英明，男，1975年生，教授，工学博士，从事矿山压力控制、采煤方法方面研究。

表1　模型块体力学参数

岩　层	体积模量 K/GPa	剪切模量 G/GPa	密度 D/N·m^{-3}	内摩擦角 φ/(°)	内聚力 C/MPa	抗拉强度 T/MPa
煤　层	3	2.1	1420	26	2.4	1.8
砂质泥岩	10.5	5.67	2460	30	7.5	3.6
细粒砂岩	36	25.76	2650	44	8.5	6.0
泥　岩	7.2	6.3	2500	30	6.0	1.2
粉砂岩	30	25.78	2440	33	8.0	3
细粒砂岩	30	14.46	2760	34	6.5	3
中粒砂岩	30.1	13.44	2660	33	9.2	1.8
上覆岩层	19	7.89	2500	28	6.0	1.0

表2　模型接触面力学参数

岩　层	法向刚度 J_{kn}/GPa	切向刚度 J_{ks}/GPa	内摩擦角 J_f/(°)	内聚力 J_C/MPa	抗拉强度 J_t/MPa
煤　层	4	4	20	1.2	0
砂质泥岩	3	1.6	20	1.2	0
细粒砂岩	8.6	5.7	20	1.2	0
泥　岩	7	2	14	0	0
粉砂岩	2.5	2.5	14	0	0
细粒砂岩	5	2	18	1.2	0
中粒砂岩	5	2	18	1.2	0
上覆岩层	5	2	18	1.2	0

采用上述围岩力学参数，分别模拟了煤层倾角为5°、10°、15°、20°时煤层变形情况。煤体矢量位移如图1所示。模拟结果：当煤层倾角为5°时，煤壁有一定变形，但未见明显裂隙产生，可认为无片帮发生；当岩层倾角为10°时，煤壁片帮深度为1.0m；当岩层倾角为15°时，煤壁片帮深度为1.25m；当岩层倾角为20°时，煤壁片帮深度为1.50m。

上述模拟表明，煤层倾角为5°及以下

煤层倾角为5°

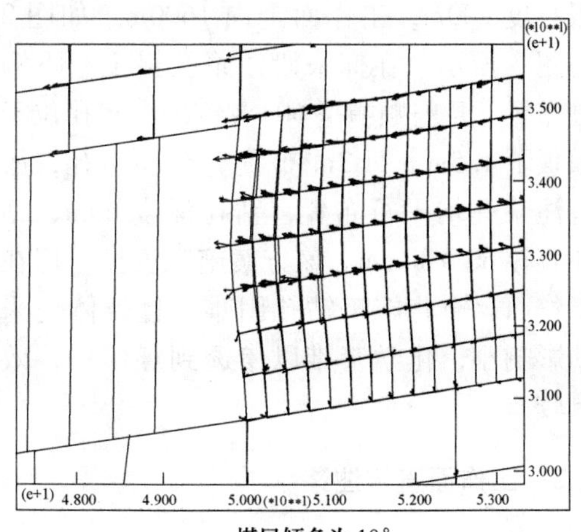

煤层倾角为10°

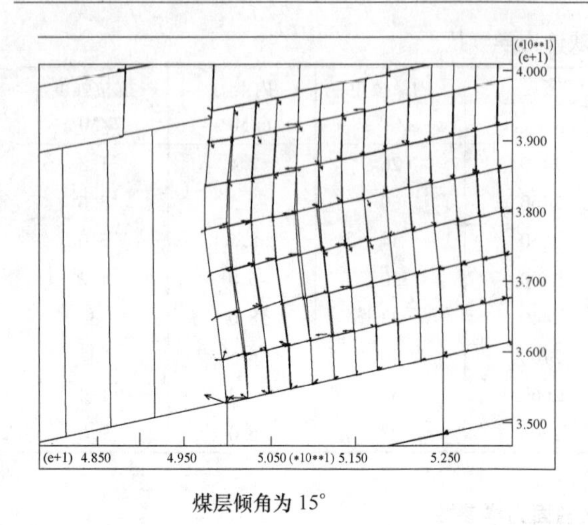

煤层倾角为 15°

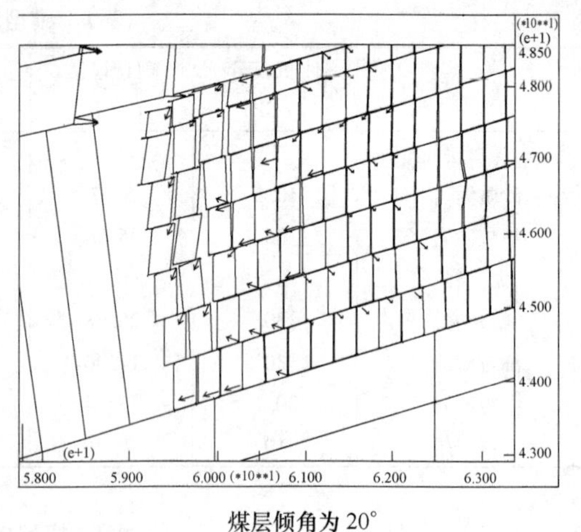

煤层倾角为 20°

图 1　不同煤层倾角煤壁位移矢量图

时，煤层倾角对煤壁稳定性影响较小，当煤层倾角超过 10°时，煤壁一定深度出现明显裂隙，具有片帮危险性，且随着煤层倾角的增加，煤壁破坏深度也随之增加，这与理论分析和实际情况是一致的。

2　煤壁片帮冒顶防治技术方案

2.1　超前两巷注浆

超前工作面煤壁 50m，间隔一定距离，利用钻机从工作面上下两巷向煤体施工深钻孔，利用高压泵向煤体深钻孔内注高分子材料化学浆，依靠化学浆的膨胀和黏结作用起到加固煤体作用。090502 工作面切眼长度 200m，工作面走向 1600m。如图 2 与图 3 所示，在仰采段注浆孔沿上、下顺槽布置，且与顺槽呈 60°夹角，注浆孔位于顶板下 1.5m，每 3m 布置 1 个注浆孔，所有注浆孔均平行布置，钻孔深度 60m，钻孔直径 60 ~ 80mm。该方案施工安全，但在工作面运输巷施工钻孔困难，且煤体受采动影响小，化学浆难以渗透到煤体中，效果较差。

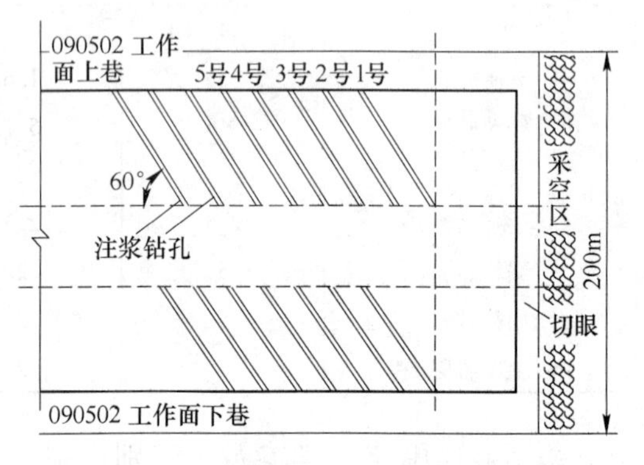

图 2　090502 工作面上下巷注浆钻孔布置平面示意图

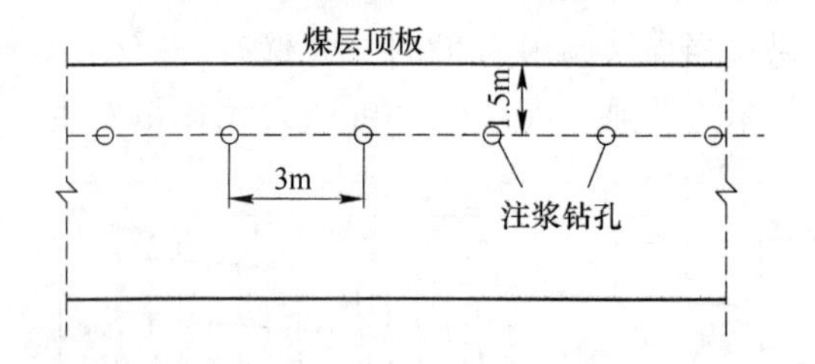

图 3　090502 工作面上巷注浆孔布置剖面示意图

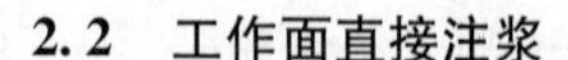

2.2　工作面直接注浆

在工作面煤壁分别向煤体和顶板施工钻孔，在钻孔内布置注浆铁管，通过注浆管向煤岩体注入高分子化学浆，依靠化学浆自身的发泡、膨胀推动，化学浆材料渗透到煤岩体微细裂隙内，化学浆材料与松散、破碎的煤岩体胶结在一起，提高煤体和顶板岩石的完整性；另外，注浆管与煤岩体紧紧粘在一块起到了全锚固作用，进一步提高了煤岩体的完整性。该方案施工效果好，但投入资金大。

3 工程实践

3.1 工作面地质情况

段王矿年生产能力 300 万吨，090502 综采工作面可采走向长度为 1600m，倾斜长度 200m，整个工作面沿走向存在不规则的褶曲带（图 4），褶曲构造造成了综采工作面起伏不平，工作面时而俯斜时而仰斜开采，特别是 3 ~ 3′ 号为大倾角仰斜开采段，工作面平面布置如图 5 所示。

本工作面所采煤层为 9 号煤，煤质松散，成块状和粉末状，实验测得煤层 f = 0.7，属松软厚煤层。该煤层结构简单，煤层倾角为 4° ~ 10°，平均倾角为 7°，与其上部的 8 号煤层间距为 0.5 ~ 3m，局部地段 8 号与 9 号煤层合并，煤层赋存稳定，巷道在掘进过程中，经实测煤层平均厚度为 5m。

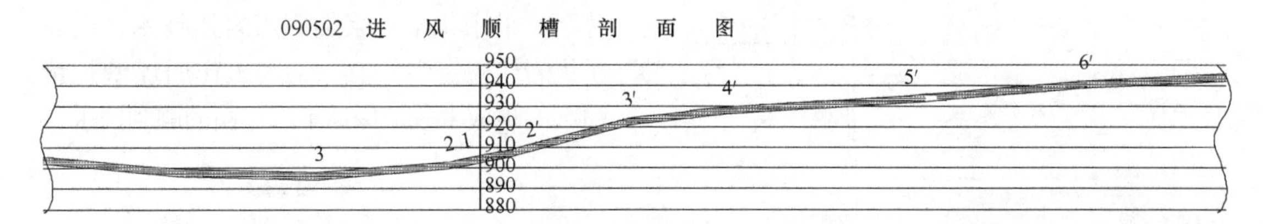

图 4 090502 高架综采面剖面图

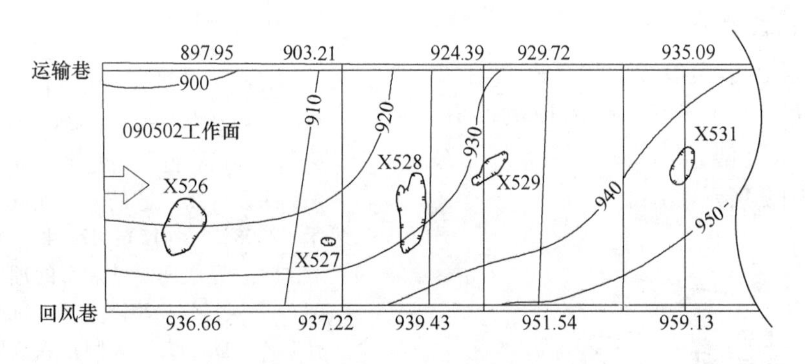

图 5 090502 工作面遇陷落柱时平面图

在 090502 工作面完全经过 X528 陷落柱后，26 日工作面 68 ~ 77 号液压支架之间煤壁发生大规模片帮，煤壁顶部最大片帮深度为 2m 左右，多处出现架前漏顶。特别在 94 ~ 123 号液压支架之间的煤壁片帮尤为严重，煤壁最大片帮深度达 1.5m，且 94 ~ 96号液压支架之间的煤壁发生全采高片帮导致架前漏顶。

造成片帮冒顶主要有三个原因：一是由于 X528 陷落柱长且与工作面接近平行（图 5），工作面在完全推过 X528 陷落柱之后，近 40m 陷落柱突然消失，使得此时新揭露煤壁所承受的压力突然释放；二是沿底回采留顶煤，顶煤随着煤壁片帮迅速冒落，进而引起大范围架前冒顶；三是工作面上部（靠近回风巷侧）仰采角度较大，工作面 85 ~ 105 号液压支架段的仰采角度最大时达到近 20°，进一步加剧了煤壁片帮的严重程度，最终导致多处架前漏顶。

3.2　片帮冒顶防治技术实施

3.2.1　锚索加固顶板

针对工作面出现的大范围片帮、冒顶，为避免片帮冒顶范围扩大，首先对冒顶区两侧各20架范围顶板进行加固，加固方法如图6所示，架间垂直顶板方向向煤壁方向倾斜20°补打锚索。

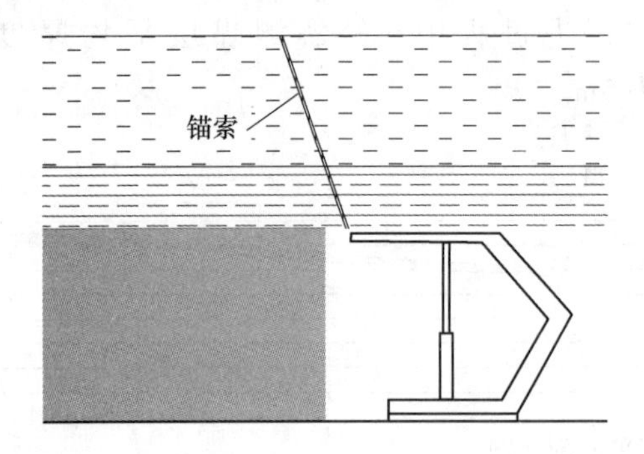

图6　090502工作面注浆孔布置示意图

3.2.2　工作面注浆加固煤壁

（1）注浆孔布置参数。注浆孔布置沿煤壁2m布置一个注浆孔，距离顶板1.5m位置处开孔，上仰角为30°～40°，孔深6m，具体如图7所示。

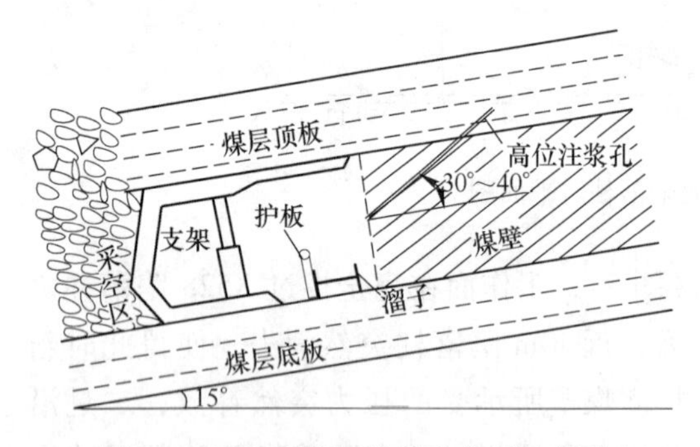

图7　090502工作面注浆孔布置示意图

（2）煤壁加固效果。注浆使破碎顶板得以固结，使冒顶不再发展，煤壁片帮得以控制，大大提高了煤壁及顶板稳定性，接下来逐步增大采高割煤，割至煤层顶板，采用割两刀注一次浆的程序，片帮程度逐渐减轻，冒顶不再发生，共注了四次，工作面向前推进了6.4m，宽度近40m的工作面煤壁得到了控制，原架前冒顶的区域注浆施工达到了预期效果。

4　结论

（1）煤层倾角5°及以下时，煤层倾角对煤壁稳定性影响较小，当煤层倾角超过10°时，煤壁一定深度出现明显裂隙，具有片帮危险性，且随着煤层倾角的增加，煤壁破坏深度也随之增加。

（2）针对由于仰采和陷落柱而造成煤壁片帮，采用化学注浆加固煤岩体技术，提高了煤岩体稳定性，消除了因工作面煤壁片帮引起的顶板事故，保证了工作面的顺利回采。

参 考 文 献

[1] 马金录．走向长壁放顶煤回采工作面仰采区域安全开采的探讨［J］．煤炭技术，2006，25（10）：25-26.

[2] 崔景昆，赵晋泽，张学峰．大倾角仰斜综采工艺在郭二庄矿的应用［J］．河北工程大学学报（自然科学版），2008，25（3）：92-94.

[3] 宋建江，耿香红，杨桂彬．综采工作面大倾角俯采及仰采工艺的开采实践［J］．煤炭技术，2008，27（12）：42-44.

[4] 袁前进．综放面煤壁片帮的理论分析和防治［J］．煤炭科技，2009（2）：44-47.

[5] 林东才，耿献文．大倾角煤层倾斜长壁仰斜开采问题分析及技术措施［J］．煤炭科学技术，2001，29（7）：1-2.

[6] 王家臣．极软厚煤层煤壁片帮与防治机理［J］．煤炭学报，2007，32（8）：785-788.

[7] 李建国，田取珍，杨双锁．综采放顶煤工作面俯、仰斜开采煤壁片帮的影响机理研究［J］．太原理工大学学报，2004，35（4）：407-409.

[8] 王家臣，李志刚．极软煤层综放面围岩稳定性离散元模拟［J］．采矿与安全工程学报，2005（2）：1-3.

[9] 惠兴田，许刚，冯超，等．仰采工作面顶板移动特征的研究［J］．煤矿开采，2010，15（1）：85-88.

松软煤岩体锚固孔孔底扩孔力学特征分析

程利兴，李国盛

（河南理工大学能源科学与工程学院，河南焦作　454003）

摘　要：针对煤矿深部巷道锚杆支护中锚固力低的技术难题，目前采用最多的方法之一是锚固孔孔底扩孔来增大锚固力。分析了扩孔过程中围岩的受力情况，研究了矿井巷道围岩强度和钻孔围岩应力对扩孔效果的影响因素，采用 ABAQUS 有限元数值模拟软件模拟单翼倒楔形扩孔装置在不同围压下煤、砂质泥岩、砂岩的扩孔效果。通过对扩孔段的成孔效果和最大扩孔直径进行分析，得出了在相同围压作用下扩孔段直径与围岩的强度呈负相关，同种围岩条件下扩孔段最大直径与围压呈负相关的特性，并验证了该扩孔装置在煤及软弱围岩内能达到较好的扩孔效果。

关键词：锚固孔；扩孔；数值模拟；扩孔直径；负相关

0　引言

由于松软煤岩体的强度低，节理裂隙发育，导致锚杆锚固力低，巷道变形量大，支护效果十分不理想[1~5]。提高松软煤岩体的锚固性能成为该类巷道锚杆支护技术发展的关键。

目前提高锚杆锚固性能的途径多采用增加锚固长度和孔底扩孔锚固两种方法[6~8]。增加锚固长度在一定程度上提高了锚固力，但由于锚固孔孔壁松软导致锚固力提高效果不明显[9~12]。锚固孔孔底扩孔在理论上可以显著提高锚杆的锚固力。目前工程实践中，孔底扩孔的方法主要有机械扩孔、爆炸扩孔、水力扩孔和压浆扩孔[13~16]。对于煤矿井下煤层巷道，因其特殊的工程地质条件，锚固孔采用爆炸扩孔、水力扩孔和压浆扩孔均难以适应井下煤岩体巷道孔底扩孔的目的[9~13]。机械扩孔根据其扩孔方向的不同可分为正楔形和倒楔形扩孔，正楔形扩孔由于在锚杆锚固时很难实现孔底锚固剂被压实，致使锚固效果不明显。因此，本文采用自行研发的倒楔形扩孔装置，针对赵家寨矿松软煤层巷道锚固孔进行扩孔锚固试验研究，进一步检验松软煤层锚固孔孔底倒楔形锚固性能。

该矿已经进入深部开采阶段，深部围岩地质条件逐渐趋于复杂以及深井地应力也不断增大等因素都将对扩孔效果产生一定的影响[5~8]。本文采用 ABAQUS 有限元数值模拟软件，探讨不同围岩强度及不同围压条件下锚固孔孔底单翼倒楔形扩孔段围岩的力学分布特征，分析研究不同条件下孔底扩孔对钻孔围岩的作用，取得了较好的模拟效果，为增强锚杆锚固性能提供有力的参考依据。

1　锚固孔底扩孔力学模型分析

1.1　单翼倒楔形扩孔装置及其原理

单翼倒楔形扩孔装置主要有杆体、刀

资助项目：焦作市科技计划项目（201411006），河南省教育厅科技计划项目（15B440002）。

具、推杆、弹簧、杆体帽及螺栓等组成，刀具与螺栓连接固定在壳体内，推杆受轴向力作用压缩弹簧，进而推动刀具从壳体上的刀槽伸出，在壳体随钻杆转动的同时刀具截割煤岩体，随着推杆不断压缩弹簧，推杆逐渐将刀具推出，刀具与杆体之间的夹角随之增大，扩孔直径也随之增大，进而在锚固孔孔底扩出一倒楔形空腔体。单翼倒楔形扩孔装置如图 1 所示。

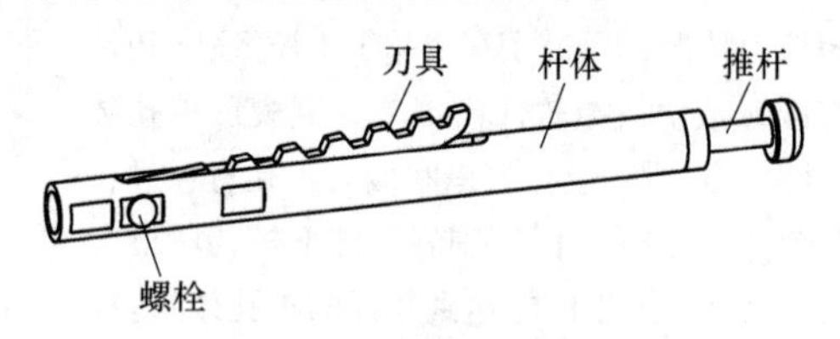

图 1　锚固孔孔底单翼扩孔装置

在扩孔过程中，刀具先以螺栓为支点，当刀具伸出杆体开始截割煤岩体时，刀具的一侧与刀具槽接触，以螺栓到刀具槽的部分为固定端，以刀具与刀具槽接触部分为支点，刀具伸出部分为类似悬臂梁的结构，随刀具的不断伸出，该梁的尺寸在不断发生变化，直至弹簧达到最大压缩量，刀具伸出量达到最大值。

该扩孔机具工作状态下，依靠推杆轴向的推力将刀具推出，以推杆帽接触孔底处为一个支点，刀具接触钻孔壁处作为一个动支点，由于该单翼扩孔刀具伸出杆体角度较小，因此在扩孔时能够保证工作状态的稳定，同时能够实现小孔径锚固孔的扩孔；双翼等其他结构特点的扩孔机具虽然能够保证扩孔作业的稳定，但是结构相对于单翼扩孔机具来说相对复杂，扩孔直径较大，多用在矿井瓦斯抽放钻孔及地下岩土工程方面的扩孔工作，且制造工艺技术要求及成本均较高，本装置在满足工作要求的同时，尽量简化装置结构，也是一种创新。

1.2　扩孔力学模型

单翼倒楔形扩孔装置结构独特，在刀具受到推杆的推力后，刀具与杆体呈 V 形结构，在转动过程中将会在钻孔底部扩孔一个楔形的腔体，在楔形体中取一个微小单元结构进行分析，该单元结构可以近似等价于一个单元圆柱体来进行分析，不同的单元圆柱体半径不同，但不影响某一单元结构的力学分析，因此对倒楔形扩孔的问题可以参考在岩土工程中扩孔分析。圆柱孔扩张问题应用到岩土工程以后，柱孔扩张理论广泛应用于隧道开挖、锚杆支护、井筒沉桩等应力应变分析中[9,10]，目前圆孔扩张理论在国内外学者的共同努力下取得较快的发展，应用的屈服准则有摩尔-库仑、Tresca 等[11,12]，在井下巷道中，围岩内部受均匀初始应力 p_0，初始孔半径为 a_0，当扩孔压力由 p 逐渐增大时，钻孔直径 a_0 逐渐扩大。随着刀具施加在钻孔壁方向的力不断增大，受刀具的环向截割应力作用，钻孔周围的围岩开始出现屈服并发生破坏，由钻孔壁向里发展，由原来整体处于弹性状态变为处于弹塑性状态，小孔半径 a 及塑性区半径 b 也不断扩大，当扩张压力达到一定数值时，即扩孔装置的推杆完全压缩弹簧时，扩张压力将保持不变，此时钻孔已完成扩孔，力学模型如图 2 所示。

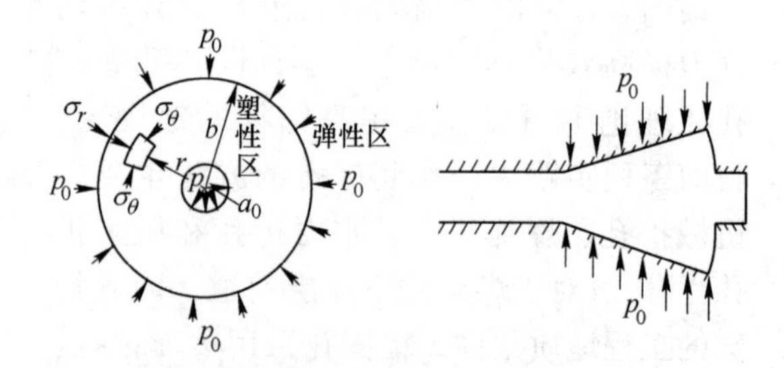

图 2　倒楔形扩孔分析模型

扩孔的基本理论方程[12]：

$$\frac{\partial \sigma_r}{\sigma_r} + \frac{\sigma_r - \sigma_\theta}{r} = 0 \qquad (1)$$

式中，σ_r、σ_θ 分别为径向应力和环向应力。

弹性应力应变关系为：

$$\left.\begin{aligned}\varepsilon_r &= \frac{1-\nu^2}{E}\left(\sigma_r - \frac{\nu}{1-\nu}\sigma_\theta\right)\\ \varepsilon_\theta &= \frac{1-\nu^2}{E}\left(\sigma_\theta - \frac{\nu}{1-\nu}\sigma_r\right)\end{aligned}\right\} \tag{2}$$

式中，E 为煤体的弹性模量；ν 为煤体的泊松比。p 为钻杆未转动时，扩孔刀具刚刚接触钻孔壁对孔壁的压力，此时钻孔壁处于弹性状态，此时切向应力、环向应力分别为：

$$\sigma_r = p_0 + (p - p_0)\left(\frac{a}{r}\right)^2 \tag{3}$$

$$\sigma_\theta = p_0 - (p - p_0)\left(\frac{a}{r}\right)^2 \tag{4}$$

当刀具随钻杆一起转动时，刀具开始在钻孔表面进行切割，钻孔表面煤体开始屈服，达到屈服极限即破坏，设某时弹塑性交界面处的半径为 b，此刻径向作用的临塑压力为 p_i，则弹塑性交界面处径向、环向应力分别为：

$$\sigma_r = p_0 + (p_i - p_0)\left(\frac{a}{r}\right)^2 \tag{5}$$

$$\sigma_\theta = p_0 - (p_i - p_0)\left(\frac{a}{r}\right)^2 \tag{6}$$

在扩孔过程中，推杆受轴向推力作用逐渐压缩弹簧，推动刀具伸出杆体，刀具对垂直钻孔壁方向的作用力逐渐增大，推杆将刀具完全推出时此时钻孔壁垂向应力达到最大，此时扩孔段的最大扩孔处直径达到最大。

1.3 扩孔因素分析

随着煤矿井下开采深度的不断加深，地质构造越来越复杂，地应力越来越大，对于锚固孔孔底扩孔的影响因素就越多[13,14]，针对同一种围岩体来说，围岩越大承受的围压越大，钻孔周边围岩受到挤压作用变得密实，增大了扩孔机具的工作阻力，对扩孔效果势必产生一定的影响；对于不同强度的围岩钻孔进行扩孔，在相同围压下，随着围岩强度的增大，扩孔段的最大直径应该呈现逐渐减小的趋势，因为钻孔围岩的强度越大，扩孔机具就需要提供较大的剪切应力才能使得围岩出现屈服并达到破坏。针对上述对孔效果的因素分析，采用数值模拟软件，建立巷道围岩钻孔模型进行验证分析。

2 锚固孔底扩孔数值模拟分析

2.1 数值模型建立及方案的确定

ABAQUS 是一款功能强大的有限元分析软件，它既可以完成简单的有限元分析，也可以用来模拟比较复杂的模型[15]。建立的模型如图 3 所示，钻孔围岩采用 150mm × 150mm ×400mm 的模型块体，在块体中心开有直径 28mm 的钻孔，孔深 360mm。在模拟时将扩孔装置的杆体设置为刚体，在杆体上建立参考点，将转速和轴向推力施加在该参考点上，将转速和轴向推力同时施加，并在块体的表面施加 x-y 方向的边界约束。

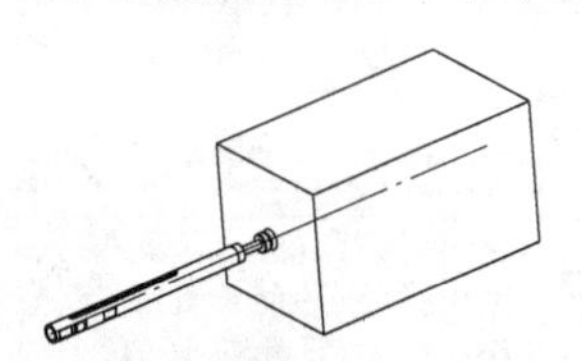

图 3 围岩钻孔扩孔模型

本文采用 ABAQUS 有限元数值模拟软件进行模拟，分别模拟煤体、砂岩、砂质泥岩这三种围岩在 5MPa、10MPa、15MPa、20MPa 四种围压下扩孔的效果，进行模拟分析不同条件下锚固孔孔底扩孔段围岩的力学特征，为锚固孔孔底扩孔在煤矿井下的应用奠定了坚实的基础。上述三种围岩的力学参数见表 1。

表 1 煤体、砂岩、砂质泥岩的数值模拟力学参数

围岩	密度 /kg · m^{-3}	弹性模量 /Pa	泊松比	屈服应力 /Pa
煤　体	1400	2. 8e9	0. 3	3e7
砂　岩	2765	3e10	0. 24	6. 5e7
砂质泥岩	2665	1. 8e10	0. 27	3. 2e7

2.2 数值模拟结果分析

2.2.1 不同围压下煤体钻孔扩孔模拟分析

对模型赋予表 1 煤体的相关参数，在围压为 5MPa、10MPa、15MPa、20MPa 四种围压下扩孔的效果，运算后的应力云图分别如图 4 所示。

在煤层进行扩孔，对单翼扩孔机具施加 1500N 的轴向推力，推杆足以将刀具完全推出，所以在这种情况下，在煤体中最大扩孔处的半径相差不大，但也呈现逐渐减小的趋势，由于对钻孔周围施加的围压不同，所以在扩孔处应力的分布不一致，在相同的网格分布的情况下，围压增大，在扩孔处表现为网格破碎较为完全，间接反映出随着围压增大，扩孔处孔壁更光滑，在未扩孔段向扩孔段的过渡更加明显。

2.2.2 不同围压下砂质泥岩钻孔扩孔模拟分析

对模型赋予表 1 砂质泥岩的参数，在围压为 5MPa、10MPa、15MPa、20MPa 四种围压下扩孔的效果，运算后的应力云图分别如图 5 所示。

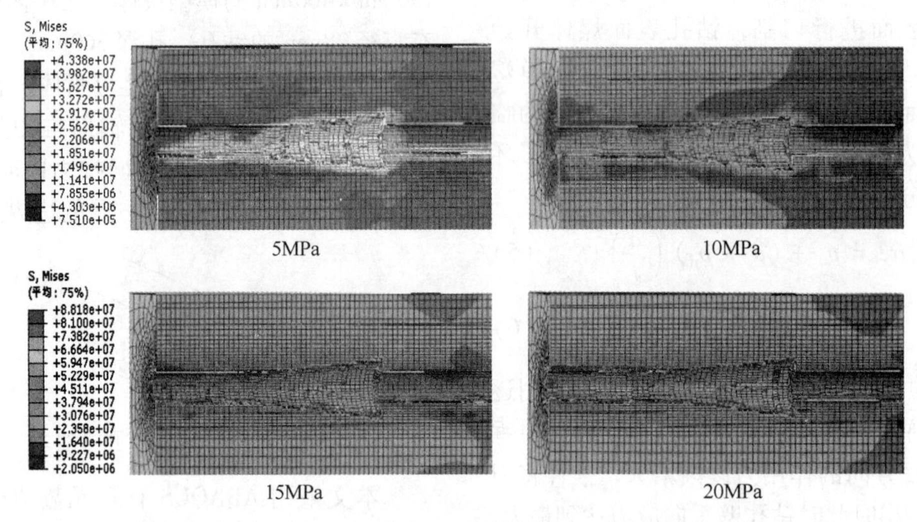

图 4　不同围压下煤体钻孔扩孔效果

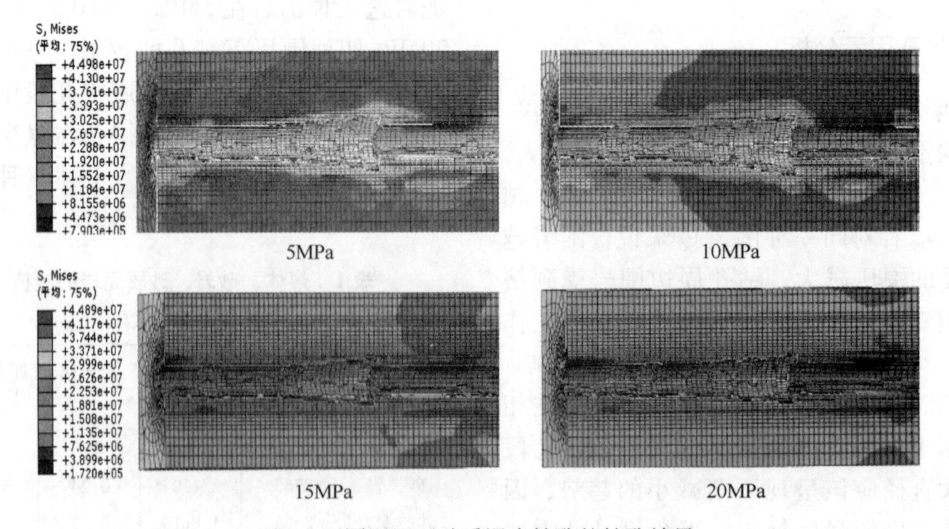

图 5　不同围压下砂质泥岩钻孔的扩孔效果

在砂质泥岩中，对单翼扩孔装置施加1500N的轴向推力，由于砂质泥岩相对于煤体来说较坚硬，在这种的推力的作用下，推杆不能完全将刀具推出，所以扩孔的大小比在煤体中的小。在不同的围压下扩孔处最大半径有差异，呈现的规律是随着围压增大扩孔处最大的半径逐渐减小，但在扩孔孔壁处光滑程度上没有显示出明显的差别。

2.2.3 不同围压下砂岩钻孔扩孔模拟分析

对模型赋予表1砂岩的参数，在围压为5MPa、10MPa、15MPa、20MPa四种围压下扩孔的效果，运算后的应力云图分别如图6所示。

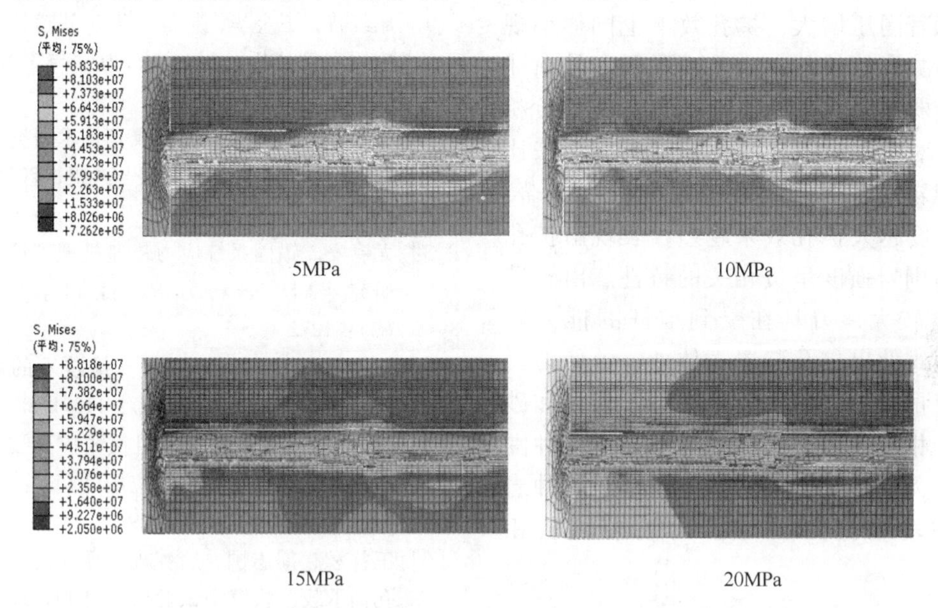

图6 不同围压下砂岩钻孔的扩孔效果

在砂岩中进行扩孔，对单翼扩孔装置同样施加1500N的轴向推力，由于砂岩较为坚硬，扩孔效果相对于在煤体和砂质泥岩中的较差，在围压为5MPa、10MPa、15MPa时扩孔效果差异不是很明显，但在20MPa的围压下，扩孔效果相对于在其他三种围压下的较差，扩孔半径最小，显示出明显的围压增大扩孔效果变差的特性。

2.2.4 不同条件下扩孔段的最大直径对比分析

在ABAQUS有限元分析软件计算结果中可以看出在不同围岩及不同岩体内锚杆孔孔底的最终成孔效果，在围岩受到刀具的切削后到达强度极限后就会发生破坏，在软件中就会显示出网格的消除，在模型中使用了计算精度较高的六面体网格，网格质量较好且分布均匀。以上所做的12个模型以及网格的划分都是相同的，因此计算完成后观察六面体网格的破坏消除的大小，通过软件自身的查询功能来反应扩孔的成孔效果，在一定程度上是可以作为参考依据的。通过查询扩孔最大半径处网格结点之间的距离，得到的数据见表2。

表2 不同岩性不同围压下的最大扩孔直径

(mm)

岩性 \ 围压	5MPa	10MPa	15MPa	20MPa
煤 体	51.32	51.27	51.19	49.65
砂质泥岩	48.19	46.42	42.04	41.98
砂 岩	38.21	38.20	38.16	37.54

由表2数据可知，对于同一种围岩来

说，随着围压增大，扩孔的最大直径逐渐减小，其中煤体相对于砂质泥岩和砂岩强度较小，扩孔范围较大，但是受围压的影响也较大，尤其是在围压达到 20MPa 时，扩孔最大直径较小；砂岩由于较为坚硬，平均弹性模量比煤体的要高出一个量级，承载能力较大，所以扩孔最大半径较小，但是随着围压增大，扩孔效果也同样呈现出逐渐减弱的趋势，只是减弱程度较前述两者较弱，反映了围压与扩孔直径呈负相关性。对于不同围岩受到相同的围压来比较，围岩强度对于扩孔的影响较为显著，围岩强度越大扩孔效果越差，表现出扩孔效果与围岩强度呈负相关的特性。由于砂岩强度较大，刀具在受到推杆的推力之后，很难伸出扩孔装置壳体外，致使刀具的伸出量较小，扩孔效果相对于煤体和砂质泥岩相对较差。因此，对于上述三种围岩体，无论是对于同种岩体还是不同种岩体，都表现出围压与扩孔效果的负相关性。

3　结论

（1）单翼倒楔形扩孔装置结构较双翼及其他结构的扩孔机具结构简单，操作方便，在完成小孔径锚固孔扩孔的同时保证工作状态的稳定。

（2）扩孔钻头在受到轴向推力并随钻杆转动过程中，刀具施加在钻孔壁上的应力不断增大，在扩孔刀具环向截割应力的作用下，扩孔段围岩逐渐出现破坏，不断被截割剥落，当刀具垂直作用在围岩壁处的作用力达到最大，即刀具被完全推出后，此时完成扩孔。

（3）根据数值模拟实验的结果分析，同种围岩内的扩孔效果随着围压的增大，扩孔处直径逐渐减小，对于不同种围岩，随着围岩强度增大扩孔处最大直径也呈现出逐渐减弱的趋势，围压越大扩孔效果也就越差，表现出钻孔围压和围岩强度对扩孔效果都具有负相关的特性，通过数值模拟分析可知，单翼倒楔形扩孔刀具在煤及一些软弱围岩内能达到良好的扩孔效果。

参考文献

[1] 康红普，王金华，林健．煤矿巷道锚杆支护应用实例分析［J］．岩石力学与工程学报，2010，29（4）：649-664.

[2] 康红普．煤巷锚杆支护成套技术研究与实践［J］．岩石力学与工程学报，2005，21：161-166.

[3] 尤春安．锚固系统应力传递机理理论及应用研究［J］．岩石力学与工程学报，2005（7）：1272.

[4] 王金华．我国煤巷锚杆支护技术的新发展［J］．煤炭学报，2007（2）：113-118.

[5] 叶方琪，毛龙，雷云．机械式扩孔技术在低透气性煤层煤巷掘进的应用［J］．能源技术与管理，2013（2）：27-29.

[6] 王祥秋，周志国，唐梦雄，等．仿真介质扩孔锚承载性状模型试验研究［J］．地下空间与工程学报，2013（4）：738-743.

[7] 白彬珍，臧艳彬，周伟，等．深井小井眼定向随钻扩孔技术研究与应用［J］．石油钻探技术，2013（4）：73-77.

[8] 陈继平，董玉庆，钱健清，等．热轧马氏体和贝氏体双相钢扩孔性能及机理［J］．中南大学学报（自然科学版），2014（2）：395-400.

[9] 周航，孔纲强，刘汉龙．正方形孔扩张的弹性分析［J］．工程力学，2013（12）：183-188.

[10] 贾尚华，赵春风，赵程．砂土中柱孔扩张问题的扩孔压力与扩孔半径分析［J］．岩石力学与工程学报，2015（1）：182-188.

[11] 肖昭然，张昭，杜明芳．饱和土体小孔扩张问题的弹塑性解析解［J］．岩土力学，2004（9）：1373-1378.

[12] 邹金锋，彭建国，张进华，等．基于非线性 Mohr-Coulomb 强度准则下的扩孔问题解析

[J]. 土木工程学报，2009 (7)：90-97.

[13] 步玉环，王瑞和，周卫东. 围压对旋转射流破岩钻孔效率的影响 [J]. 石油大学学报（自然科学版），2002 (5)：43-45，6.

[14] 张魁，夏毅敏，谭青，等. 不同围压条件下TBM 刀具破岩模式的数值研究 [J]. 岩土工程学报，2010 (11)：1780-1787.

[15] 江丙云，孔祥宏，罗元元. ABAQUS 工程实例详解 [M]. 北京：人民邮电大学出版社，2014.

综采回撤通道支护技术研究

石建军[1,2]，刘加旺[3]

(1. 华北科技学院安全工程学院，河北三河　065201；
2. 中国矿业大学(北京)力学与建筑工程学院，北京　100083；
3. 神华集团金烽煤炭分公司，内蒙古鄂尔多斯　017000)

摘　要：大断面回撤通道的使用为综采面的快速搬家提供了有利条件，由于回撤通道要经历回采工作面超前支承压力影响的全过程，采动影响十分强烈，围岩稳定性显得十分关键，本文探讨采用化学方法对回撤通道顶板进行加固，取得良好的效果，值得推广。

关键词：回撤通道；围岩稳定；加固；支承压力

0　引言

多通道快速回撤工艺，即在回采工作面停采线处，掘两顺槽的同时，掘出两条平行于回采工作面的辅助通道，靠工作面侧的通道称为回撤通道，靠大巷侧的通道称为辅助通道，在两条通道之间开掘了3～4个联巷，就形成了辅巷多通道的巷道系统[1,2]。工作面回采结束后使用无轨胶轮车将综采设备经由回撤通道运走。由于综采采掘设备功率高、体积大、使用无轨胶轮车运输、要求通风量多等原因[3]，回撤通道具有断面大、布置在煤层中，还要经历回采工作面超前支承压力影响的全过程，采动影响十分强烈等，因此综采工作面回撤通道围岩稳定性，直接关系到综采工作面设备回撤工作的安全、回撤的速度。

1　通道支护方式发展历程

1997～1999年，矿区综采工作面回撤通道支护一般均采用一梁五柱支护方式。

1999年大柳塔煤矿12604工作面回撤通道支护开始在一梁五柱基础上增设了40台DZ4000型垛式支架支护方式。

2003年大柳塔煤矿12404(2)工作面回撤通道支护采用了一梁六柱加40台DZ6000型垛式支架支护方式，支护强度较前有所提高。

2005年上湾煤矿51102工作面回撤通道支护采用了一梁八柱加65台ZZ7200型垛式支架支护方式，支护强度进一步提高。

目前，随着开采深度和工作面采高的变化，正在推广应用双排垛式支架支护方式，支架工作阻力提高到了8100～10000kN。型号分别为ZZ8100/13/25、ZZ10000/22/44。

2　加固材料

马丽散以其加固技术不仅施工简单灵活，施工速度快，效果明显，大大减低了巷道维护费用，减少了安全隐患的优势受到青睐。

马丽散由树脂、催化剂双组分材料按1:1的比例配合组成，双组分材料均为液体，是一种低黏度的合成高分子聚亚胺胶脂材料，采用高压灌注进行加固时，树脂与催化剂混合在一起发生反应，当它被高压推挤，注入到煤岩层或混凝土裂缝，可沿煤岩层或混凝土裂缝延伸直到将所有裂隙（包括肉眼难以觉察的裂隙在高压作用下重新张开）被充填，有效地加固围岩松动圈，使之成为整体，提高了围岩的整体承载能力，从而控制巷道顶板的垮落[4]。

马丽散产品具有以下特点和优越性：（1）高度成品化；（2）运输量小，经济效果明显；（3）可四季施工，无污染；（4）费用合理；（5）寿命期长，工期短；（6）膨胀率高，施工用量小。

马丽散的技术优势：黏度低，能很好地渗入细小的裂缝中；极好的黏合能力与地层形成很强的黏合力；其良好的柔韧性能承受随后的地层运动；反应迅速，能快速封闭水流；反应后形成的泡沫不溶于水；良好的抗压性能。

3 实践

唐公沟煤矿地层为层状结构，以软弱岩层为主，层理和交错层理发育。岩石泥质含量高，多泥质和钙质胶结。顶板岩性以细粒砂岩、粉砂岩为主，局部为砂质泥岩，底板岩性以砂质泥岩为主。顶底板岩石极易风化破碎，加剧了顶底板的不稳定性。以往的经验，综采顺槽受采动影响后巷道部分顶板出现掉矸、裂缝、离层下沉现象，严重时发生冒顶。综采工作面在采到停采线时，巷道压力大，回撤通道整体下沉，顶板破碎，导致冒顶片帮严重，设备回撤困难。

唐公沟煤矿 24203 综采工作面，煤层平均厚度 3m，工作面长度 180m。煤层埋深 150m 左右，煤层顶板至地面全为泥质砂岩，有少量水渗出；回撤通道断面为 5.2m × 3.6m；另有三个回撤联巷。为了实现综采设备安全、快速撤出，除了采用锚杆-锚索-网片-钢梁-双排垛式联合支护方式外，还注射马丽散对其围岩进行加固。

3.1 施工过程

3.1.1 施工过程

（1）根据孔位设计要求，在需加固区打孔。

1）注浆钻孔孔径 42mm，封孔深度 1m 左右。

2）联巷三角区，顶板上五花眼布置，孔距 2m，排距 1.5m，孔深 5m。回撤通道煤壁：单排孔布置，孔距 3m，孔深 6m，孔口距顶板 0.5m（图 1 和图 2）。

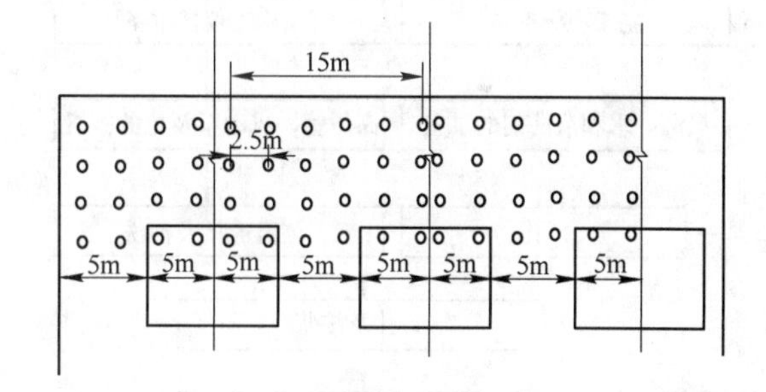

图 1　回撤通道加固位置示意图

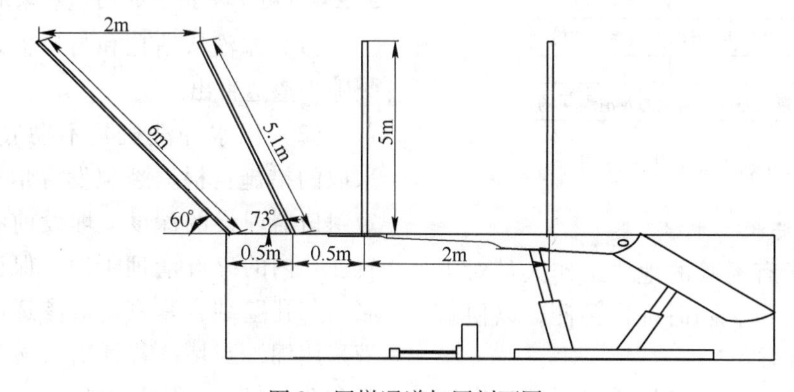

图 2　回撤通道加固剖面图

(2) 把多功能泵及其附件组装好，如图3所示。

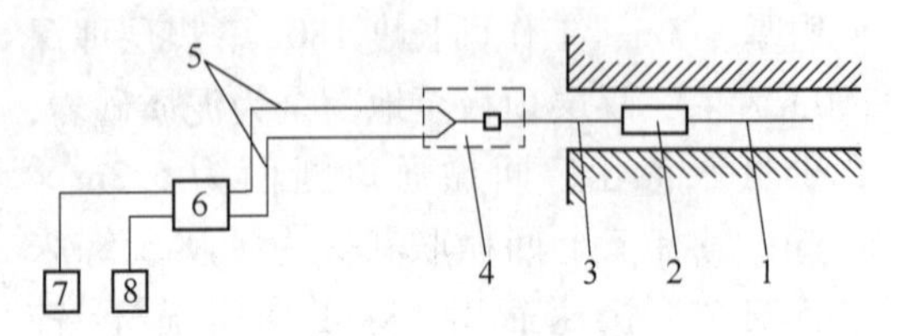

图3　注浆系统设备布置图

1—注浆管；2—专用封口器；3—注浆铁管；4—专用注射枪；5—高压胶管；6—注浆泵；7—马丽散树脂；8—马丽散催化剂

(3) 开始注浆，操作人员注意观察注浆比例和注浆压力。

(4) 停止注浆，用树脂冲洗管路和混合枪。

(5) 换孔注浆。

(6) 注浆完毕后，用清洗剂清洗多功能泵和附件。注浆工艺如图4所示。

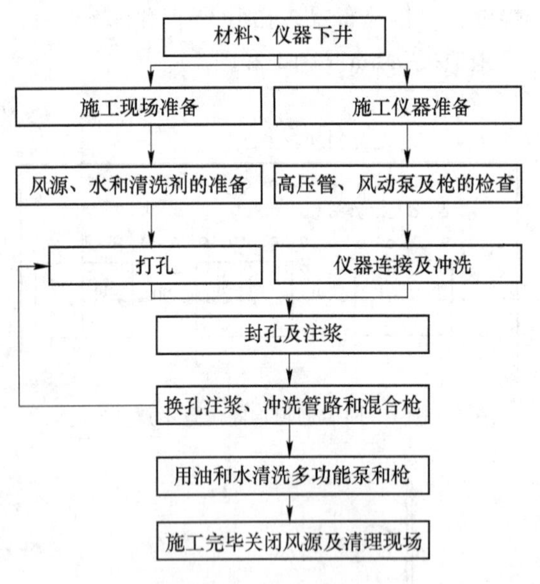

图4　注浆工艺示意图

3.1.2　施工要求

(1) 要求有经验的地质工作人员对未掘进的地质情况，随时提出预测，以便随时调整施工方案。

(2) 钻孔深度应以打透岩层穿过煤层为宜。

(3) 注意配浆比的变化，随时观测注浆比例，必须按比例注浆。

(4) 掘进进尺要小于加固长度。

(5) 施工人员要严格按照施工要求施工，钻眼的角度、深度要满足要求，严格按比例注浆。

(6) 每次注浆开始时，必须打开注射枪处2个泄压阀，用吸树脂的软管吸清水，吸催化剂的软管吸机油，对管路及设备进行冲洗和润滑。

(7) 注浆过程中，因故或已达到终压而必须停止注浆时，打开2个泄压阀，对管路和设备进行冲洗和润滑。

3.1.3　施工安全措施

(1) 工作人员操作产品和气泵前穿戴安全，以防产品的接触、迸溅和流溢。穿工作衣服和胶靴、橡胶手套，防护眼睛，迸溅情况时需戴保护面罩。

(2) 操作泵时谨防运动部件碰挤手臂。每注完一孔，拔枪前必须停泵卸压。

(3) 钻机和泥浆泵安设距离不小于5m，且能满足提下钻时的安全空间。

(4) 钻进时，要保证有足够的水量，不准打干钻，为防止埋钻，钻具下至距孔底1～2m时，立即开泵送水，见返水后，才能开钻。

3.1.4　施工中出现的问题和采取的措施

(1) 浆液从钻孔和封口器之间或迎头裂隙中渗透冒出。

(2) 用水冲洗机具不彻底造成堵管。采取的措施：根据裂隙发育情况，合理确定封口器埋设的深度。埋设前将封口器位置注孔内的碎矸清理干净，保证封口器膨胀后与孔壁结合紧密。对渗透出的少量浆液采用棉纱封堵，若冒出浆液过大则要重新布孔注浆，确保注浆效果。

3.2 效果

通过对注浆过后的泥质砂岩试件经单轴加载试验，其结果表明泥质砂岩经高压注浆固结，其单轴抗压强度较原残余强度有较大提高，并在较大的变形范围内保持稳定的承载力，保证了综采设备的安全、快速回撤。

4 结论

针对特殊顶板地质条件，采用锚杆-锚索-网片-钢梁-双排垛式联合支护顶板，再采用注射玛丽散加固顶板的特殊支护方式，有效支护了顶板，给综采设备的安全快速回撤创造有利的条件，在综采设备搬家倒面中具有较高的推广价值。

参考文献

[1] 王雁晓．神东公司综采设备快速拆迁的应用实践［J］．内蒙古科技与经济，2005（13）：115-116.

[2] 张再明，张永红．神东矿区综采面多通道快速回撤工艺中联合支护技术的应用［J］．内蒙古科技与经济，2005（13）：11.

[3] 王雁晓．综采工作面设备快速拆迁的应用实践［J］．陕西煤炭，2005（3）：31-32.

[4] 孙绍安，耿庆元，李利平．马丽散加固施工技术的应用［C］．矿山建设工程新进展——2006 全国矿山建设学术会议文集（下册），2006：119-122.

综放工作面过陷落柱综合技术研究

师皓宇，田多

（华北科技学院安全工程学院，河北三河 101601）

摘 要：本文以平朔井工一矿综放工作面过陷落柱为工程背景，研究了综放面直接推过或绕过陷落柱方案的选择依据，确定了直接推过和绕过陷落柱方案的关键技术；综放工作面直接推过陷落柱的关键技术有矿压规律研究、采动对陷落柱的活化分析、注浆加固技术等；绕过陷落柱方案的关键技术有保护煤柱宽度和生产工序优化等技术，提出了各关键技术主要研究的内容、方法和思路，初步形成了综放工作面过陷落柱的综合技术体系，该研究成果对我国同类型的工作面过陷落柱或其他地质构造具有很好的参考意义。

关键词：综放工作面；陷落柱；综合技术；直接推过；绕过

1 工程概况

岩溶陷落柱是岩溶洞穴塌陷的产物，它是煤系下伏可溶性岩层，经地下水强烈溶蚀后，形成较大的溶洞，在各种地质因素作用下，引起上覆岩层的失稳、塌陷，形成筒状柱体，是岩溶引起的一种特殊地质现象。在山西、河北、河南、陕西、山东、江苏、安徽等省 20 多个煤田中，已发现陷落柱 45 处，陷落柱总数已接近 3000 个[1]。岩溶陷落柱对地下工程，特别是煤矿采掘工程影响很大，如工作面的布置、巷道的延伸、资源的损失，甚至给工作面带来突水甚至淹井，危害极大[2,3]。陷落柱形态、规模、内部充填物和接触界面等特征各不相同。因此在选择过陷落柱方案也不尽相同，或选择相同方案但采取的措施也不尽相同。

2 综放工作面过陷落柱方案选择影响因素分析

当工作面遇到陷落柱时通常采用缩面绕过或直接推过陷落柱两类方案。缩面绕过方案增加了生产准备工程量，导致开采成本增加和采掘接续紧张，且造成一定的煤炭资源浪费；而直接推过陷落柱方案存在顶板维护困难，片帮冒顶事故频发，当陷落柱富水或与承压水导通时具有突水隐患。因此，要分析陷落柱的规模、导水性、含水性、赋存特征等因素对工作面安全生产和经济效益的影响，从而确定综放工作面过陷落柱方案[4]。

从经济角度考虑，直接推过陷落柱所产生的费用主要有注浆材料费、钻孔费用、矸石分运费等；绕过陷落柱所产生的费用主要有：资源损失费（留设煤柱损失）、巷道掘进费、搬家费用等。这些费用的产生主要与陷落柱的规模有关，当直接推过陷落柱产生费用大于绕过陷落柱产生费用时，应优选绕过陷落柱方案；反之，应选择直接推过方案。

从安全角度考虑，当陷落柱与承压水导通时，优先考虑绕过陷落柱方案。当陷落柱中含水率较高时，可采用先排水后注浆加固的方法直接推过陷落柱；当排水困难时，必将导致注浆困难、易溃水溃砂等，此时应选用绕过陷落柱方案。

3 直接推过陷落柱关键技术研究

3.1 直接推过陷落柱矿压规律研究

研究综放工作面直接推过陷落柱的矿压规律对推过陷落柱期间的围岩控制与安全生产有着重要的指导意义，当前对矿压规律研究常用的方案主要有：数值模拟、现场实测、实验室相似材料模拟等，其中数值模拟方法具有成本低、速度快等优点。通过研究综放面推过陷落柱期间矿压显现规律的特点，如工作面围岩应力分布规律、顶底板的位移场变化、覆岩结构变化等，从而判断工作面顶底板岩性和结构是否发生恶化，是否可能引发顶底板事故，从而为综放工作面安全推过陷落柱的支护提供决策依据[5]。

3.2 推过陷落柱顶底板活化影响分析

近年来，国内外学者对陷落柱的研究在其成因机理分类、突水机理以及渗流通道的贯通等方面取得了一定的进展。可采用 $FLAC^{3D}$ 模拟采动对陷落柱的影响，通过其破坏高度和深度来确定陷落柱顶底板的活化程度，以避免陷落柱突水事故的发生。当确定了顶底板破坏深度时，可判断两个方面的内容：一是工作面的采动造成底板活化深度是否会造成陷落柱与奥灰水的导通；二是确定底板注浆加固范围[6,7]。

3.3 直接推过陷落柱加固技术研究

注浆技术在国内的发展是从20世纪50年代初期煤矿井筒井壁注浆堵水开始的。进入80年代后，注浆技术的研究与应用进入一个鼎盛时期，在注浆技术许多方面，包括材料品种、施工技术、设备器材、自动控制、检验手段等都获得了重大发展，注浆技术的应用更加广泛。从2002年至今，化学注浆已经被推广应用于济宁、兖州、徐州、晋城、皖北、淮南等矿区的矿井水砂灾害治理工作中，取得良好效果[8]。注浆加固技术主要有如下三个方面：

（1）注浆材料选择研究。一是要研究注浆材料性质，如渗透性、凝胶时间、絮凝时间、污染性、固结强度等特性；二是研究注浆材料在不同陷落柱条件下的适应性，如陷落柱的规模、导水性、富水性、充填物的颗粒组成、渗透系数等，选择适应于该条件下的注浆材料，达到技术上可行、经济上合理、安全上可靠的效果。

（2）注浆技术研究。当前注浆技术的发展日新月异，应根据陷落柱的赋存特征选择相应的注浆技术。如当工作面距离地表较近时可采用地面远程注浆技术，当陷落柱内充填物渗透性较好，且具备井下注浆条件时，可采用工作面超前水泥-水玻璃注浆技术，当陷落柱充填物渗透性较差时，可采用工作面架前化学注浆技术等。

（3）注浆工艺研究。应根据注浆材料性质和陷落柱赋存特征，在实验研究和理论分析的基础上，确定注浆渗透扩散半径、注浆孔径、注浆孔的几何参数、注浆压力、注浆加固机理、注浆流程与工艺等。

4 绕过陷落柱关键技术研究

采用绕过陷落柱生产方案的重点，一是陷落柱煤柱尺寸留设的合理性，既要满足防水要求，又要节约煤炭资源；二是对绕过陷落柱工序优化，以达到节约人力、物力和财力的目的。

4.1 保护煤柱宽度留设研究

保护煤柱须考虑其稳定性和防水的安全性，保护煤柱宽度的确定方法主要有：理论计算分析法、数值模拟分析法、现场实测法、水文规程验算法等。

4.1.1　理论计算分析法

综放工作面绕过陷落柱所留防水煤柱，从工作面侧到煤柱边缘依次由塑性区、弹性区、屈服区组成，防水煤柱宽度不应小于此三区之和[9,10]。

屈服区半径公式为：

$$R_p = r_a\left[\frac{2p_0(\varepsilon-1)+2\sigma_c}{\sigma_c(\varepsilon+1)}\right]^{\frac{1}{\varepsilon-1}}$$

煤柱塑性区宽度计算的公式为：

$$r_p = \frac{hd}{2\tan\varphi}\left\{\ln\left[\frac{\sigma_c+\sigma_z\tan\varphi}{\sigma_c+(\sigma_x\tan\varphi)/\beta}\right]^{\beta}+\tan^2\varphi\right\}$$

煤柱内的弹性区为主要的支承体和堵水体，在陷落柱水压作用下，可将弹性区煤柱简化为固支梁进行计算：

$$L \leqslant \sqrt{\frac{4R_T k_1 B^2}{3p}}$$

式中，r_a为陷落柱半径，m；p_0为水平应力，MPa；$\varepsilon=\dfrac{1+\sin\varphi}{1-\sin\varphi}$；$\sigma_c=\dfrac{2C\cos\varphi}{1-\sin\varphi}$；$C$为岩体内聚力MPa；$\varphi$为岩体内摩擦角；$r_p$为煤柱屈服区宽度，m；$h$为采高，m；$d$为应力集中系数；$\beta$为侧压系数；$\sigma_z$为垂向载荷，MPa；$\sigma_x$为侧向约束力，不支护时可取0；$p$为水压，1MPa；$R_T$为煤体的抗拉强度，MPa；$k_1$为裂隙岩体强度系数，取0.7；$B$为煤柱弹性区宽度，m；$L$为采高，m。

代入数据计算得出R_p、r_p以及B值。则防水煤柱尺寸$H \geqslant R_p + r_p + B$。

4.1.2　矿井水文地质规程验算

按照《矿井水文地质规程》，各类防隔水煤（岩）柱的留设中，含水、导水断层防隔水煤柱宽度为：

$$L = 0.5KM\sqrt{\frac{3p}{K_p}} \geqslant 20\text{m}$$

式中，L为煤柱留设的宽度，m；K为安全系数，一般取2～5；M为煤层厚度或采高，m，取7m；p为水头压力，MPa；K_p为煤的抗拉强度，MPa。

代入有关参数可计算得出L值，当$H>L$时，表明所留煤柱尺寸符合矿井水文地质规程要求；当$H<L$时，防水煤柱尺寸应大于L。

4.2　绕过陷落柱工序优化研究

网络计划技术是工程项目计划管理的有效方法，也是管理系统工程中的一项重要的现代管理技术。根据一号井过陷落柱的工程特点，通过网络计划优化分析技术，统筹兼顾关键技术的所有各环节间的关系，做出最经济、最有效地使用人力、财力、物力安排，尽可能地减小各工序对其的影响。以X_5陷落柱为例，将整个过陷落柱作业分解为19个工序，所有作业工序的逻辑关系见表1，并绘制网络图（图1），并计算各工序最早开始时间和最晚结束时间，以确定绕过陷落柱的关键路线、总工期以及各工序最佳开始时间[11,12]。

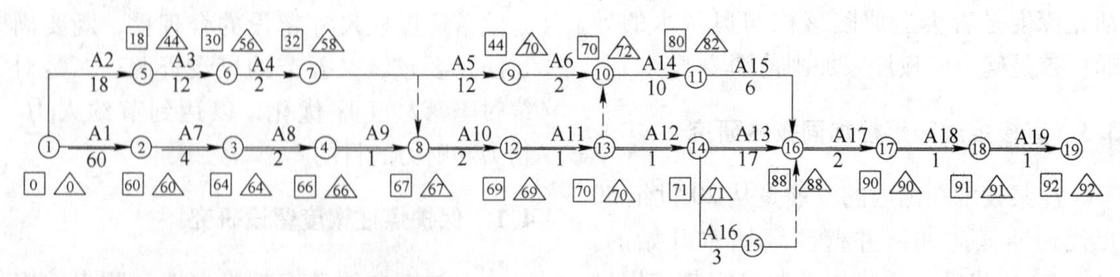

图1　绕过陷落柱工序安排网络图

表1　过陷落柱高效生产网络计划优化工序表

序号	工　序	代号	时间	紧前工序	序号	工　序	代号	时间	紧前工序
1	原工作面回采	A1	60		11	接机尾	A11	1	A10
2	新切眼掘进	A2	18		12	调　整	A12	1	A11
3	新辅运巷掘进	A3	12	A2	13	小面回采	A13	17	A12
4	端头支架回撤	A4	2	A3	14	搬家倒面	A14	10	A6，A10
5	辅运配巷	A5	12	A4	15	设备安装	A15	6	A14
6	回收溜槽	A6	2	A5	16	搬家准备	A16	3	A12
7	搬家准备	A7	4	A1	17	撤端头支架	A17	2	A13，A15
8	扩回撤通道	A8	2	A7	18	接机尾	A18	1	A15
9	上下出口抹角	A9	1	A8	19	调　整	A19	1	A16
10	撤小面支架	A10	2	A4，A9					

NPT优化结果表明，过陷落柱 X_5 生产工序关键路线为：A1→A7→A8→A9→A10→A11→A12→A13→A17→A18→A19。过陷落柱生产过程中关键路线上的时间为32d，小面回采时间为17d；工序A7、A8和A9为减产时间，工序A10、A11、A12和工序A17、A18、A19为停产时间，共需要时间为8d。工序A2、A3、A4、A5为巷道掘进时间，掘进时间为44d，总时差为26d，大工作面正常推进速度5.6m/d，工序A1的推进距离为336m，即可认为当工作面距陷落柱210m时，必须进行掘巷工作，否则将影响生产进度。

5　结论

本文根据陷落柱的规模和赋存特征研究了综放面过陷落柱方案的选择依据，确定了直接推过和绕过陷落柱方案的关键技术，提出了各关键技术研究的主要内容和思路，初步形成了综放工作面过陷落柱的综合技术体系。

（1）根据陷落柱规模、赋存特征等，充分考虑经济和技术因素，可初步确定综放工作面采取直接推过陷落柱或绕过陷落柱方案。

（2）采用直接推过陷落柱方案时，应采用数值模拟和现场实测等方法研究综放工作面矿压规律、研究推过陷落柱前后的顶底板塑性破坏情况以及推过陷落柱期间的注浆加固技术研究，如注浆材料、注浆技术和注浆工艺的选择。

（3）绕过陷落柱方案的需要确定两个关键技术：一是用理论计算和数值模拟的方法研究保护煤柱留设的位置与宽度，二是采用NPT技术对过绕过陷落柱的工序进行细化，从而确定综放面过陷落柱总工期、各工序最佳开始时间，优化综放工作面绕过陷落柱的工程费用和工期。

参考文献

［1］尹尚先，武强，王尚旭．北方岩溶陷落柱的充水特征及水文地质模型［J］. 岩石力学与工程学报，2005（1）：77-81.

［2］李振华，徐高明，李见波．我国陷落柱突水问题的研究现状与展望［J］. 中国矿业，2009（4）：107-109.

［3］隋旺华，董青红，蔡光桃，等．采掘溃砂机理与预防［M］. 北京：地质出版社，2008.

［4］程秋红，李广俊．轻型综放工作面过陷落柱的技术探讨［J］. 江西煤炭科技，2009（1）：72-73.

［5］尹尚先，王尚旭．陷落柱影响采场围岩破坏和底板突水的数值模拟分析［J］. 煤炭学报，

2003（6）：264-269.
[6] 王家臣，杨胜利．采动影响对陷落柱活化导水机理数值模拟研究［J］．采矿与安全工程学报，2009（6）：140-144.
[7] 李连崇，唐春安，梁正．煤层底板陷落柱活化突水过程的数值模拟［J］．采矿与安全工程学报，2009（6）：158-162.
[8] 邹光华，张凤岩，宋彦波．巷道过含水断层破碎带的注浆加固技术［J］．煤炭科学技术，2010（6）：50-53.
[9] 尹尚先，王尚旭，武强．陷落柱突水模式及理论判据［J］．岩石力学与工程学报，2004（3）：964-967.
[10] 尹尚先．煤层底板突水模式及机理研究［J］．西安科技大学学报，2009（11）：661-665.
[11] 侯志辉．综采工作面绕陷落柱开采对接工艺优化［J］．煤矿开采，2010（2）：40-41.
[12] 熊原，许岚兵．网络计划技术的应用［J］．安徽大学学报（自然科学版），2000（3）：51-54.

深井软岩巷道锚网、U 形钢与混凝土浇筑联合支护技术及应用

陈锋，李英伟

（冀中能源股份有限公司邢东矿，河北邢台　054000）

摘　要：针对深井软岩巷道围岩变形量大、变形持续时间长、巷道难以控制等技术难题，以邢东矿 -980m 泵房通道为研究对象，分析了巷道变形失稳的主要原因及围岩稳定性控制原理。结合现场地质条件，提出了锚网、36 号 U 形钢环形全封闭金属支架和 C30 混凝土浇筑的联合支护方案。现场实践表明，采用联合支护方案后，巷道变形在半年内趋于平稳，顶、底板移近量为 78mm，两帮移近量为 36.8mm，巷道围岩变形量减小，实现了对深井软岩巷道的有效控制。

关键词：深井软岩巷道；36 号 U 形钢环形全封闭金属支架；多维联合支护

0　引言

随着对煤炭资源的需求量增加和开采强度的加大，浅部煤炭资源日益减少，我国许多煤矿逐渐进入深部开采状态。深部巷道所处的复杂力学环境使得围岩呈现出变形量大、变形速率快、持续时间长、破坏性强等非线性破坏特征，巷道围岩难以控制，稳定性差，维护异常困难[1]。

近年来经过不断的探索与实践，我国学者在深井软岩巷道围岩控制理论与技术方面取得了较大进展。袁亮等提出了深部巷道稳定控制理论，形成了深部巷道围岩稳定与施工安全控制的成套技术[2]。柏建彪等分析了深部巷道围岩稳定问题，提出了深部巷道围岩控制的基本技术和控制过程[3]。何满潮等总结分析了深部开采与浅部开采岩体工程力学特征的区别，指出深部工程岩体所处的非线性力学系统[4]。康红普分析了深部矿井地应力、围岩强度与结构等地质力学参数分布特征，提出全断面高预应力、高强度锚杆与锚索及注浆联合支护加固方式[5]。谢生荣等分析了复杂应力场和高渗透压作用下的变形破坏机制，结合深部巷道的“应力恢复、围岩增强、固结修复和主动卸压”控制原则，提出了相应的支护技术[6]。张广超、何富连分析了围岩大变形等级和变形破坏机理，提出以高强锚网索、可伸缩环形支架、注浆加固为核心的多层次耦合支护系统[7]。由于深部巷道围岩性质、力学环境、地质工程条件的差异性较大，各种支护技术均存在局限性，对于特定条件下的巷道围岩赋存特点及矿压显现特征，需采取针对性的支护理念和控制措施。

收稿日期：2016.3.5。

基金项目：国家自然科学基金资助项目（No.51234005）。

作者简介：陈锋（1985—），男，山东曹县人，工程师。E-mail：xingt2008@126.com。

冀中能源股份有限公司邢东矿 -980m 水平大巷埋深达千米以上，围岩呈现软岩特性，巷道使用过程中发生持续变形，支护系统损毁严重，经过多次扩刷整修，仍未能有效控制巷道大范围持续变形。本文在分析软岩巷道变形机制的基础上，结合现场实践条件，提出了“锚网、36 号 U 形钢环形全封闭金属支架和 C30 混凝土浇筑”的联合支护技术，成功解决了 -980m 水平软岩巷道大变形问题，并为深部软岩巷道支护提供了理论与技术支撑。

1　矿井概况

冀中能源股份有限公司邢东矿位于邢台市东北约 4km 处，井田面积 14.51km^2，地层平缓，倾角一般在 10°~15°之间。采深 600~1200m，分为 -760m 和 -980m 两个开采水平。邢东矿建井初期的采掘活动主要集中在 -760m 水平，采用与其他矿井相似的支护方式。岩巷采用锚喷支护，锚杆采用 ϕ22mm、长度为 2.4m 的螺纹钢锚杆，间距和排距均为 800mm，锚索采用 ϕ21.8mm、长度为 8.5m 的钢绞线锚索，初喷与复喷的喷厚均为 50mm；煤巷顶板采用 ϕ22mm、长度为 2.4m 的螺纹钢锚杆，两帮采用 ϕ20mm、长度为 2.4m 的全螺纹锚杆，顶板锚索采用 ϕ21.8mm、长度为 2.4m 的钢绞线锚索。由于 -760m 开采水平压力相对较小，采用上述支护方案后巷道变形不大，能够满足矿井需要。但是随着矿井的延深，即矿井开采水平由 -760m 水平向 -980m 水平延深过程中，巷道的维护问题日益突出，围岩破坏范围较大，矿压显现明显，两帮支撑失稳，巷道断面收敛变形严重。

邢东矿 -980m 水平泵房主要担负 -980m 水平排水任务，泵房通道为连接 -980m 水平大巷和 -980m 水平泵房的主要通道，设计服务年限长，但是投入使用不到 1 年，巷道支护系统发生严重破坏，肩帮部大面积开裂片帮，多处出现网兜，局部锚索、锚杆、槽钢断裂，断面缩小三分之二以上。巷道满足不了使用要求，需要重复进行卧底、刷帮、补强等整修工作，给矿井的安全和生产带来非常不利的影响。针对邢东矿千米深井巷道破坏特征，结合软岩巷道变形机制和支护特征确定相应的解决方案。

2　深井软岩巷道变形机制及控制措施

2.1　深井软岩巷道变形机制

软岩巷道围岩变形力学机制可分为膨胀变形、应力扩容变形和结构变形三种类型。邢东矿 -980m 水平泵房围岩属于高应力-膨胀性-节理化（HJS）的应力扩容膨胀型复合地质软岩，力学变形机制为高水平构造应力、自重应力及高工程偏应力、蒙脱石和微裂隙膨胀、断层和随机节理共同作用的 $\mathrm{I}_{AC}\mathrm{II}_{ABD}\mathrm{III}_{ABE}$复合型变形力学机制。其中，高应力与相对较低的岩体强度是 -980m 水平泵房通道破坏失稳的根本原因，复杂地质构造、水理等作用则进一步加剧了围岩大变形破坏。

巷道开挖后原岩应力重新分布，在巷道边缘一定范围内产生数倍于原岩应力的集中应力，当集中应力超过围岩强度极限时，围岩将出现塑性变形，从巷道边缘到深部一定范围内形成塑性变形区，同时集中应力向围岩深部移动。塑性变形区内部分围岩强度明显削弱，出现松动破坏，称为不稳定塑性区，未出现松动破坏的区域称为稳定塑性区。

软岩巷道浅部围岩出现塑性变形是不可避免的，其支护关键在于充分发挥稳定塑性区围岩的塑性承载能力。针对巷道初期来压快、变形大的特点，应选用同时具备适宜刚度和一定可缩性的柔性支架及时支护，一方面允许巷道出现变形，以便围岩中形成承载结构，达到塑性区最大承载能力[8]；另一方面又要限制围岩变形，以免变形过大导致围岩破坏而丧失承载能力。针对软岩巷道后期表现出的较强流变特性，要保证巷道较长时间的稳定和服务期内的安全，需选用具有较高支护阻力的支护结构对巷道进行二次支护，二次支护应在初次支护尚未失效且围岩移近速度已经很小的适当时间进行[9,10]。此外，软岩巷道变形破坏是个渐变过程，巷道环向非对称受压，往往在两帮、顶底角等薄弱部位首先出现破坏，继而引发整个支护结构的破坏失稳，需对薄弱部位加强支护。

2.2 巷道破坏原因分析

根据上述深井软岩巷道变形机制及支护机理的分析，综合 -980m 水平泵房通道地质生产条件及相关区域巷道破坏特征，认为造成巷道围岩持续变形的主要因素有：

（1）大埋深、高地应力是巷道变形失稳的主要原因。-980m 水平泵房通道平均埋深 1000m 以上，地应力高达 25MPa；构造应力突出，最大水平应力为 40～60MPa，巷道开挖引起的应力集中系数达 2～3，围岩一直处于高应力状态，而围岩强度较低，高应力与低强度的矛盾必然导致围岩变形严重。

（2）围岩强度低、承载能力差。-980m 水平泵房通道围岩软岩特征明显，属Ⅴ类不稳定岩层，单轴抗压强度小于 20MPa，围岩裂隙发育，承载能力差，易受工程扰动而发生塑性破坏。

（3）地质构造复杂，局部围岩破碎。-980m 水平泵房通道揭露褶曲、断层等结构较多，对巷道稳定性影响较大，断层的普遍存在增大了围岩破碎程度和支护难度。

（4）巷道底板未进行有效支护成为围岩压力释放的突破口，引起大面积底鼓，进而引发两帮和顶板破坏，导致承载结构的破坏。

（5）支护参数不合理。-980m 泵房通道围岩松散软弱，加之多次修复扰动影响，围岩松动范围大，锚杆不能锚固在松动圈以外的稳定岩层中，锚固力衰减甚至丧失，难以控制围岩塑性圈发展。

2.3 巷道联合控制技术

结合邢东矿 -980m 泵房通道地质条件，以深井软岩巷道围岩控制理论为基础，提出了“锚网、36 号 U 形钢环形全封闭金属支架和 C30 混凝土浇筑”的联合支护方案[11]。该技术方案将锚网主动支护和 U 形钢可缩型支架初撑力高、支护强度大的优点有机结合，此外混凝土浇筑又充分提高了围岩强度，使得支护系统与围岩相互作用形成共同承载体系，充分发挥围岩塑性区承载能力，保持围岩的稳定。其原理分析如下[12]：

（1）锚网支护结构薄、柔，具有与围岩紧贴和早强的特性，是理想的初始支护方案。软岩巷道开挖后选择具有合适预紧力的高强锚杆及时支护，使围岩处于三向受力状态，避免锚固区内围岩离层、滑动和扩容，改善围岩力学性能，强化围岩强度，提高塑性区围岩承载能力。同时，支护结构具有一定可缩性，允许围岩在巷道安全的条件下出现一定量变形，释放变形能。

（2）待一次支护巷道变形稳定后，选用 U 形钢可缩性环形支架进行二次支护，其较高的初撑力和支护强度可以对围岩施加较大压力，限制围岩变形，提高围岩强度，给巷道提供最终支护强度和刚度。在 U

形钢支架和锚网间充填袋装碎渣，可将围岩压力均匀作用在环形支架上，改善支架受力状态，同时实现对两帮、顶角等薄弱部位的加强支护。

（3）在支架外部浇筑混凝土，混凝土封堵了围岩裂隙，隔绝了空气，防止围岩受水以及风化作用的影响而降低本身的强度；混凝土墙体提高了围岩强度，改善围岩状态，同时加强了锚网支护的整体性和协调性。

（4）锚网、U形钢可缩性环形支架、混凝土浇筑三种支护方式有机结合形成一个多层有效组合拱（即锚杆压缩拱、喷网组合拱、混凝土墙体加固拱、环形支架支护拱），多层组合拱共同作用扩大支护结构的有效承载范围，提高支护结构的整体性和承载能力，从而可以对围岩提供更高的支护阻力，控制围岩塑性区的持续发展。

3 支护方案

施工时先对 -980m 水平泵房通道进行整修，锚杆采用 ϕ22mm × 3000mm 螺纹钢超强锚杆，间排距 800mm × 800mm，每孔使用 S2360 树脂锚固剂和 Z2360 树脂锚固剂各一卷，选用 ϕ14mm 的钢筋梁配合穹形托盘，网片为规格 1.1m × 1.1m 的 ϕ6mm 冷拔丝金属网片。锚索采用 ϕ21.8mm × 8500mm 的 1 × 9 股钢绞线制成，每孔分别使用 S2360 树脂锚固剂一卷和 Z2360 树脂锚固剂两卷锚固，每排 3 根，排距 800mm，间距 1300mm。

泵房密闭门前后 5m 范围内采用 A、B 支架交错布置。两架之间用扁钢连杆连接，每架 3 根，A、B 支架分别为 3200mm × 3600mm（宽 × 高）和 3500mm × 3800mm（宽 × 高）的环形支架。支架架设结束后，再进行混凝土浇筑，混凝土标号为 C30，浇注厚度为 600mm。巷道支护如图 1 和图 2 所示。

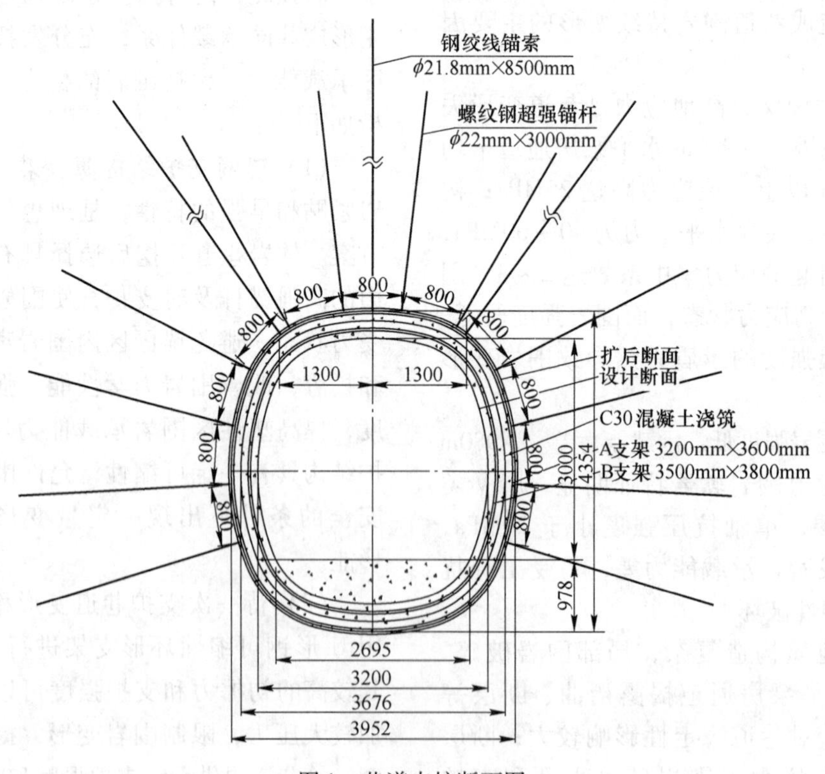

图 1 巷道支护断面图

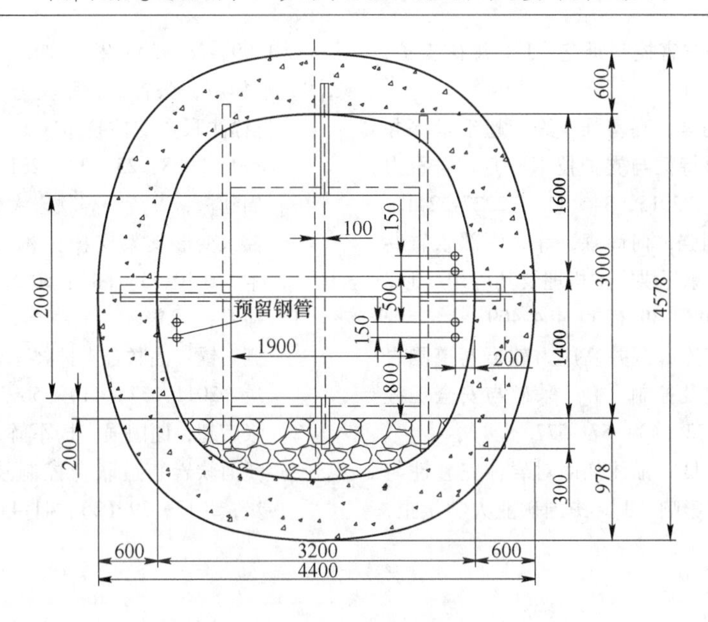

图2 混凝土浇筑断面图

4 应用效果分析

采用十字布点法进行巷道变形观测，-980m泵房通道36号U形钢环形全封闭金属支架支护长度为20m，每隔4m设立一个测站，一共布置5个测点。180天后巷道基本趋于稳定，测得数据见表1。

表1 巷道变形统计

测站	顶底板移近量/mm	顶底板移近速率/mm·d⁻¹	两帮移近量/mm	两帮移近速率/mm·d⁻¹
1	82	0.46	40	0.22
2	76	0.42	35	0.18
3	74	0.44	33	0.19
4	77	0.41	37	0.20
5	81	0.45	39	0.22
均值	78	0.43	36.8	0.20

巷道在半年内，顶、底板平均移近量为78mm，平均移近速率为0.43mm/d；两帮平均移近量为36.8mm，平均移近速率为0.20mm/d，巷道无可见变形，完全满足使用条件。观测数据分析表明，采用"锚网、36号U形钢环形全封闭金属支架和C30混凝土浇筑"联合支护技术后，巷道变形得到有效控制，巷道支护体系稳定性和完整性得到提高。

5 结论

-980m水平泵房通道采用锚网、36号U形钢环形全封闭金属支架和混凝土浇筑联合支护后的矿压观测结果表明，使用联合支护方案半年后-980m水平泵房通道趋于稳定，巷道变形减小至允许范围内，稳定后的断面完全满足使用条件，解决了-980m水平泵房通道的支护难题，保证了矿井安全生产，是控制深井软岩巷道变形失稳的一种有效方法。

参考文献

[1] 钱鸣高，石平五. 矿山压力与岩层控制[M]. 徐州：中国矿业大学出版社，2003.

[2] 袁亮，薛俊华，刘泉声，等. 煤矿深部岩巷围岩控制理论与支护技术[J]. 煤炭学报，2011，36(4)：535-543.

[3] 柏建彪，侯朝炯. 深部巷道围岩控制原理与应用研究[J]. 中国矿业大学学报，2006，35(2)：145-148.

[4] 何满潮，谢和平，彭苏萍，等. 深部开采岩

体力学及工程灾害控制研究［J］. 煤矿支护，2007（3）：1-14.
［5］康红普，范明健，高富强，等. 超千米深井巷道围岩变形特征与支护技术［J］. 岩石力学与工程学报，2015，34（11）：2227-2241.
［6］谢生荣，谢国强，何尚森，等. 深部软岩巷道锚喷注强化承压拱支护机理及其应用［J］. 煤炭学报，2014，39（3）：404-409.
［7］张广超，何富连. 深井高应力软岩巷道围岩变形破坏机制及控制［J］. 采矿与安全工程学报，2015，32（4）：571-577.
［8］刘长武，陆士良. 锚注加固对岩体完整性与准岩体强度的影响［J］. 中国矿业大学学报，1999，28（3）：221-224.
［9］魏树群，张吉雄，张文海，等. 高应力硐室群锚注联合支护技术［J］. 采矿与安全工程学报，2008，25（3）：281-285.
［10］周廷振，黄茂鸿. 软岩大变形巷道卸压与可控大变形支架支护技术［J］. 煤炭科学技术，2010，38（8）：50-55.
［11］徐磊，桑普天，王凌燕. 深部软岩巷道喷、棚、锚、注联合支护技术研究［J］. 中国煤炭，2011，37（11）：56-58.
［12］张广超，谢国强，杨军辉，等. 千米深井大断面软岩巷道联合控制技术［J］. 中国煤炭，2013，39（3）：41-44.

煤层冲刷带开采工艺研究与实践

黄瑜[1]，王志刚[2]，王志坤[1]

(1. 中国矿业大学(北京)资源与安全工程学院，北京　100083；
2. 大同煤矿集团有限公司晋华宫矿，山西大同　037000)

摘　要：由于综采工作面沿倾向方向受冲刷地质构造带的影响，为了安全顺利通过，采取提前对冲刷带岩石进行掏掘形成空巷，然后采用锚杆索配合单体液压支架联合支护和空巷煤柱侧围岩注浆的形式通过，过空巷时头超前尾15m调斜开采，实现综采工作面顺利通过冲刷带，避免采取放炮工艺强行通过冲刷带，造成支架等设备的损坏，增加顶板管理的难度。本文提出煤层冲刷带的方法和支护技术，可为今后煤层遇冲刷带提供一定的指导依据。

关键词：综采工作面；冲刷带；空巷；调斜开采

0　引言

煤层冲刷带一般是指水流对泥炭层或煤层的冲蚀，并通常由砂质沉积物充填而成的地质体，简称冲刷带[1]。冲刷带是一种常见的矿井地质现象，直接关系到掘进率、回采率等生产效率和经济效益，是影响煤矿综采生产的重要地质因素。综采工作面过煤层冲刷带主要方法有煤机切割、炮采工艺通过、提前施工搬家，重新掘进切眼巷、超前掏掘形成空巷，然后支护通过或以上方法的组合等[2~4]，这些方法对综采工作面顺利通过冲刷带构造起到了极大的帮助作用，但根据综采工作面作业条件如何科学、合理地选择最佳方法，还没有进行系统的分析和研究。本文分析了综采工作面过冲刷带各种方法的优缺点，并结合晋华宫矿8114综采工作面过冲刷地质构造带的实践，对综采工作面过冲刷带构造各个方案进行比较并进行合理的支护控制，为综采工作面过冲刷地质构造带提供了有效的方法依据。

1　工程概况

晋华宫矿位于山西省大同市西12.5km，位于大同煤田东北端，地域为大同市南郊区所辖，行政隶属大同市南郊区。全井田境界东西长0.5~7.5km，南北长11.4km，面积为28.5302km^2。主采的12号煤层301盘区8114工作面走向长度1410m，倾斜长149m，煤层赋存起伏较大，煤层最小厚度1.6m，最大厚度2.2m，整体平均厚度1.8m，煤层倾角4°~10°，平均6°，地质构造复杂，既有断层又有冲刷带。其顶板岩性：伪顶为炭质页岩及细砂岩互层，厚0~1.35m，易垮落，直接顶为灰色的细砂岩，厚4.5m，老顶为细砂岩及砂质页岩，

收稿日期：2016.3.20。

基金项目：国家自然科学基金资助项目（No.51234005，No.51504259），中央高校基本科研业务费专项资金资助（No.2010QZ06）。

作者简介：黄瑜（1991—），男，安徽六安人，硕士研究生。E-mail：1012774491@qq.com。

厚12.21m，层理发育致密块状。工作面使用ZZS5300支架配套滚筒式采煤机开采。

2 冲刷带的概况及其特点

由于8114工作面距切眼700m处受到一冲刷地质构造带的影响，导致工作面沿倾向方向上约6m宽范围形成一条带状的无煤区，该冲刷带岩性为灰白色中砂岩。1124工作面冲刷带平面示意图如图1所示。

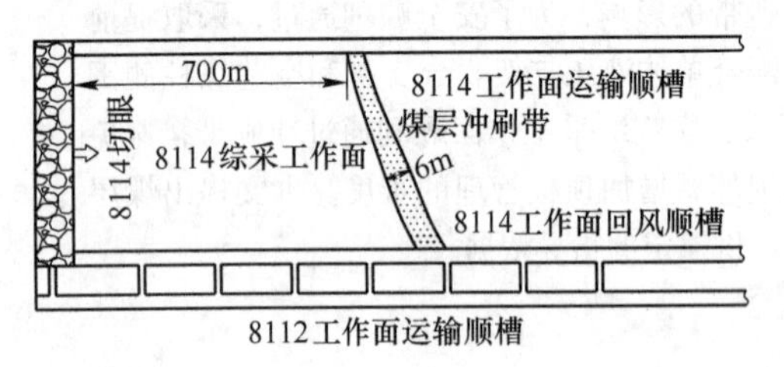

图1 8114工作面冲刷带平面示意图

由于冲刷带主要是由于水流对泥炭层或煤层的冲蚀作用形成的，根据形成的早晚，冲蚀作用分为同生冲蚀和后生冲蚀两种。1124工作面冲刷带即12号煤层顶板形成以后的后生冲蚀。后生冲蚀形成的冲刷带主要有以下几个特点：

（1）在平面上沿着水流方向呈带状分布，薄煤带或无煤带呈多种多样的形态。

（2）煤层的顶板遭受剥蚀，其底部常含砾石、泥质色体和煤屑等。

（3）冲蚀带附近煤层光泽变暗，灰分增高，裂隙发育。

（4）冲刷带规模大，往往形成大面积的薄煤带或无煤带。

由于冲刷带的出现，给1124工作面回采工作带来了很大的困难，断面较大，岩石坚硬，采煤机不易割煤；期间进度缓慢，顶板出现多次强烈来压，对工作面支架造成压架和设备的严重损坏。经过多种方案比较论证，决定采用超前掏掘形成空巷，然后支护通过的技术方案。

3 综采面过煤层冲刷带方案选择

3.1 方案一：采煤机截割直接通过

该方法是在综采工作面遭遇冲刷带岩体硬度不大、厚度较小、揭露范围不广的条件下，直接选择采煤机截割冲刷带岩体及煤壁，使工作面前方不断形成设备安置和人员作业的采落空间。

优点：可节省煤岩巷的掘进工程量、支护材料和人工费用等，影响生产的时间短，且能够减少施工搬家产生的费用。

缺点：仅适用于冲刷带厚度 $h<0.5$m、普氏系数 $f<4$，或冲刷带厚度 $h\leqslant 0.5$m、揭露长度 $l<1/3L$（工作面长度），且采煤机牵引速度应控制在2～3m/min，推进速度较慢。

3.2 方案二：炮采工艺通过

炮采技术是指充分利用爆破能量，使爆破对象成为裂隙发育体，不产生抛掷现象的一种爆破技术，它是一种广泛应用的助采工艺[2]。在煤矿开采中，松动爆破法常用来辅助综采工作面通过断层、冲刷、夹矸等地质构造带，以降低采煤机截割难度、减少设备磨损、提高煤炭资源回采率。

优点：可节省150m岩巷的掘进工程量、支护材料和人工费用等。

缺点：开采过程中需对冲刷带进行打眼放炮处理岩石，由于工作面为全岩石，因此打眼放炮工程量大，支架、电缆、管路维护比较困难，且损坏比较严重，同时机电设备管理难度较大，容易发生机电事故，尤其对工作面刮板运输机损坏相当严重，特别是工作面的机道顶板管理难度大，容易发生漏顶事故，同时工作面推进度慢，造成工作面压力大等问题，不利于安全生产，影响生产时间难以估计，且安全生产系数较低。

3.3 方案三：提前施工搬家，重新掘进切眼巷

冲刷带长度长、厚度大、岩性坚硬，采煤机直接截割不能保证工作面设备安全顺利通过构造区域，此条件下应考虑在工作面前方新开掘切眼巷，以避开冲刷带影响、降低设备损耗、保证生产接续。

优点：避免开采过程中对冲刷带进行打眼放炮处理岩石工作，同时减小对支架、电缆和管路损坏，并且不存在工作面的机道顶板管理困难、漏顶、工作面压力大等问题，有利于安全生产。

缺点：增加了150m半煤岩工程量、支护材料费和人工费等。同时需进行一次小搬家，至少影响生产20天，增加一部分停采支护和搬家产生的费用。

3.4 方案四：超前掏掘形成空巷，然后支护通过

在工作面开采过程中，提前对煤层冲刷地质构造带掏掘，使其成为一条空巷再及时采取锚杆、锚索配合单体液压支柱联合支护和空巷煤柱侧围岩注浆的形式通过。

优点：避免开采过程中对冲刷带进行爆破工作，而且不用施工搬家，影响生产的时间较短，减少了支架等设备维护和搬家的费用。

缺点：增加了150m全岩工程量、掘进支护材料费和人工费等，同时需对空巷进行合理的支护，支护技术需合理有效。

1124综采工作面冲刷带厚度$h \geqslant 0.5$m，影响推进长度$L_1 = 380$m，工作面揭露长度$l = 84$m，冲刷带岩体普氏系数$8 \leqslant f \leqslant 10$，可见冲刷带规模较大、岩性坚硬，以上条件皆不利于采煤机直接截割冲刷地质构造带，故方案一不可取。通过综合比较后三种方案，方案二和方案三影响生产时间长、安全系数低且费用较高，方案四较方案二、方案三更加合理，主要是提前对冲刷带进行处理，减少了影响生产的时间，投入小、产出大、效益高、安全系数高。

4 综采工作面过空巷控制技术

工作面过冲刷带掘掏形成空巷后，必须采取相应的支护控制技术，主要采取锚杆、锚索配合单体液压支架联合支护和空巷煤柱侧围岩注浆的形式通过。工作面过空巷时采用头超前尾15m调斜开采，加强设备定检，提高开机率，保证可以快速通过空巷。

4.1 强力锚杆索加固支护技术

1124综采工作面过冲刷带超前掏掘形成的空巷高2.0m，宽6.5m，多数支护形式为被动支护，围岩破坏范围大，且在过空巷时经历强烈采动影响阶段。因此，采用强力锚杆索主动支护技术是综采工作面过空巷时空巷围岩保持完整性的关键技术之一，避免形成综采工作面进入空巷时已产生大范围片帮和冒顶事故，进一步恶化综采工作面过空巷时的围岩应力环境[5]。根据前述理论分析结果以及晋华宫矿实际地质生产条件与工程经验，综合确定空巷围岩锚杆索支护方案与参数：

（1）顶锚杆采用ϕ18mm×1700mm高强螺纹钢锚杆，树脂加长锚固，预紧力矩不得低于140N·m，锚杆排间距1000mm×1000mm。

（2）顶板单体锚索采用ϕ15.24mm×4500mm高强预应力锚索，树脂加长锚固，预紧力不低于120kN。

（3）针对空巷已冒顶或顶板变形较大的区域采用木支柱进行支护以使过空巷时端面顶板具有足够的支撑力，木支柱采用ϕ200mm×2000mm的优质圆木，相邻木支柱间距为2.5m。支护断面图如图2所示。

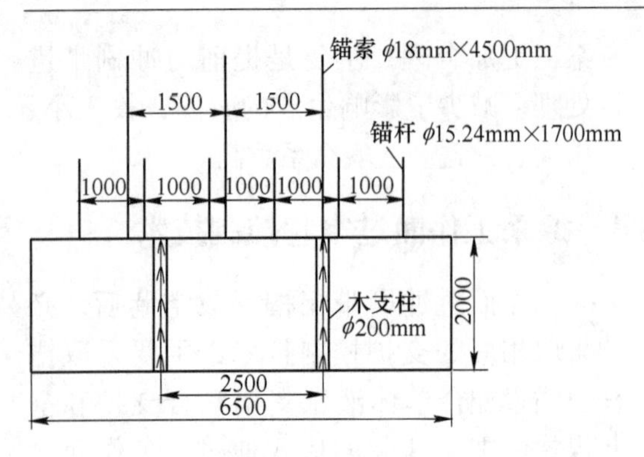

图 2　支护断面图

4.2　注浆固结修复技术

1124 综采工作面过空巷期间空巷煤柱侧支承应力逐渐增加，变形急剧增加直至失稳，仅靠锚杆索支护无法保障煤柱稳定。因此，对空巷煤柱侧围岩采用注浆措施能减弱或减缓支承应力增加对围岩的变形破坏，其固结修复的作用机理主要体现在对围岩裂隙的固结增强、改善围岩应力状态以及对锚杆锚固力增强等作用[6]。根据前述分析结果以及工程实践，确定在空巷煤柱侧围岩进行注浆固结修复，其方案与参数如下：（1）注浆钻孔长度为 3.0m，最终浆液流动扩散范围大于 5.0m。（2）空巷煤柱帮每排布置 2 个注浆孔，孔间距为 1.0m × 5.0m，上位孔距顶板 1.0m，倾角 10°。（3）浆液成分主要是马丽散树脂和催化剂，两者体积比为 1∶1，双液注浆系统，注浆压力 6MPa。

4.3　调斜开采技术

综采工作面调斜开采技术一般应用于开采三角煤、往复开采和工作面过老空区、地质构造等范围，它近似于以工作面运输机机头（或机尾）为圆心，以大于或等于工作面的长度为半径，另一端围绕圆心旋转，将其工作面分割成若干个小扇形进行切割的回采技术[7,8]。综采调斜开采技术能够适应现场复杂地质条件，避开大断层、冲刷带等地质构造。主要有以下几个方面特点：

（1）增加了工作面可采储量，而且能够尽可能多回收煤炭资源，提高煤炭资源采出率、回收率；通过布置调斜工作面确保煤炭回采率最大化。

（2）延长了工作面推采时间，延缓了生产接续，为矿井持续、稳定、连续安全生产起到积极的作用。

（3）能够保证工作面的连续开采，避免工作面搬家。

（4）节省巷道掘进的高额费用，提高矿井的经济效益。

5　过空巷的施工组织和安全技术措施

（1）过空巷前应加大检修力度，加强工作面定检，保证机电设备运转正常。从皮带机、转载机、运输机、采煤机到支架以及控制装置都进行一次彻底的大检修，保证三机配套设备的正常运转。

（2）合理调斜工作面，减少空巷一次暴露面积。在距空巷前 60m 开始对工作面进行调斜工作，做到尾超前头 15m 左右，使工作面支架从尾向头逐步通过空巷，每推进 1m 最多有 7 个支架进入空巷，大大减少了空巷的一次暴露面积。

（3）调斜回采过程中，要严格控制工作面刮板输送机的上窜、下滑，在现场操作时主要以控制刮板输送机机头中线为重点。应严格掌握推移刮板输送机的顺序，如发现刮板输送机开始有向回风巷或运输巷上窜下移的趋势，要反向推移刮板输送机。如反向推移刮板输送机不能控制刮板输送机上窜下移时，可在回风巷或运输巷与煤壁之间设置顶杠，以控制刮板输送机的上窜下移。

（4）调斜工作中要严格保证工程质量。到每个分段点时要确保工作面的支架、刮板输送机、煤壁都处在一条直线上，为下一区段调斜工作打好基础。

（5）加强空巷的支护力度，提高工作面抵御集中压力的能力。在工作面距离空巷60m对空巷进行加强支护，补支木支护200根，补单体液压支柱200根，补假顶护顶工字钢50根，有力地保证切眼的支护刚度，为采煤机快速通过空巷提供了有力的支承保证。

（6）一定要注重现场质量管理。确保工作面溜子推得直，支架移得直，煤壁割的直，锚杆、锚索及假顶梁固定牢固。

（7）由于支柱数量比较多，回撤大量的木支柱和单体液压支柱，大大影响了过冲刷带掘掏形成空巷的推进速度。因此，以后试验采取加大锚索吊工字钢梁组合支护方法，取消单体支柱和木支柱的支护，以减少工序赢得推采时间和推进速度。

6 结论

（1）结合同煤集团晋华宫矿地质条件，提出过煤层冲刷带四种解决方案，包括：1）煤机切割；2）炮采工艺通过；3）提前施工搬家；4）重新掘进切眼巷、超前掏掘形成空巷，然后支护通过。详细分析了各种方法的优缺点，最终确定选用第四种方案。

（2）提出了强力锚杆索加固、注浆固结修复和调斜开采的综合控制技术，有效地改善了过空巷的应力与围岩环境，保证了工作面的连续开采，提高了资源的采出率和回收率，实现了综采工作面过空巷期间的围岩稳定性控制。

（3）1124综采工作面过冲刷带，特别是沿工作面倾向方向的冲刷带一直是回采过程中的一大技术难题。此次研究和实践，为类似条件下的开采提供了理论依据和宝贵的实践经验，具有广阔的应用前景和推广价值。

参考文献

[1] 侯志星．浅谈煤层冲刷带及其处理［J］．山西焦煤科技，2014（S1）：148-149.

[2] 刘宪正，张智，朱维强．综采工作面过冲刷带方法选择及实践［J］．煤炭技术，2015，34（4）：36-39.

[3] 卢新伟，杨谷才，王利锋，等．浅埋深综放工作面过冲刷带时支架-围岩相互作用关系研究［J］．煤炭工程，2012，35（10）：23-25.

[4] 王福平，闫志青．大采高综采工作面过冲刷带及更换支架技术应用研究［J］．煤炭工程，2013（S1）：58-59.

[5] 康红普，王金华，林健，等．煤矿巷道支护技术的研究与应用［J］．煤炭学报，2011，35（11）：1809-1814.

[6] 袁亮，薛俊华，刘泉声，等．煤矿深部岩巷围岩控制理论与支护技术［J］．煤炭学报，2011，36（4）：535-543.

[7] 李玉龙，黄学志，郭远博，等．顺和煤矿首采工作面等长调斜开采技术［J］．煤炭工程，2014，45（5）：45-47.

[8] 赵永青，郑军，董礼．大倾角薄煤层保护层综采面调斜旋转开采研究［J］．煤炭工程，2013，55（10）：51-56.

大断面切眼支护设计优化及效果分析

徐文斐

（大同煤矿集团有限责任公司，山西大同 037000）

摘　要：大断面切眼采用一次开挖成巷，开挖扰动范围大，围岩稳定性差，顶板下沉严重，甚至支护失效，严重影响安全生产。针对麻家梁矿 14101 工作面切眼在施工过程中围岩严重破坏的支护难题，通过采用二次成巷、分阶段支护、改善顶板支护方案等措施，提出“锚网＋锚索梁＋锚索组＋单体液压支柱＋木垛”联合支护方案，前期高密度锚杆及时支护、加长锚索配合钢梁二次支护、后期锚索组补强支护和定点注浆加固等顶板围岩控制技术，现场控制效果显著，有效解决了麻家梁矿大断面切眼的支护难题。

关键词：大断面；二次成巷；联合支护；矿压观测

0　引言

对于深部煤层，随着巷道埋深增加，开挖引起的围岩应力集中程度不断增大，巷道围岩控制也越来越难，特别是当井下出现高地应力、大断面及软弱破碎围岩等一系列特征时，巷道围岩控制愈发困难[1,2]。对于大断面切眼支护问题，许多学者进行了研究，提出了预应力桁架锚索组合支护、锚梁网索联合支护等方法，并进行了验证[3~7]。大埋深大断面切眼存在围岩变形过大、支护失效，需要大量翻修，甚至重新开切眼的问题。切眼的重掘一方面打乱了全矿的生产秩序，另一方面也造成大量的重复投入，增加了成本。为此寻求一种有效的大断面切眼围岩控制技术，是彻底改变深部特大型矿井工作面安全被动局面的关键。

本文结合麻家梁矿 14101 工作面原切眼顶板破坏严重、淋水大，不得不放弃原先施工巷道，在原切眼前方 220m 处重新开掘切眼的工程实例，分析大断面切眼的失稳机理，重点研究复杂条件下巷道围岩的控制原理，为解决该类巷道围岩稳定性控制问题提供了一个新的思路。

1　工程概况

麻家梁井田位于山西省宁武煤田朔南矿区东南部，隶属朔州市管辖，面积 104.16km^2。主采的 4 号煤层位于二叠系下统山西组地层中，受河流同生冲刷作用明显，顶板砂岩岩性多变，并含有煤屑及炭化树干，冲刷严重地段最上部两层夹矸缺失，垂向上煤层呈槽形，为典型的河流相沉积。14101 工作面埋深 640m，煤层厚度变化不大，距南回风巷南帮 1 ~600m 平均煤

收稿日期：2016. 3. 15。

基金项目：国家自然科学基金资助项目（No. 51234005）。

作者简介：徐文斐（1987—），男，山西大同人，工程师。E-mail：464584865@ qq. com。

厚7.13m，600～2501m平均煤厚10.60m，切眼平均煤厚10.20m。纯煤厚度为4.50～11.90m，平均厚度8.92m。以暗煤为主，次为亮煤，含镜煤条带，沥青光泽。煤层结构复杂，煤层中含1～5层夹矸，夹矸厚0.02～0.60m，夹矸的岩性主要以黑色高岭岩、褐灰色高岭质泥岩、灰黑色炭质泥岩为主。直接顶为2.0m厚的砂质泥岩，老顶为7.5m厚的K5砂岩，煤岩层综合柱状图如图1所示。

岩石名称	厚度/m	岩柱性状	岩性描述
粉砂岩	18		褐色，具有较多植物根部化石，高角度剪节理1组5条
K5砂岩	7.5		深灰色，中细粒砂岩，中上部微斜及微波状层理
砂质泥岩	2.0		灰色或黑色，孔隙式泥质胶结，薄层状或斜波状层理
4号煤	10.2		黑色，亮煤为主，细条带层状结构
炭质泥岩	1.2		黑色，泥质为主，中上部呈条带状
中砂岩	3.0		灰白色，孔隙式硅泥质胶结，水平波状及斜层理

图1　岩层柱状图

14101工作面切眼长度234.5m，巷道形状为矩形，净宽9.0m，高3.6m，净断面32.4m²。切眼在煤体内沿4号煤底板掘进，顶板破碎。

2　原切眼支护失效原因分析

针对14101工作面切眼顶板破碎、淋水严重、支护困难，通过顶板围岩力学和弱化性质测试、顶板锚杆（索）支护强度检测以及顶板围岩破坏特征模拟和观测、4号煤微观结构观测，分析了切眼支护失效的原因。

（1）煤层裂隙发育，稳定性差。由于4号煤裂隙发育，顶板暴露即出现漏顶，造成巷道超挖严重，临时支护困难；随掘进距离增加，巷道两帮压力增大，两帮煤体变得破碎，片帮现象不断增加（图2a）。当掘进至85m时，遇到一落差3.8m断层，断层带附近煤体较为破碎，巷道冒顶高度达到1.5m；在顶煤裂隙发育区域，巷道顶板下沉可达1.0m以上，破碎顶煤形成网兜，造成顶板支护失效（图2b）。

a 巷帮破碎

b 顶板支护失效

图2　切眼围岩破坏情况

（2）顶板富含水，顶板煤岩层遇水软化。在14101工作面辅运巷和胶带巷钻取了顶板煤岩样并进行了物理力学性质测试，测试结果见表1。

测试表明煤抗压强度低，只有14.05MPa，且遇水后强度降低了40%左右。测试过程中发现4号煤单轴压缩呈典型的脆性破坏，试件达到峰值强度后迅速降低到一个较小值，造成切眼顶板自稳能力低，掘进工作面经常在临时支护完成前就发生冒顶，影响支护施工。

切眼所在地段顶板砂岩富含水，一次性开挖超过30m²，开挖扰动大，塑性区沟通顶板含水层。顶板水不仅弱化了围岩强度，而且大幅降低了支护体对围岩的支护强度，造成支护失效。

（3）支护强度不足，围岩裂隙发育。支护强度不足，尤其是初期支护强度低，不仅在10d内就在顶板出现网兜，没有充分发挥围岩承载能力，而且造成围岩松动圈范围扩大，围岩裂隙向深部发展、出现离层，弱化了支护体对围岩的控制作用。由于9.0m宽的切眼为一次性成巷，开挖扰

表1　巷道顶板岩石力学及软化特性测试结果

岩　性	容重 /kg · m^{-3}	抗压强度 /MPa	内聚力 /MPa	内摩擦角 /(°)	弹性模量 /GPa	泊松比	抗拉强度 /MPa	浸水抗压强度/MPa	软化系数
粉砂岩	2421	93.92	16.32	42.70	52.67	0.257	5.43	83.59	0.89
K5 砂岩	2526	106.42	15.28	45.34	39.37	0.107	6.37	86.20	0.81
砂质泥岩	2315	23.92	5.67	35.50	23.08	0.286	2.05	18.18	0.76
4 号煤	1390	14.05	2.24	31.50	2.32	0.329	1.02	8.57	0.61

动范围大，顶板塑性区发育到砂质泥岩直接顶，已经沟通了K5 砂岩含水层，这也是巷道开挖后顶板淋水严重的原因；顶板下沉量大，变形严重，顶煤破碎，容易形成网兜，造成支护失效。

现场观测也表明，在滞后掘进工作面30m 范围内顶板下沉速度较快，最大下沉量可达 180 ~490mm。利用钻孔成像仪观测围岩裂隙，发现两帮煤体裂隙范围较小，在2.0m 以内；顶板岩层裂隙发育，松动圈范围可达6.0 ~9.5m，在顶煤与岩层分界面处裂隙密度最大。

3　切眼围岩控制机理与技术

针对复杂条件下大断面切眼围岩稳定性控制难题及施工工艺和支护失效现状，结合以上对切眼失效原因的分析，切眼围岩控制应以减小顶板变形、控制围岩破碎为主，因此切眼围岩控制机理主要包括以下几个方面：

（1）二次成巷，减弱开采扰动。对大断面巷道采用分次开挖、减小一次性开挖面积能有效减小开挖对围岩的扰动。一次小断面掘进能够释放部分地应力，由于对围岩扰动相对较弱，可以较好利用围岩自身承载能力，使地应力重新分布达到新的应力平衡状态。二次扩帮时，由于刷大的是一次开挖侧松动圈外围的低应力区，避免了扰动深部围岩，能有效控制围岩变形。由于切眼断面净宽 9.0m，因此首次开挖巷道宽度 4.5m，二次扩帮沿一次开挖侧松动圈外围低应力区开掘 4.5m 宽巷道。

（2）分阶段支护，增大锚固范围。采用二次成巷的方法开挖切眼，应该根据围岩不同阶段的变形、破坏特点，分阶段的选择合理的围岩控制技术。在切眼一次开挖期间，顶板及时进行高密度的 ϕ20mm × 2400mm 螺纹钢锚杆支护，并采用强力钢带和 ϕ6mm 钢筋网连接锚杆，增加对破碎围岩的控制效果，其中钢带规格：4000mm × 280mm × 3mm。巷道南帮、北帮均采用 ϕ24mm ×2400mm 玻璃钢锚杆加塑编网进行支护，以便于二次扩帮与采煤。

针对二次扩帮造成一次开挖侧围岩进一步破碎，裂隙向围岩深部发展，二次扩帮后应及时对巷道顶板补强支护。对顶板较破碎区域进行注浆加固，形成注浆与锚网索联合支护系统，是解决破碎围岩巷道支护的有效途径。同时，采取在顶板打设锚索钢梁的方法增大对破碎顶板的控制范围。巷道南帮采用 ϕ20mm ×2400mm 螺纹钢锚杆支护，并辅以 W 钢护板（规格：500mm ×250mm ×3mm）和 ϕ6mm 钢筋网加强支护。

（3）改善顶板支护方案。锚索梁支护系统作为常用的煤巷加强支护形式，相对于单纯锚杆锚索支护可更大地发挥支护体的作用范围，维护破碎顶板的稳定性。

原切眼采用单根锚索托盘的支护方式，支护效果差。现采用三根锚索钢梁的支护方式（其中钢梁采用 11 号矿用工字钢，北半断面锚索梁长度 5200mm，南半断面锚索梁长度 4000mm，一梁三眼，锚索规格：ϕ21.8mm × 9000mm），更能发挥锚索的支护效能，扩大了锚索对浅部顶板控制范围，从而将锚杆支护形成的次生承载体与上覆稳定岩层联结在一起，形成较为稳定的承载结构。

（4）定点注浆加固。注浆作为巷道主动支护的主要手段，具有堵水、提高围岩强度以及增强围岩抗变形的作用。通过注浆，不但影响岩石的微结构、微孔隙及物质组成成分，改善岩石的宏观力学性质，显著降低岩石的软化系数；还能大大改善裂隙岩体中裂隙面的物理力学性质，改善岩体环境中的水理环境；注入岩体裂隙中的浆液固化还会将破碎的岩块重新胶结成整体，提高结构面的内聚力和内摩擦角，从而增强岩体的稳定性和抵抗外力破坏的能力[8]。

对14101工作面切眼施工注浆采取二次扩帮后注浆，可以有效控制一次成巷部分顶板塑性区发育，塑性区主要分布在二次扩帮部分的顶板，且塑性区主要位于顶煤中，可以有效隔绝顶板残留水通过裂隙进入巷道围岩。现场实施过程中根据顶煤破碎情况，进行定点注浆加固及隔水。选取的注浆材料不仅要能对破碎的顶煤提供较好的粘合力，增加破碎煤岩体的力学特性，还要不溶于水，具有较好的隔水效果，因此选取马丽散N作为顶板的注浆材料。

4 切眼支护方案

根据以上对大断面切眼围岩控制对策的分析，确定14101工作面切眼采用“锚网+锚索梁+锚索组+单体液压支柱+木垛”联合支护方案，如图3所示。支护参数如下：

（1）顶板支护。顶板螺纹钢锚杆规格：ϕ20mm×2400mm，锚杆间排距为900mm×800mm，钢带规格：4000mm×280mm×3mm；顶板五排三眼锚索组，锚索规格：ϕ21.8mm×9000mm，南北两侧锚索组矩形布置，中间位置锚索组五花布置，锚索组间排距2000mm×2400mm、2000mm×1200mm，锚索组托盘规格：600mm×600mm×16mm；锚索梁排距为2400mm，钢梁采用11号矿用工字钢，北半断面锚索梁长度5200mm，锚索间距2400mm，南半断面锚索梁长度4000mm，锚索间距1800mm，一梁三眼，锚索规格：ϕ21.8mm×9000mm。

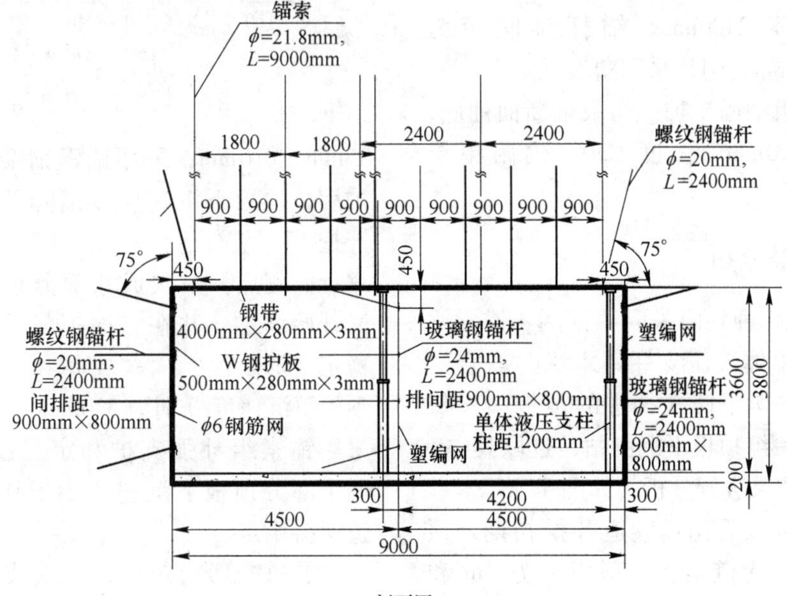

剖面图

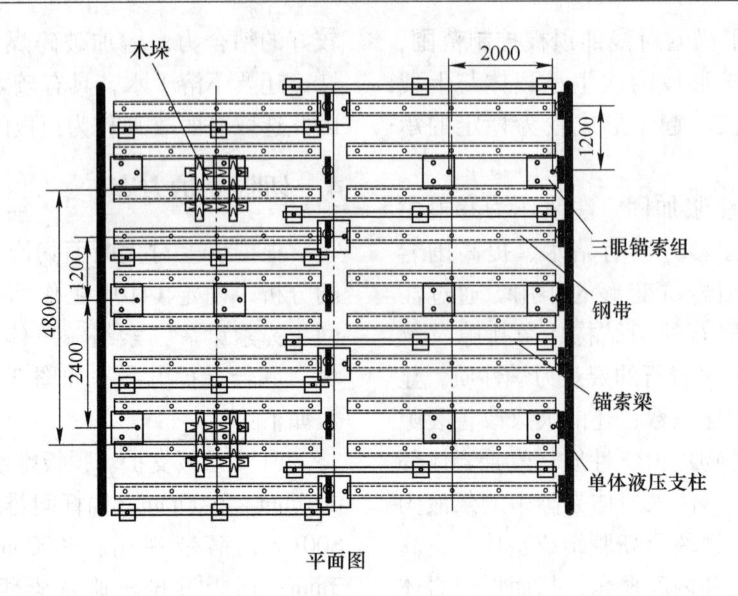

图3　支护方案

切眼南半断面支设一排木垛，排距4800mm，方木采用硬质松木，规格：2000mm × 200mm × 200mm，两排单体液压支柱柱距1200mm。

（2）巷帮支护。切眼南帮采用螺纹钢锚杆，锚杆规格：ϕ20mm × 2400mm，锚杆间排距为900mm × 800mm，网片采用ϕ6mm钢筋网，W型钢带规格：500mm × 280mm × 3mm；切眼北帮采用玻璃钢锚杆，锚杆规格：ϕ24mm × 2400mm，锚杆排间距为900mm × 800mm，网片采用塑编网。

（3）底板加固支护。切眼全断面铺底，铺底厚度200mm，强度C30，内附单层ϕ6mm钢筋网。

5　控制效果分析

14101工作面切眼采取“锚网 + 锚索梁 + 锚索组 + 单体液压支柱 + 木垛”联合支护方案后，在切眼两次掘进的顶板中央每隔40m布置一组顶板下沉测站，选取其中1个测站监测结果进行分析，如图4所示。

从图4可以看出：巷道开挖初期，顶板下沉剧烈，巷道顶板、顶板上方3m和7m处的下沉量在前5d分别达到了175mm、35mm和10mm；采用锚索钢梁二次加强支护后，顶板下沉速度逐渐降低，并在巷道开挖15d左右达到稳定。随二次扩帮逐渐靠近监测点，一次成巷部分顶板下沉速度又开始增加，并在二次扩帮后的15d进入稳定变形阶段，一次成巷和二次扩帮部分顶板下沉速度分别为3.0mm/d和0.8mm/d。采用锚索组补强支护和定点注浆加固后，两个部分顶板下沉速率小于0.5mm/d，巷道保持稳定。

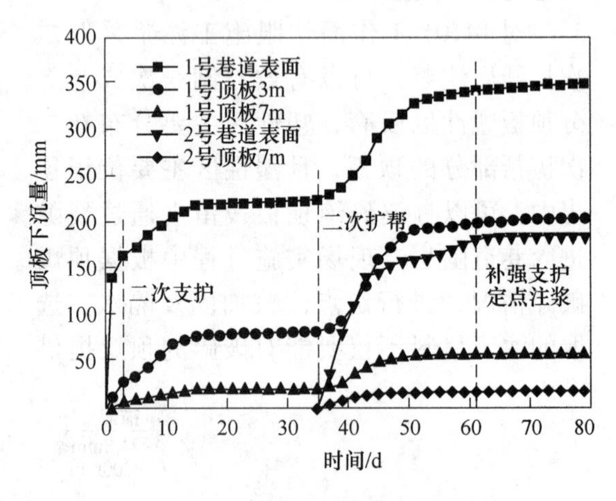

图4　顶板下沉监测结果

巷道变形稳定后，一次成巷部分巷道顶板、顶板上方3m和7m处的下沉量分别为343mm、201mm和59mm；二次扩帮部分顶板下沉量为182mm，顶板7m深处下沉量为18mm。在巷道开挖后的3个月内，一次成巷部分巷道顶板下沉量小于350mm，二次扩帮部分顶板下沉量小于200mm，有效控制了切眼的变形，保证了工作面的安装。

6　结论

（1）9.0m×3.6m的大断面煤巷采用一次开挖成巷，开挖扰动范围大，煤层裂隙发育，稳定性差，且原巷道所在地段顶板富含水，顶板水弱化了围岩强度和支护体。

（2）麻家梁矿14101工作面切眼围岩破碎、支护失效，通过采用二次成巷，减小开挖扰动；分阶段支护，增大锚固范围；改善顶板支护方案和定点注浆加固等措施，对切眼冒顶片帮、顶板淋水形成了有效控制。

（3）14101工作面切眼采用"锚网+锚索梁+锚索组+单体液压支柱+木垛"联合支护方案，前期高密度锚杆及时支护、加长锚索配合钢梁二次支护、后期锚索组补强支护和定点注浆加固等顶板围岩控制技术，现场控制效果显著，有效解决了麻家梁矿大断面煤巷切眼的支护难题。

参考文献

[1] 张东，苏刚，程晋孝．深井大采高综采工作面切眼联合支护技术［J］．煤炭学报，2010，35（11）：1183-1187.

[2] 谢生荣，何富连，张守宝，等．大断面复合泥岩顶板切眼桁架锚索组合支护技术［J］．中国矿业，2008，17（9）：90-92.

[3] 张有喜，赵杰，白庆生．麻家梁煤矿复合型软岩巷道支护技术研究及应用［J］．煤炭工程，2013（1）：29-31.

[4] 王红胜，陈勇，张东升，等．大断面开切眼联合支护及效果分析［J］．中国煤炭，2010，36（9）：55-58.

[5] 朱建明，杨冲．特大断面开切眼分次掘进支护参数优化［J］．金属矿山，2012（9）：9-12.

[6] 郑复伟．大断面综采切眼联合支护技术［J］．煤炭技术，2007，26（8）：35-36.

[7] 李新强．基岩裂隙发育下复合顶板全煤切眼支护设计优化［J］．煤炭与化工，2013，36（8）：48-51.

[8] 刘泉生，卢超波，刘滨，等．深部巷道注浆加固浆液扩散机理与应用研究［J］．采矿与安全工程学报，2014，31（3）：333-339.

三软煤层沿空掘巷煤柱宽度的确定及支护设计

杨绿刚[1]，杨洪增[2]

（1. 冀中能源股份有限公司，河北邢台 054001；
2. 河北煤炭科学研究院，河北邢台 054001）

摘 要：为了提高2号煤的采出率，在1927运料巷进行三软煤层沿空掘巷试验。通过理论计算确定合理的煤柱宽度为4.72～5.34m，然后利用FLAC^{3D}数值模拟软件比较了护巷煤柱不同宽度下巷道围岩的应力分布及围岩破坏情况，最终确定煤柱的宽度为5.0m。同时，在沿空掘巷顶板运动特征的基础上，提出巷道稳定性是由“顶板-两帮-支护体”共同组成的联合承载结构决定的。建立了该结构的力学模型，进行了力学分析，得出了影响其强度的因素，并结合数值模拟确定了支护参数。现场应用表明，1927运料巷变形量小，能够满足生产的需求，为三软煤层沿空掘巷设计提供了参考。

关键词：三软煤层；沿空掘巷；数值模拟；联合承载结构

0 引言

随着开采年限的延长和开采强度的加大，许多矿区赋存条件好、煤质优良的煤炭资源日益减少，实现优质煤炭资源的精细化开采已经成为许多矿井面临的共同技术难题。留设小煤柱沿空掘巷作为当前我国无煤柱护巷的主要形式，是提高资源回收率和经济效益的有效措施[1～7]，该技术的关键在于护巷煤柱合理宽度的确定和巷内支护设计。本文基于冀中能源某矿1927工作面三软煤层开采的现场生产条件，采用理论计算、数值模拟和力学分析等方法，成功实现了沿空掘巷，实现了安全高效开采的目的。

1 试验区情况

该矿主采煤层为三层，其中2号煤发热量最高，煤质最好。2号煤仅部分采区可采，资源储量较少。回采过程中，2号煤工作面的区段煤柱尺寸为10m，为提高2号煤的采出率，拟在1927工作面进行沿空掘巷试验。该工作面位于九采区南部，埋深为400～500m，设计走向长度935m，倾斜长度145m。工作面运输巷及运料巷均为梯形，巷道规格为4.2m×2.6m（宽×高），断面面积为10.92m^2。

1927工作面顶底板岩性如图1所示。根据煤岩石力学参数确定，2号煤的普氏系数仅0.15，属于极软煤层，且顶板炭质泥岩，抗压强度为18.3MPa，底板的抗压强度为3.7MPa，为典型的“三软”煤层。

2 护巷煤柱宽度的确定

2.1 理论计算

根据窄煤柱设计原则，采用极限平衡理论和弹塑性理论计算合理的最小护巷煤柱宽度B，如图2所示[3～7]。

序号	岩性	柱状图	岩层厚度/m	岩性描述
1	1号煤		0.80~1.75 1.28	黑色，落煤呈粉末状或碎块状，以亮煤为主
2	粉砂岩		4.90~15.04 9.38	灰黑色，薄-中厚层状，泥质胶结，质软，夹薄层细砂岩，中下部夹薄层(0.2)炭质泥岩
3	细砂岩		4.16~4.22 4.19	浅灰色，中厚层状，钙质胶结，成分以石英、长石为主。致密，较硬，具黑色粉砂岩条带
4	粉砂岩		2.42~4.46 3.44	灰黑色，薄中厚层状，泥质胶结，质软，局部粉砂岩相变为粉细砂岩互层
5	粉砂岩粉砂岩互层		1.4~10.8 6.9	浅灰色-深灰色，中厚层状，钙泥质胶结，较坚硬，成分以石英，长石为主。含大量炭化植物化石，中部发育炭质泥岩或煤线
7	砂质泥岩		0~0.7 0.43	灰黑色，薄层状，由炭质泥岩或砂质泥岩及薄煤构成。含少量豆状菱铁质结核，岩层松软
8	2号煤		0.2~2.85 1.9	黑色，以亮煤为主，半亮型煤，具玻璃光泽，夹1~2层夹矸
9	炭质泥岩		0.68~0.94 0.82	灰黑色，含大量的植物茎部化石，性脆，易碎
10	2号煤下1		0.31~0.39 0.35	黑色，以亮煤为主，半亮型煤，具玻璃光泽
11	粉砂岩		0.17~0.97 0.57	灰黑色，薄-中厚层状，泥质胶结，质软
12	2号煤下2		0.43~0.55 0.49	黑色，以亮煤为主，半亮型煤，具玻璃光泽
13	细砂岩		9.44~10.77 10.1	深灰色，中厚层状，坚硬，局部为粉细砂岩互层，夹砂质泥岩
14	砂质泥岩		4.18~15.46 9.82	深灰，灰黑色，节理发育，性脆，易碎，中间夹有薄层硅质页岩

图1 1927 工作面柱状图

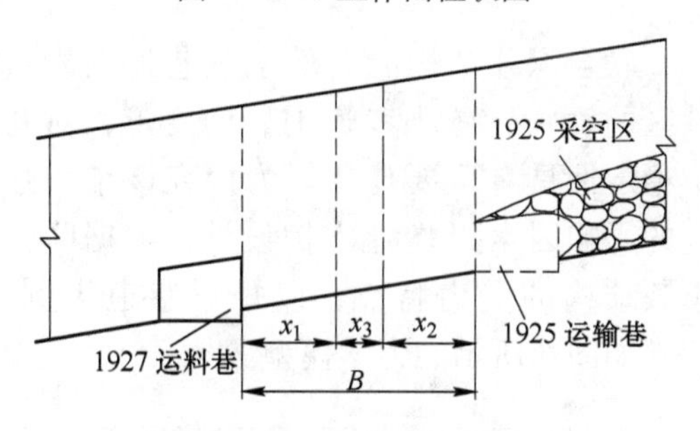

图2 最小煤柱宽度计算图

最小护巷煤柱宽度 B 为：

$$B = x_1 + x_2 + x_3 \tag{1}$$

式中，x_1为因相邻区段工作面开采而在本区段沿空掘巷窄煤柱中产生的塑性区宽度，m；x_2为巷道掘进产生的塑性区半径，再增加 15% 的富裕系数，m；x_3为考虑安全因素而增加的煤柱宽度，$x_3 = (0.15 \sim 0.35)(x_1 + x_2)$，m。

2.1.1 x_1 的确定

采空区周围煤柱所受铅直应力 σ_y 的分布如图 3 中曲线 1 所示。σ_y 随着与采空区边缘之间距离 x 的增大，按负指数曲线关系衰减。在高应力作用下，从煤体边缘到深部，都会出现塑性区、弹性区及原岩应力区。弹塑性变形状态下，煤柱的铅直应力 σ_y 的分布如图 3 中曲线 2 所示。

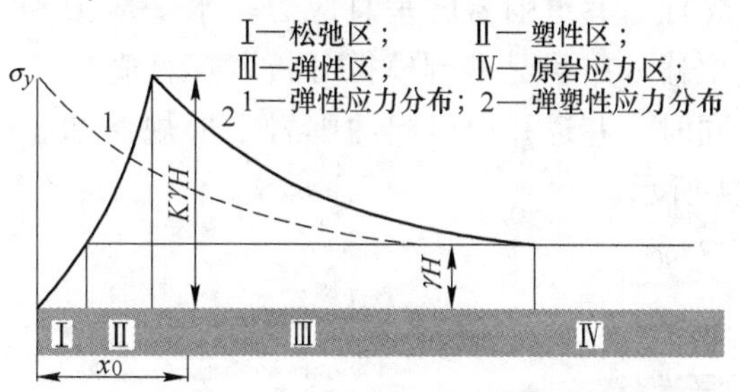

图3 煤柱（体）的弹塑性变形区及铅直应力分布

运用岩体的极限平衡理论，塑性区的宽度 x_1（即支承压力与煤体边缘之间的距离）为：

$$x_1 = \frac{mA}{2\tan\varphi_0}\ln\left(\frac{\dfrac{k\gamma H\cos\alpha}{2} + \dfrac{2C_0 - m\gamma\sin\alpha}{2\tan\varphi_0}}{\dfrac{2C_0 - m\gamma\sin\alpha}{2\tan\varphi_0} + \dfrac{p_0}{A}}\right) \tag{2}$$

式中，m 为上区段平巷高度，取 2.6m；α 为煤层倾角，取 10°；A 为侧压系数，$A = \mu/(1-\mu)$，μ 为泊松比，取 0.39；k 为应力集中系数，取 2.1；H 为埋深，450m；φ_0 为煤体内摩擦角，取 20°；C_0 为煤体内聚力，取 1.1MPa；γ 为岩层平均体积力，取 25kN/m^3；p_0为上区段平巷支护结构对下帮的支护阻力，取 0.2MPa。

2.1.2 x_2的确定

$$x_2 = 1.15(R_1 - R_0) \tag{3}$$

式中，R_0为井巷等效半径，取 2.5m；R_1为塑性区半径，计算公式如下：

$$R_1 = R_0\left[\frac{(\gamma H\tan\phi_0 + C_0 + C_0\cot\phi_0)(1 - \sin\phi_0)}{p_i + C_0\cot\phi_0}\right]^{\frac{1-\sin\phi_0}{2\sin\phi_0}} \tag{4}$$

根据以上条件，可以计算得到 x_1 = 1.84m，x_2 = 2.156m，由此确定合理的护巷煤柱宽度为4.72～5.34m。

2.2　数值模拟

根据理论计算的结果，初步将护巷煤柱的宽度定为5m，以5m为中心，以0.5m为梯度，采用$FLAC^{3D}$对3～8m护巷煤柱下巷道围岩的垂直应力、水平应力和位移分布状况进行模拟分析。煤柱宽度不同时，巷道开挖引起的围岩变形规律如图4所示。

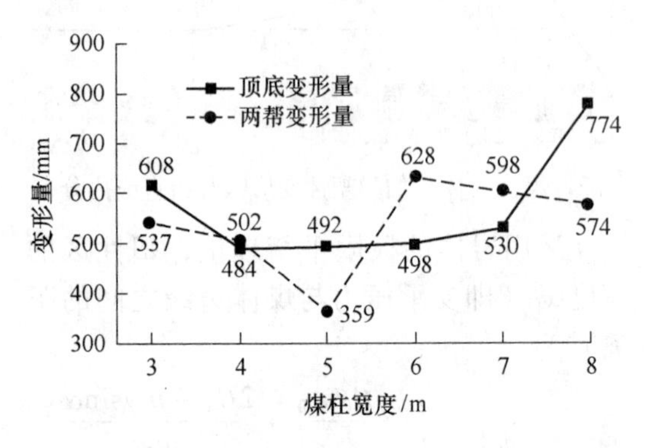

图4　不同煤柱宽度时的围岩变形量

图4表明，沿空掘巷围岩变形随着煤柱宽度的增加呈先减小后增大的趋势，煤柱宽度为3m时，围岩变形量大，两帮移近量为537mm，顶底板移近量为608mm。之后随着煤柱宽度增大，围岩变形逐渐减小，煤柱宽度为5m时巷道围岩变形最小，两帮移近量为359mm，顶底板移近量为492mm。随着煤柱宽度的继续增大，围岩变形量开始增大，煤柱宽度为8m时，两帮移近量达574mm，顶底板移近量达774mm。不同煤柱宽度时的应力分布也呈现类似的规律，煤柱宽度为5m时巷道围岩垂直应力、水平应力分布均相对较优。

综合以上理论计算和数值模拟研究结果，确定1927运料巷护巷窄煤柱的合理宽度为5m。

3　护巷煤柱稳定性分析

沿空掘进的巷道与上工作面采空区距离较近，采空区侧向顶板的断裂旋转下沉是造成护巷煤柱失稳的主要因素。载荷通过巷道围岩传递，最终由顶板、两帮和支护体共同承担，形成“顶板-两帮-支护体”联合承载结构，如图5所示[8,9]。该联合承载结构的跨度为巷道的宽度L，厚度为巷道表面的非均匀压缩带和压缩带之和b。

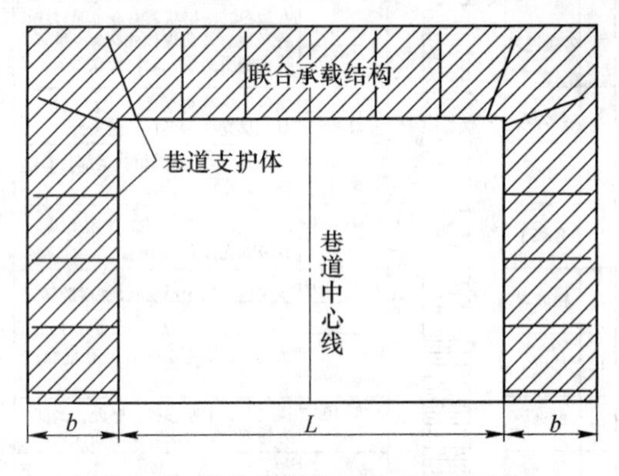

图5　矩形巷道联合承载结构示意图

3.1　力学分析

联合承载结构能有效组织巷道围岩塑性区的宽大，减小巷道围岩的变形，对巷道稳定性具有重要作用。为探究该结构强度的影响因素以指导支护设计，根据联合承载结构的受力特点，以矩形巷道为例，建立如图6所示的力学模型。

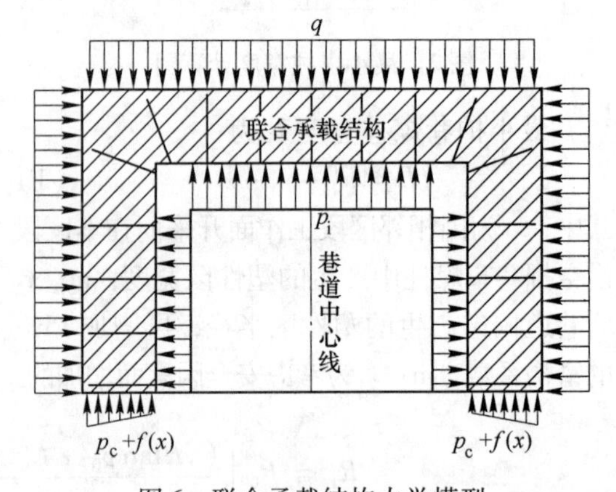

图6　联合承载结构力学模型

根据摩尔-库仑准则，在巷道表面有：

$$p_c = p_i \frac{1+\sin\varphi}{1-\sin\varphi} + \frac{2c\cos\varphi}{1-\sin\varphi} \tag{5}$$

式中，p_c为巷道表面切向应力，MPa；p_i为锚杆支护强度，MPa；φ 为围岩的内摩擦角，(°)；c 为围岩的内聚力，MPa。

为了充分发挥锚杆的性能，锚杆的工作阻力至少应保证锚杆处于极限状态并且不被拉断，则此时有：

$$Q_s = \frac{\pi d^2 \sigma_s}{4} \tag{6}$$

式中，Q_s为锚杆的工作阻力，MPa；d 为锚杆的直径，mm；σ_s 为杆体的屈服强度，MPa。

锚杆支护强度的计算公式为：

$$p_i = \frac{Q_s}{d_1 d_2} = \frac{\pi d^2 \sigma_s}{4 d_1 d_2} \tag{7}$$

组合承载系统受到的垂直作用力为：

$$\begin{aligned} F_n &= p_c b + \int_0^b f(x)\,dx \\ &= \left(p_i \frac{1+\sin\varphi}{1-\sin\varphi} + \frac{2c\cos\varphi}{1-\sin\varphi}\right) b + \int_0^b f(x)\,dx \end{aligned} \tag{8}$$

式中，$F(x)$为垂直应力沿径向增量分布函数，设为线性分布，即$f(x)=kx$，则在垂直方向上建立平衡方程有：

$$F_q = 2F_n + F_p \tag{9}$$

代入计算可得，联合承载结构的强度计算公式为：

$$q = \frac{\dfrac{\pi d_2 \sigma_s b(1+\sin\varphi)}{2 d_1 d_2 (1-\sin\varphi)} + \dfrac{4bc\cos\varphi}{1-\sin\varphi} + kb^2 + \dfrac{\pi L d^2 \sigma_s}{4 d_1 d_2}}{L+b} \tag{10}$$

3.2 影响因素分析

联合承载结构的强度主要与围岩的性质（内聚力和内摩擦角）、巷道的规格（巷道的宽度）及锚杆的性质（强度、直径等）有关。

（1）该结构的强度与巷道围岩的内聚力和内摩擦角成线性正比例关系，内聚力和内摩擦角的增大可提高该结构的稳定性。

（2）该结构的稳定性与巷道的宽度成反比例关系，巷道宽度越小越有利于其稳定。

（3）结构的强度与锚杆的屈服强度成线性正比例关系，因此在巷道支护设计时应优先选取高强或超高强度螺纹钢杆体。

（4）结构的强度与锚杆直径的平方成二次正比例关系，随着锚杆直径的增大，该结构强度增强，巷道稳定性增高。

4 支护参数设计及现场应用

4.1 支护参数

在数值模拟的基础上，结合理论计算及实际的生产条件，确定1927运料巷沿空掘巷的支护方案如图7所示。

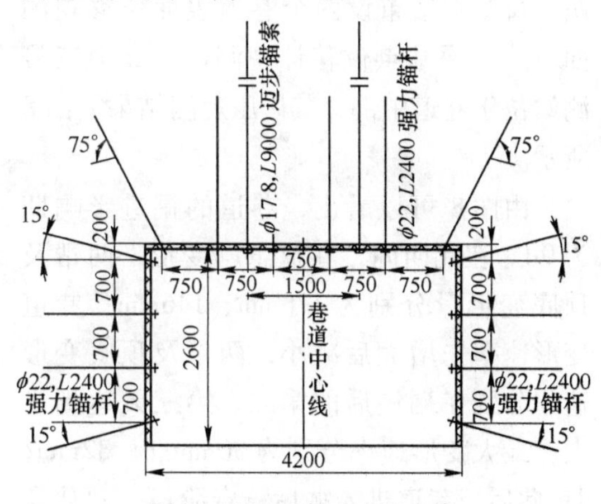

图7 1927运料巷支护方案

为了提高联合承载结构的强度，保证巷道的稳定，巷道顶板和两帮均采用ϕ22mm×2400mm左旋螺纹钢强力锚杆配一卷S2360与一卷Z2360树脂药卷全长锚固，顶锚杆间排距为750mm×700mm，帮锚杆间排距为700mm×700mm。其他组合构件为120mm×120m×12mm（长×宽×厚）的蝶形托盘、ϕ16mm钢筋梯子梁及14号铁丝编织而成的2.5m×1.0m（长×宽）的菱形金属网。

巷道顶板打双排迈步锚索，锚索规格为ϕ15.24mm × 9000mm 钢绞线配三卷 Z2360 树脂药卷锚固，其他构件为120mm×150mm×16mm（长×宽×厚）的钢板托盘、14号槽钢及钢筋梯子梁、及14号铁丝编织而成的4.5m×1.0m（长×宽）的菱形金属网，锚索间排距1.4m×2.5m。

在断层等地质条件异常地段或煤层变薄带，必须对巷道进行加强支护，加强支护的方式视巷道情况采用以下一种或几种方式：（1）增加锚杆的布置密度；（2）补设金属支架加强（组合）支护；（3）注浆加固围岩。

4.2　矿压观测

为了验证窄煤柱护巷试验的结果，巷道掘进过程中1927运料巷共设置了五个测站，每个测站布设两个巷道表面位移观测面，一个深基点位移计观测面。其中三号测站位于巷道中部，其矿压观测结果如图8所示。

由图8可以看出，巷道的掘进影响期为9d。在此期间，巷道急剧变形，两帮及顶底变形量分别为176mm、146mm；巷道变形速率先增大后减小，两帮及顶底变形速率分别在掘进后的第二、第三天达到最大，最大变形速率分别为30mm/d、32mm/d。此后，巷道进入掘后稳定阶段，两帮及顶底变形速率分别由5mm/d、5mm/d逐渐降至0mm/d。巷道开掘110d内的两帮变形量为382mm，顶底变形量为302mm，顶板的总下沉量为78mm。由安设的顶板离层仪可知，顶板深部0~6m范围内，多点位移计各测点的绝对变形量均为78mm，从而可知顶板6m范围内各层岩体之间没出现离层，顶板属于整体下沉。

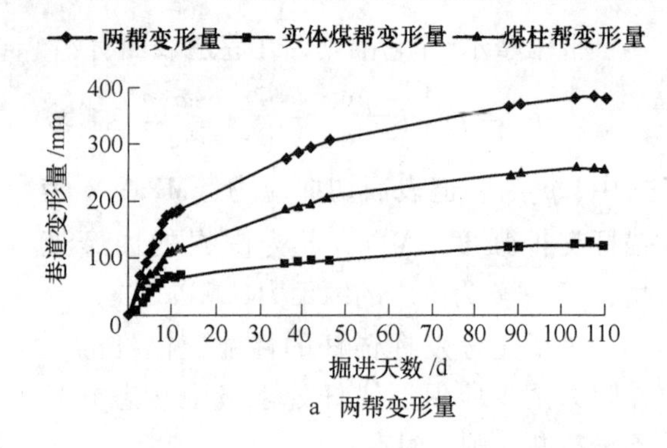

a　两帮变形量

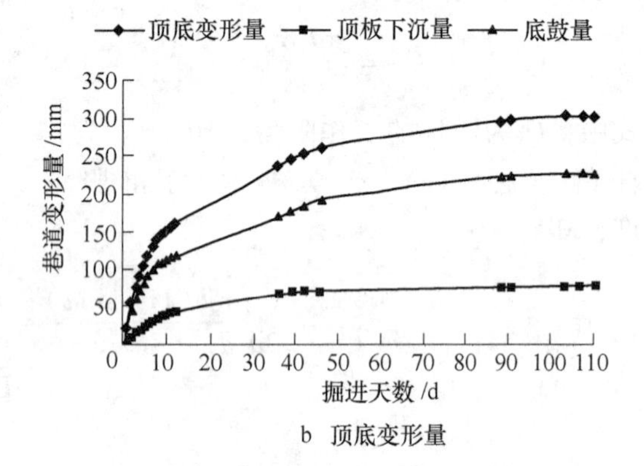

b　顶底变形量

图8　三号测站矿压观测结果

5　结论

（1）通过理论计算和数值模拟分析，确定1927工作面三软煤层护巷窄煤柱的合理宽度为5m。

（2）由“顶板-两帮-支护体”组成的联合承载结构决定着巷道的稳定，并建立了矩形巷道联合承载结构的力学模型，指出该结构的稳定性受围岩的性质、巷道的规格及锚杆的性质有关，结合数值模拟比较，确定了1927运料巷窄煤柱护巷的支护参数。

（3）1927运料巷的矿压观测表明，5m护巷煤柱下，基于联合承载结构设计的支护方案巷道变形量小，能够满足生产的需求，为三软煤层沿空掘巷设计提供了参考。

参 考 文 献

[1] 郑西贵，姚志刚，张农．掘采全过程沿空掘

巷小煤柱应力分布规律研究［J］. 采矿与安全工程学报，2012，29（4）：459-465.
［2］贾双春，王家臣，朱建明，等. 厚煤层窄煤柱沿空掘巷中煤柱极限核区计算［J］. 中国矿业，2011，20（12）：81-84.
［3］宋英明. 松软厚煤层综放工作面沿空掘巷技术［J］. 煤矿安全，2015，46（7）：95-98.
［4］马平原. 东怀煤矿沿空掘巷小煤柱合理宽度及支护技术研究［D］. 湘潭：湖南科技大学，2014.
［5］张科学，姜耀东，张正斌，等. 大煤柱内沿空掘巷窄煤柱合理宽度的确定［J］. 采矿与安全工程学报，2014，31（2）：255-262.
［6］赵庆涛. 三软煤层沿空掘巷围岩控制技术研究［D］. 焦作：河南理工大学，2011.
［7］冯吉成，马念杰，赵志强，等. 深井大采高工作面沿空掘巷窄煤柱宽度研究［J］. 采矿与安全工程学报，2014，31（4）：580-586.
［8］韩昌良，张农，李桂臣，等. 大采高沿空留巷巷旁复合承载结构的稳定性分析［J］. 岩土工程学报，2014，36（5）：969-976.
［9］张益东. 锚固复合承载体承载特性研究及在巷道锚杆支护设计中的应用［D］. 徐州：中国矿业大学，2013.

具有水平双向恒阻功能的新型锚索桁架研究

张洪旭

（中国矿业大学（北京）资源与安全工程学院，北京　100083）

摘　要：水平应力引起的巷道顶板煤岩体在水平方向上的运动是导致巷道顶板破坏的主要原因，目前煤矿常用的锚索梁支护结构在面对巷道顶板的水平运动时难以发挥有效作用。为此，采用理论分析与力学计算等方法设计了一种具有水平双向恒阻功能的新型锚索桁架结构。该结构保留了锚索桁架的结构特性，不仅具有控制顶板下沉的作用，同时能够适应并抑制巷道顶板水平变形破坏的挤压-稳定-松扩全过程。计算了新型锚索桁架结构的锚固力及预紧力，为支护材料选取及参数设计提供理论依据。

关键词：水平应力；顶板破坏；新型锚索桁架；双向恒阻

0　引言

近年来，随着矿井开采规模、开采强度及开采深度的加大，巷道围岩压力逐渐增加，尤其是地质构造影响区域，不仅表现在垂直应力的增加上，更主要表现在水平应力的增加上。一直以来，人们只注重自重应力对巷道围岩稳定的影响，而由构造应力引起巷道破坏的机理不是很清楚[1~3]。构造应力是由于地壳运动在岩体中引起的应力，其主要特点是以水平应力为主，具有明显的区域性和方向性，它是影响巷道围岩稳定的重要因素之一[4,5]。对于水平应力对巷道围岩稳定性的影响，国内外学者进行了相应的研究，指出巷道顶、底板破坏的主要因素是水平应力而不是垂直应力[6]。水平应力引起的巷道顶板的水平方向的运动是导致巷道顶板破坏的主要原因。澳大利亚学者盖尔（W. J. Gale）提出了锚杆支护的最大水平应力理论，阐述了巷道掘进方向与最大主应力方向不同时巷道稳定性的差异。随着矿井开采深度的增加，巷道围岩压力逐渐增加，尤其是地质构造影响区域，不仅表现在垂直应力的增加上，更主要表现在水平应力的增加上[3]。

许多学者利用相似模拟的方法对水平应力与巷道围岩变形破坏关系做了大量的研究。朱德仁等用平面应变模型试验系统，研究了多种支护条件下煤层巷道帮部的变形破坏特征，以及水平应力对煤层巷道帮部变形破坏的影响，得出水平应力及其控制措施对巷道围岩稳定性影响十分显著，当水平应力较大时，即使在很小的垂直载荷作用下巷道的两帮和顶板也会发生明显的变形破坏[7]。张明建等为掌握不同水平应力作用下巷道围岩破坏特征，通过相似模拟试验方法研究了锚网索喷 + U 形钢支护巷道在不同水平应力作用下巷道围岩的变形和破坏特征，指出随着水平应力的提高，巷道的变形先出现在拱肩和底角[8]。勾攀峰等通过相似模拟试验和数值模拟的方法研究了不同水平应力作用下锚杆支护以及无支护条件下巷道围岩变形破坏特征，发现随着水平应力的增加，巷道顶底板移近量显著增加，高水平应力作用巷道围岩控制的重点在于控制巷道顶、底板[9]。

但上述研究均未能针对高水平应力作用下巷道顶板水平运动引起的破坏提供合理有效的控制方法。

1 现有锚索梁结构存在的问题

目前在煤巷支护技术中，锚索梁组合的桁架系统是一种有效的巷道支护手段，如图 1 所示。常用的托梁主要是槽钢、W 钢带或钢筋梯子梁等[10]。锚索锚固点位于巷道顶板深部不易破坏的三向受压煤岩体，不易受顶板离层和变形的影响，对锚索施加预紧力，在锚索的压应力作用下，托梁与锚索的支护范围内的岩层产生压缩，使其形成整体，增强围岩的稳定性及其力学性能，对于顶板垂直方向的破坏起到很好的控制作用。但当遇到高水平应力巷道时，巷道顶板的主要破坏形式为水平挤压-松扩变形。在顶板水平挤压的过程中，现场常遇到的情况是，锚索梁支护结构的托梁容易发生弯折，撕裂乃至永久失效，大大降低了对顶板破碎岩体的控制作用，从而导致大面积冒顶，严重影响矿井安全生产，如图 2 所示。

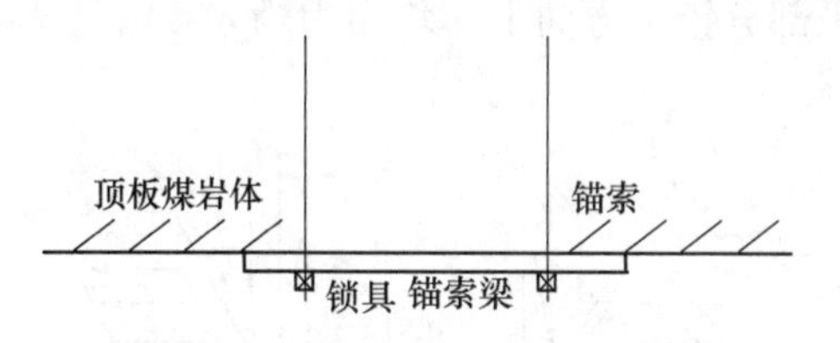

图 1 锚索梁结构示意图

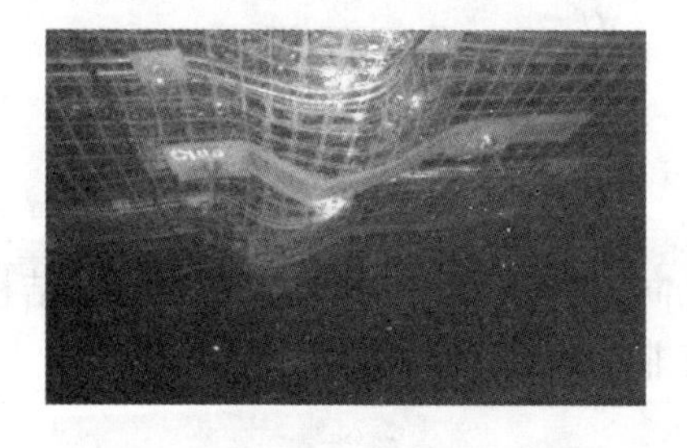

图 2 锚索梁结构 W 钢带弯折

对此，现场常采用在槽钢或 W 钢带两端开矩形半圆锚索孔的设计，使锚索梁支护系统在有效控制顶板垂直下沉运动的同时，对巷道顶板剧烈水平运动亦有较强的适应性，可避免采用锚索槽钢组合或锚索 W 钢带组合结构时存在弯折导致结构永久失效问题，提升了桁架系统在岩层水平移动过程中的适应能力与抗损毁能力。但这种设计并不能使该桁架系统具有控制顶板水平运动的能力。

2 新型锚索桁架结构及其基本原理

在高水平应力下的大断面煤巷顶板岩层易发生较大的水平运动，而岩层水平运动易造成巷道顶板挤压-松动扩容大变形往往会沿巷道走向形成破碎带，易诱发大范围冒顶垮落事故，对巷道维护和工作面安全生产极为不利。针对上述问题及现有锚索梁结构的不足，设计了一种用于巷道顶板支护的新型锚索桁架结构，其结构简单，使用方便，其组合梁可以根据巷道顶板岩层水平运动时对其所产生的承载作用力的大小，调整其自身长度，达到抑制或适应巷道顶板水平挤压-松扩变形的目的，并确保组合梁不会发生扭曲撕裂、断开失效等现象，防止巷道垮落冒顶事故的发生。设计的以两段式高强短钢梁和凹形搭接组件为主要部件的可伸缩锚索桁架结构，如图 3 所示。使用时，主槽钢与副槽钢内端搭接在一起，通过两片夹板及夹板两耳的螺栓锁紧，两槽钢外端开有锚索孔，锚索锚固点位于巷道顶板两侧肩角深部稳定岩层内，对锚索施加预紧力，使得槽钢梁紧贴顶板，对顶板垂直方向起到主动支护作用。该结构不仅保有桁架结构特性，而且能够适应并抑制顶板煤岩体水平大变形破坏的挤压-稳定-松扩全过程，具有连接牢固、稳定性好、双向恒阻等特点。

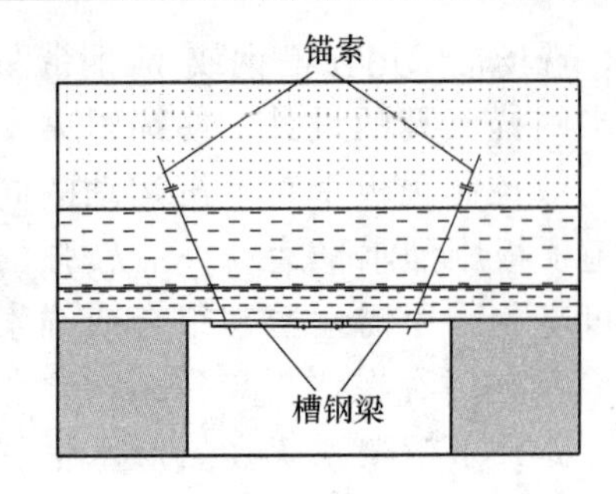

新型锚索桁架结构示意图

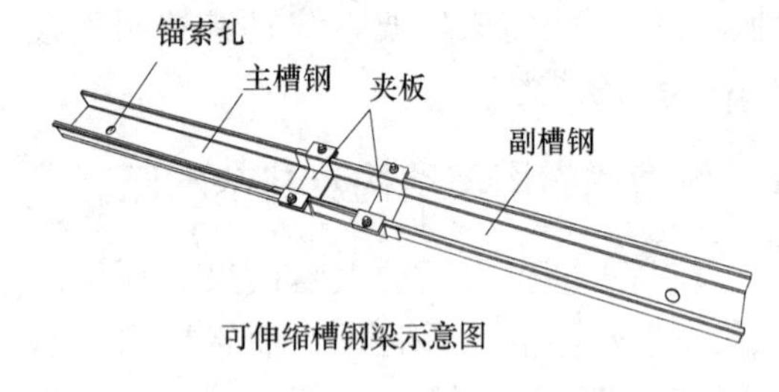

可伸缩槽钢梁示意图

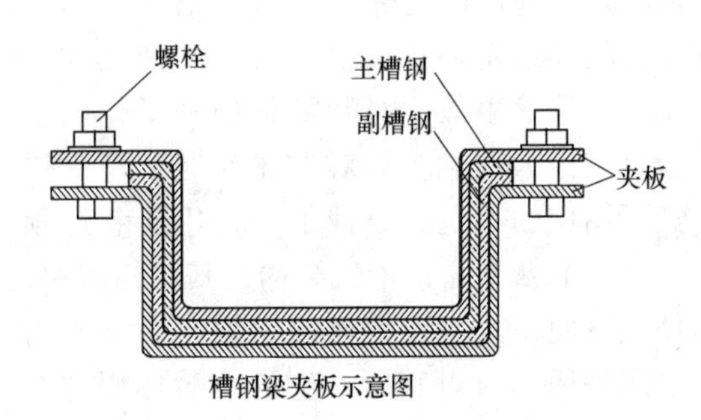

槽钢梁夹板示意图

图3　新型锚索桁架结构示意图

当巷道顶板岩层水平运动导致组合梁沿其长度方向承载的作用力小于或等于连接组件夹紧产生的静摩擦阻力时，组合梁结构稳定，能够起到抑制巷道顶板水平挤压-松扩变形的作用；当组合梁承载的作用力大于连接组件夹紧产生的静摩擦阻力时，组合梁的长度能够适度加长或减小，以适应并抑制巷道顶板水平挤压-松扩变形，确保组合梁不会发生扭曲撕裂、断开失效等现象，从而防止巷道垮落冒顶事故的发生。

3　新型锚索桁架结构的强度

锚索为柔性杆件，锚索桁架主要受锚固点处的锚固轴向拉力，设其值为 F；另外，锚索桁架对其包围的上部岩体会产生挤压力，根据作用力与反作用力的关系，锚索桁架同样受来自于其包围的上部岩体对其所产生的挤压反作用力；再者，锚索桁架在与上部岩体接触时，在受挤压作用的同时，会产生摩擦力。建立复合主动支护系统锚索桁架结构的简化力学模型，如图4所示，对锚索桁架结构的受力分析进行研究。

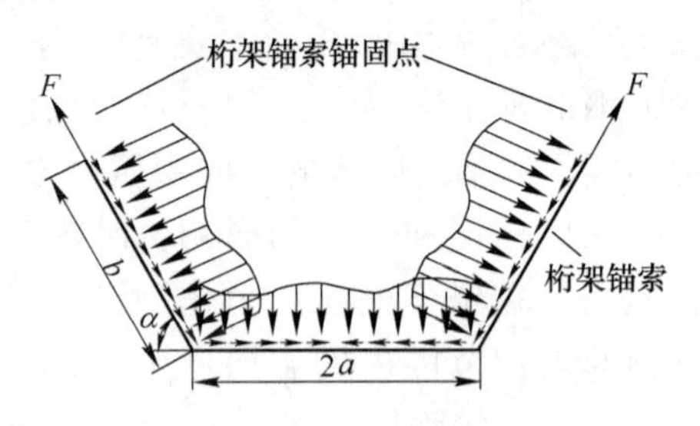

图4　锚索桁架的力学模型

建立如图5所示的坐标系，并把锚索桁架结构所受的非均布力分解为水平方向和垂直方向的非均布力。由于对称性可知锚索桁架结构水平方向受力正好相互抵消达到平衡，锚固端的轴向拉力 F，可通过对结构铅垂方向受力分析求得。设锚索倾斜部分铅垂方向上非均布力为 $g(x)$，锚索水平部分铅垂方向上非均布力为 $q(x)$。

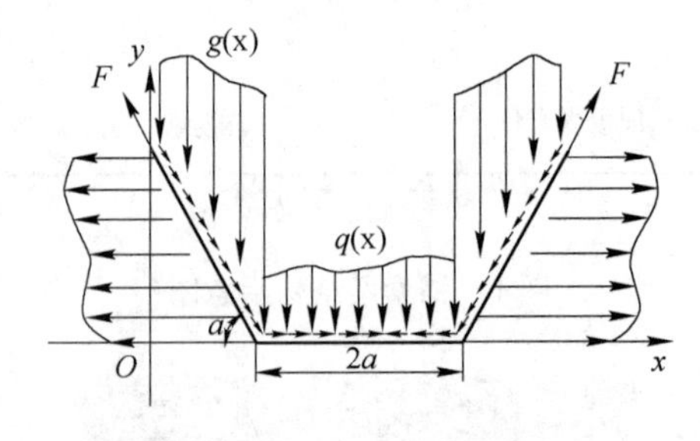

图5　锚索桁架受力图

当锚索桁架起发挥支护作用时，锚固段轴向拉力 F 承受岩体对锚索桁架结构的所有非均布力及摩擦力，即：

$$2F\sin\alpha = \int_{b\cos\alpha}^{2a+b\cos\alpha} q(x)\,\mathrm{d}x + 2[f_1\sin\alpha(1+\lambda\tan\alpha)+1]\int_0^{b\cos\alpha} g(x)\,\mathrm{d}x \tag{1}$$

进而得：

$$F = \frac{1}{2\sin\alpha}\int_{b\cos\alpha}^{2a+b\cos\alpha} q(x)\,\mathrm{d}x + \left[f_1(1+\lambda\tan\alpha) + \frac{1}{\sin\alpha}\right]\int_0^{b\cos\alpha} g(x)\,\mathrm{d}x \tag{2}$$

式中，f_1为锚索桁架倾斜部分与岩体的摩擦系数。

式（2）就是锚索桁架发挥主动控制作用时，其锚固段所受锚固力的表达式。

由式（2）可以得到锚索所受到的拉应力 σ_{ten}。

$$\sigma_{\text{ten}} = \frac{1}{2S_{\text{cable}}\sin\alpha}\int_{b\cos\alpha}^{2a+b\cos\alpha} q(x)\,\mathrm{d}x + \frac{1}{s_{\text{cable}}}\left[f_1(1+\lambda\tan\alpha) + \frac{1}{\sin\alpha}\right]\int_0^{b\cos\alpha} g(x)\,\mathrm{d}x \tag{3}$$

式中，S_{cable}——锚索横截面面积。

在一般情况下，巷道顶板地应力、岩性等情况是统一的，来自岩体对锚索的压力主要与所要考虑的上覆岩层的厚度有关，因此可以假设 $q(x)$ 均匀分布，$g(x)$ 线性分布，且：

$$q(x) = q_h = \gamma h \tag{4}$$

式中，γ 为上覆岩层的平均体积力，kN/m^3；h 为需考虑的上覆岩层厚度，根据巷道埋深、地应力、岩性等取值，m。

$g(x)$ 为线性分布，可设 $g(x) = mx + n$。由于 $g(x)$ 在此也是只考虑与上覆岩层的厚度的关系，所以可定义锚固段 $g(0) = k_1 q_h$，锚索转折部分 $g(b\cos\alpha) = k_2 q_h$，由此即可得到：

$$g(x) = \frac{(k_2 - k_1)q_h}{b\cos\alpha}x + k_1 q_h \tag{5}$$

这种情形下，锚索桁架的受力如图6所示。

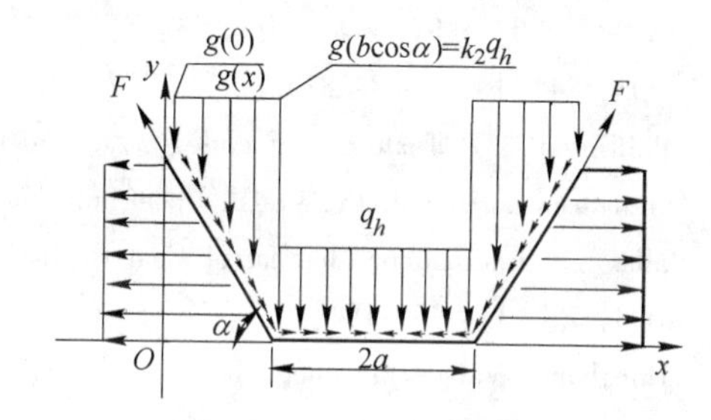

图6 锚索桁架受力简化图

将式（4）、式（5）代入式（2），并积分得到：

$$F = \frac{b\cos\alpha(k_1+k_2)[f_1(1+\lambda\tan\alpha)\sin\alpha + 1] + 2a}{2\sin\alpha}\gamma h \tag{6}$$

进而得到：

$$\sigma_{\text{ten}} = \frac{b\cos\alpha(k_1+k_2)[f_1(1+\lambda\tan\alpha)\sin\alpha + 1] + 2a}{2\sin\alpha S_{\text{cable}}}\gamma h \tag{7}$$

要使锚索桁架主动支护系统发挥主动有效控制，则锚索的抗拉强度以及锚固剂的黏结强度要大于 σ_{ten}，这为支护材料的选取及其参数设计提供了理论依据。

4 结论

（1）水平应力引起的巷道顶板的水平方向的运动是导致巷道顶板破坏的主要原因，水平应力及其控制措施对巷道围岩稳定性影响十分显著，高水平应力作用巷道围岩控制的重点在于控制巷道顶、底板[9,11]。

（2）设计的新型锚索桁架保有了锚索桁架结构特性，锚固点位于巷道肩角深部不易破坏的三向受压岩体，稳定可靠，具有抑制顶板下沉的作用[12,13]。

（3）设计的新型锚索桁架能够适应顶板煤岩体水平变形破坏的挤压-稳定-松扩

全过程，且具有双向恒阻功能，对顶板水平运动有抑制作用，对高水平应力条件下的巷道顶板支护提供了理论指导。

参考文献

[1] 孔德森，蒋金泉．深部巷道在构造应力场中稳定性分析［J］. 矿山压力与顶板管理，2000（4）：56-59.

[2] Zhao Chongbin，Hebblewhite B K，Galvin J M. Analytical solutions for mining induced horizontal stress in floors of coal miningpanels［J］. Computer Methods in Applied Mechanics and Engineering，2000，184（1）：125-142.

[3] 何满潮，谢和平，彭苏萍，等．深部开采岩体力学研究［J］. 岩石力学与工程学报，2005，24（1）：2803-2813.

[4] Phillipson S E. Texture，mineralogy，and rock strength in horizontal stress-related coal mine roof falls［J］. International Journal of Coal Geology，2008，75（3）：175-184.

[5] Hongliang Wang，Maochen Ge. Acoustic emission/microseismic source location analysis for a limestone mine exhibiting highhorizontal stresses［J］. International Journal of Rock Mechanics and Mining Sciences，2008，45（5）：720-728.

[6] Brady B H G，Brown E T. 地下采矿岩石力学［M］. 冯树仁，等译．北京：煤炭工业出版社，1990.

[7] 朱德仁，王金华，康红普，等．巷道煤帮稳定性相似材料模拟试验研究［J］. 煤炭学报，1998，23（1）：42-47.

[8] 张明建，郜进海，魏世义，等．倾斜岩层平巷围岩破坏特征的相似模拟试验研究［J］. 岩石力学与工程学报，2010，29（S0）：3259-3264.

[9] 勾攀峰，韦四江，张盛．不同水平应力对巷道稳定性的模拟研究［J］. 采矿与安全工程学报，2010，27（2）：143-148.

[10] 殷帅峰，蔡卫，何富连，等．高预紧力桁架锚索与单体锚索平行布置支护原理及应用［J］. 中国矿业大学学报，2014（5）：823-830.

[11] 王琦，李术才，李为腾，等．深部煤巷高强让压型锚索箱梁支护系统研究［J］. 采矿与安全工程学报，2013（2）：173-180，187.

[12] 杨彦宏，何富连，谢生荣，等．预应力桁架锚索系统力学分析与工程实践［J］. 煤矿安全，2010（6）：51-53.

[13] 赵洪亮，姚精明，何富连，等．大断面煤巷预应力桁架锚索的理论与实践［J］. 煤炭学报，2007（10）：1061-1065.

二次采动影响巷道的锚索桁架支护研究

王学海

（中铁资源集团刚果国际矿业公司，北京　100039）

摘　要：依托某矿受采动影响的西三中间巷的实际条件，对预应力桁架锚索应用于采动垮冒煤巷的支护机理进行了理论分析。运用中性轴理论分析了顶板在无支护条件下以及采取预应力桁架锚索支护后顶板内部受力情况，分析了支护前后拉压应力区变化情况，确定了桁架锚索合理的底部跨度以及合适预应力大小计算方法。通过现场实测数据对于所提出的理论进行了验证。矿压观测结果表明，桁架锚索联合控制技术能很好地控制巷道变形，对改进巷道支护技术改革有重要的意义。

关键词：采动影响；巷道支护；锚索桁架

0　引言

能源处于产业链的起点，是其他产业发展的硬约束条件和扩张边界，已成为制约我国经济发展的突出瓶颈。煤炭作为我国的主要能源，在国民经济建设中具有重要的战略地位。在煤矿的生产过程中，采动影响巷道的支护一直是难点。以往对于采动影响巷道的支护多数企业采用传统的锚杆索支护，特别是锚索支护多为单一支护作用，其在采动影响作用下支护效率比较低。为了克服单体锚索的不足方面，发挥锚杆在控制巷道浅部围岩的长处，钢绞线预拉力桁架的引入弥补了单体锚索支护原理的弊端，有利于发挥锚杆和锚索联合支护的支护潜力。桁架锚索主动控制系统，它克服了单纯锚索支护不能提供水平张紧力的缺陷，也从根本上解决了锚索钢带联合支护的被动承载问题，使得支护效率大大提高。本文基于采动影响的二次复用巷道，对桁架锚索的支护机理和应用进行了深入的研究。

1　工程背景与存在问题

1.1　工程背景

山西某煤炭有限责任公司位于寿阳中南部，属沁水煤田，位于沁水煤田西北部，井田内有大面积黄土掩盖，井田东西长15.6km，南北宽约9.6km，近似长方形，面积136.48km^2。3号煤层是该矿主采煤层，煤层平均厚度2.60m，平均埋深为510m。伪顶为高岭石泥岩厚度0.3m，直接顶为砂质泥岩平均厚度1.53m，老顶为软弱砂岩与泥岩互层，平均厚度2.38m，底板为灰黑色砂质泥岩，平均厚度1.96m，3号煤地质综合柱状图如图1所示。

1.2　巷道围岩控制存在的主要问题

根据现场调研显示，在山西某煤炭有

作者简介：王学海（1979—）男，山东临朐人，主要从事矿业工程的研究与管理工作。E-mail：85324927@qq.com。

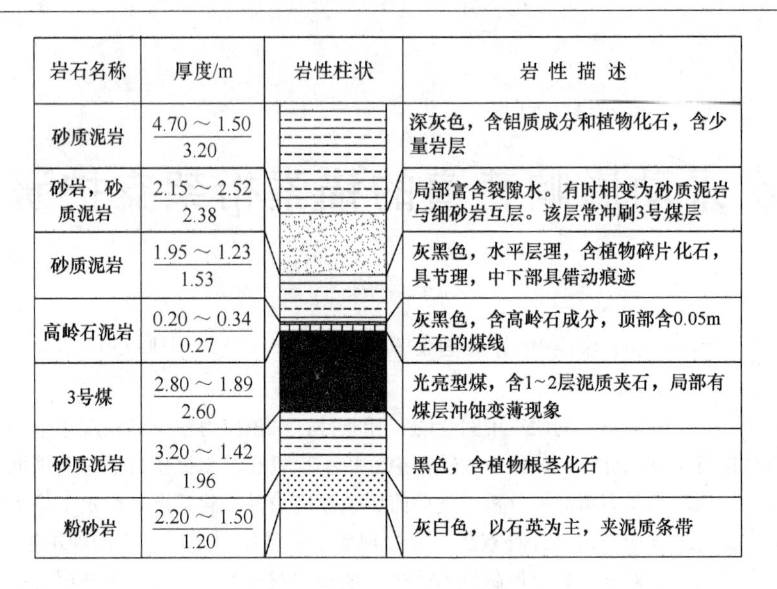

岩石名称	厚度/m	岩性柱状	岩性描述
砂质泥岩	4.70 ~ 1.50 3.20		深灰色，含铝质成分和植物化石，含少量岩层
砂岩，砂质泥岩	2.15 ~ 2.52 2.38		局部富含裂隙水。有时相变为砂质泥岩与细砂岩互层。该层常冲刷3号煤层
砂质泥岩	1.95 ~ 1.23 1.53		灰黑色，水平层理，含植物碎片化石，具节理，中下部具错动痕迹
高岭石泥岩	0.20 ~ 0.34 0.27		灰黑色，含高岭石成分，顶部含0.05m左右的煤线
3号煤	2.80 ~ 1.89 2.60		光亮型煤，含1~2层泥质夹石，局部有煤层冲蚀变薄现象
砂质泥岩	3.20 ~ 1.42 1.96		黑色，含植物根茎化石
粉砂岩	2.20 ~ 1.50 1.20		灰白色，以石英为主，夹泥质条带

图 1　3 号煤地质综合柱状图

限公司东翼 310102 工作面开采过程中中间巷巷道出现了大面积下沉，部分区域甚至出现了锚杆索等支护构件损毁和恶性冒顶事故，通过分析现场地质生产条件以及煤矿规划设计，得出该矿煤炭安全开采面临的主要问题和发生顶板安全事故的主要原因如下：

（1）煤层顶板为厚层泥岩顶板，自稳能力差，无稳定的上位岩层供锚索支护悬吊之用；且局部有淋水现象，锚固剂安装时遇水，会在黏结面上形成弱面，此弱面在服务期间遭水浸泡，大大弱化锚固剂锚固强度。

（2）3 号煤层煤质松软，且顶板为多层泥岩组成的复合顶板，节理裂隙发育，易产生离层破坏和垮落。

（3）巷道断面跨度大，巷道设计宽度超过 4.5m，实际掘进宽度接近 5.0m；大跨度巷道顶板中部拉应力集中，破坏可能性大，增加顶板垮冒的几率。

（4）工作面区段中间巷长度超过 2000m，巷道服务时间长，且服务于两个工作面，需要经受巷道掘进期、巷道稳定期、初次采动影响期、初次采动稳定期以及二次采动影响期等多个阶段，巷道失稳可能性大。

（5）采动剧烈影响导致巷道顶板出现恶性冒顶和严重的离层下沉，煤帮出现向巷道内整体大内移、垮帮或严重臌帮，巷道支护系统大范围损毁，导致矿井综采面衔接异常紧张，威胁矿井安全生产。

2　高预应力锚索桁架支护机理分析

桁架锚索联合支护技术主要支护原理是利用桁架锚索同时提供给巷道顶板的铅垂和水平支护力，对巷道顶板施加两个方向的挤压力，主要是在垂直支护顶板的同时可以减少顶板水平拉应力集中，从而避免出现巷道中部破坏，控制顶板的下沉变形。本节将从巷道受力作用出发研究预应力锚索桁架的支护机理。

2.1　巷道顶板无支护下受力分析

在巷道不采取任何支护的情况下，巷道顶板受力情况如图 2 所示，可以看作是两端固定梁在均匀载荷的作用下的弯曲变形，则此时最下一层顶板以厚度的一半为分界层发生变形，上部受压，下部受拉，这个分界层为中性层，反映在平面上即为一条曲线，称为中性轴。

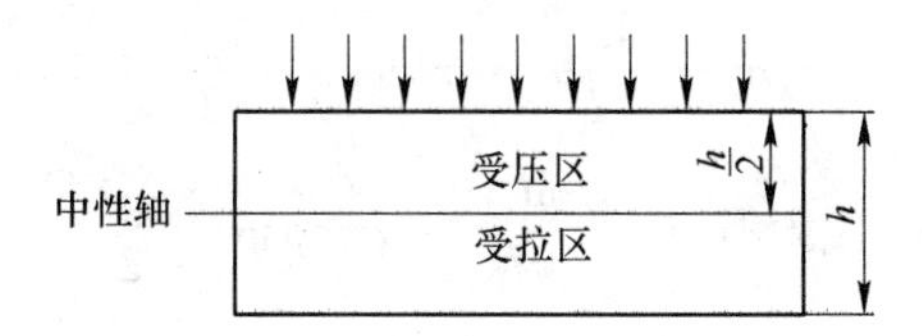

图2 无支护巷道顶板受力情况

根据理论力学基本原理，梁在纯弯曲时横截面上任意一点处正应力为：

$$\sigma = \frac{My}{I_z}$$

式中，M 为横截面上的弯矩；I_z为横截面对中性轴 z 的惯性矩；y 为所求应力点的纵坐标。

在横截面上离中性轴最远的各点处，正应力值最大。因为中性轴为顶板的对称中心，因此截面上的最大正应力为：

$$\sigma_{\max} = \frac{Mh}{2I_z}$$

在无采动影响条件下，若 $\sigma_{\max} < \sigma_{极}$（$\sigma_{极}$为岩石的极限拉应力），认为巷道顶板岩体拉应力最大值处于极限应力之内，岩体没有发生破坏，处于稳定状态。

由于巷道受到采动影响，岩体内部正应力会增加，若 $\sigma_{\max} \geqslant \sigma_{极}$，则说明在实际生产过程中正应力实际值大于岩体能承受的极限应力，此时顶板将发生拉裂破坏，若继续发展则顶板将出现失稳。

2.2 巷道顶板在桁架锚索支护下受力分析

在巷道采用桁架锚索支护顶板时，桁架锚索与顶板的简化模型如图3所示。

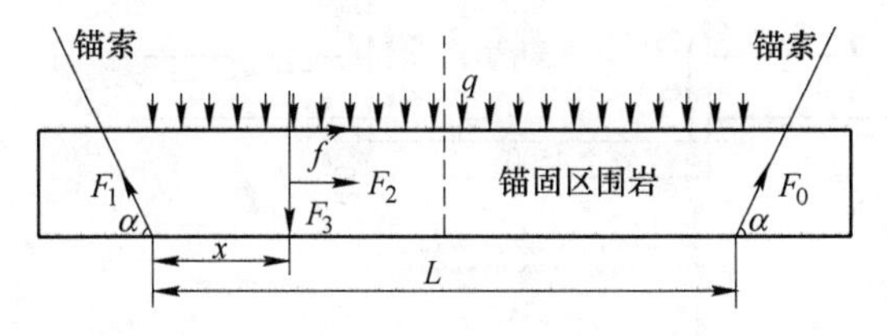

图3 桁架锚索支护下顶板受力情况

在对顶板进行桁架锚索支护后，在锚固区围岩受到水平应力为 σ，则：

$$\sigma = \frac{M_z y}{I_z} - \sigma_1 \cos\alpha + \sigma_f$$

式中，M_z 为锚固区岩层的力矩；y 为锚固区任意一点到中性轴的垂直距离；I_z 为岩层的惯性矩；σ_1 为锚索提供的惯性矩；α 为锚索与锚固区岩层的夹角；σ_f 为锚固区岩层与上覆岩层因摩擦而产生的应力。

对于距离锚固点任意距离为 $x(x < l/2)$ 的一点，有：

$$\sigma_f = \mu f x$$

式中，μ 为摩擦系数；f 为上覆岩层与锚固区岩梁间单位长度的内摩擦力。

联立两式有：

$$\sigma = \frac{M_z y}{I_z} - \sigma_1 \cos\alpha + \mu f x$$

在拉压分界的中心轴处，有 $\sigma = 0$，则可以得到 y 与 x 的关系：

$$y = \frac{I_z}{M_z}(\sigma_1 \cos\alpha - \mu f x) \quad (x < l/2)$$

可以得出采用桁架锚索支护以后中性轴下移，且变为折线，这样就使得原来受拉区域减小。而对于在拉应力区任意一点有：

$$\sigma_t = \frac{M_z y}{I_z} - \sigma_1 \cos\alpha + \mu f x < \sigma_0 = \frac{M_z y}{I_z} + \mu f x$$

现在的拉应力小于支护前的拉应力。因此，预应力桁架锚索不仅减小了受拉区，而且减小了受拉区的拉应力大小，起到了很好的支护效果。

2.3 桁架锚索合理跨度与顶板预紧力的确定

由上面的 x 与 y 关系可知，当 x 足够大为 x_0的时候有 $y = 0$，因此当 $x_0 < x < l/2$ 时 $y = 0$。此时，桁架锚索对此区域无控制效果（图4）。

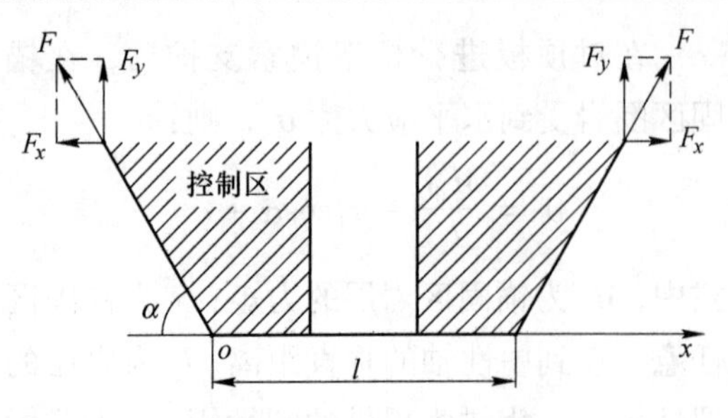

图4 桁架锚索控制范围

因此桁架锚索要设计合理的尺寸，避免出现中间区域无控制效果的情况。有：

$$y = \frac{I_z}{M_z}(\sigma_1\cos\alpha - \mu fx) > 0$$

$$x < \frac{\sigma_1\cos\alpha}{\mu f}$$

对于采动垮冒煤巷，不仅要使得锚固顶板均在控制区内，而且要使得支护均是有效安全的支护不出现损伤区如图5所示。即拉应力区内最大拉应力 $\sigma_t < \sigma'$，σ' 为安全值。

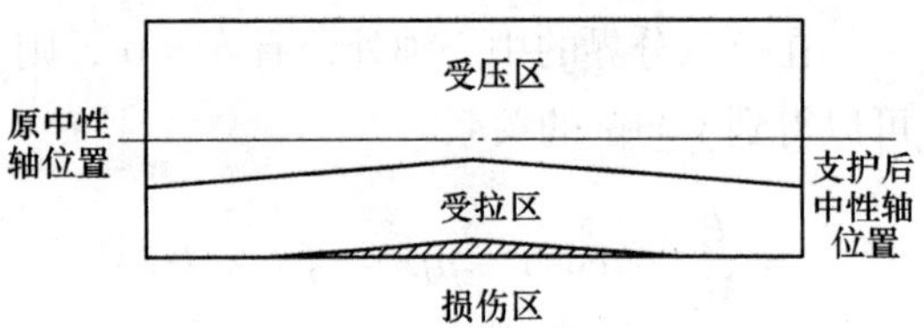

图5 支护后中性轴变化情况

当 $x = l/2$ 时，锚固顶板最下端为拉应力最大的地方有：

$$\sigma_t = \frac{M_z y'}{I_z} - \sigma_1\cos\alpha + \frac{\mu fl}{2}$$

代入有 $\sigma' > \dfrac{M_z y'}{I_z} - \sigma_1\cos\alpha + \dfrac{\mu fl}{2}$

$$\sigma_1 > \frac{\dfrac{M_z y'}{I_z} + \dfrac{\mu fl}{2} - \sigma'}{\cos\alpha}$$

y' 为顶板中部 y 的最大值：

$$y' = \frac{h}{2} - \frac{I_z}{M_z}\left(\sigma_1\cos\alpha - \mu f\frac{l}{2}\right)$$

求得：

$$\sigma_1 > \frac{\dfrac{M_z h}{2I_z} + \mu fl - \sigma'}{2\cos\alpha}$$

因此要保证预应力在上述范围内，可以保证安全生产。

3 工程实践

3.1 现场支护方案

某矿中间巷断面宽为4.5m，高3.0m。根据工程类比法和上述原理设计的具体支护形式及参数如图6所示。

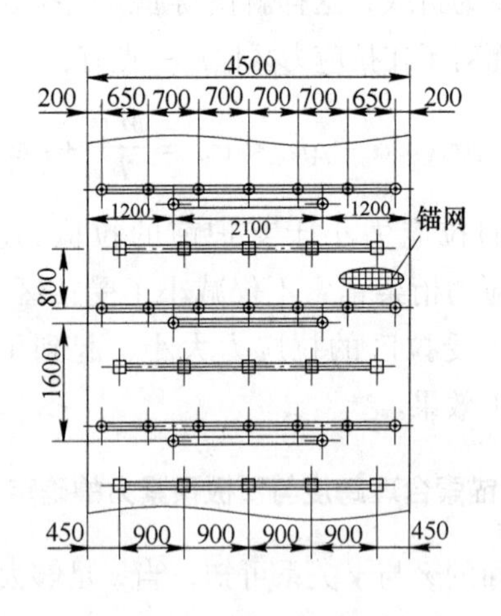

西三中间巷锚杆索布置平面图

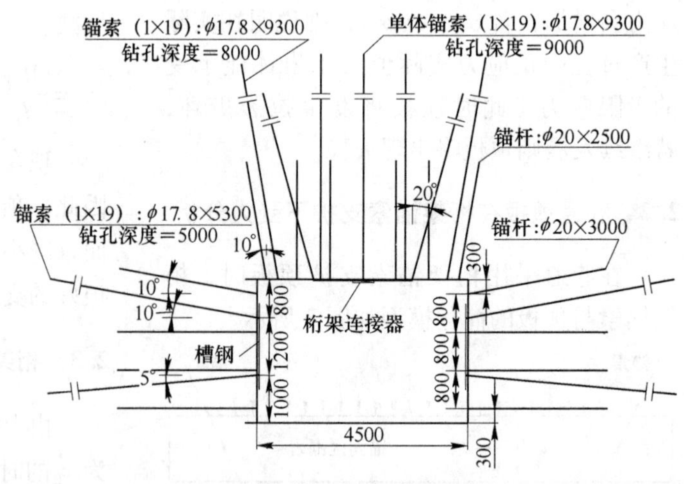

中间巷支护方案布置剖面图

图6 西三中间巷支护方案

3.2 矿压观测

为了掌握复合预应力支护系统的支护效果，在现场采用复合桁架锚索加锚杆支护的方式，在西三中间巷安装测站，进行了顶底板移近量、两帮移近量观测，观测结果如图7所示，并进行了围岩稳定性的分析。

由图7可以看出，在采动后所观测的两个多月中（以采动前围岩表面位移量变化后为基准），巷道断面收敛率很大，两帮移近量最大可达600mm，顶板下沉量最大达395mm，其中顶板支护情况良好，可见桁架锚索所形成的闭锁结果控制住了顶板。

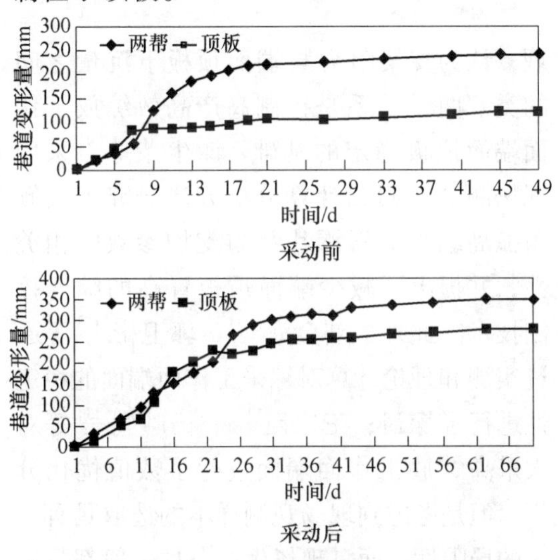

图7 西三中间巷测站围岩表面位移曲线

通过观测可知，采取复合预应力桁架锚索支护后，顶板移近量得到了有效的控制，围岩变形得到了有效的控制，满足该矿安全生产的需求。

4 结论

通过上述理论分析和工程实践，得出以下结论：

（1）桁架锚索在施加预应力后，原来顶板应力分布发生变化，中性轴下移。压应力区增大，拉应力区减小，拉应力区岩石受到的拉应力比支护前减小，起到了很好的支护效果。

（2）预应力桁架锚索在进行支护时要选择合理的支护宽度，使得锚固区围岩拉应力均小于岩石的极限应力值，这样可以最大限度保证安全生产。

（3）预应力桁架锚索系统有效改善巷道围岩应力状态，顶板下沉量和两帮移近量得到了有效的控制。

参考文献

[1] 康红普，王金华，林健．煤矿巷道支护技术的研究与应用［J］．煤炭学报，2010（11）：1809-1814.

[2] 李为腾，王琦，李术才，等．深部顶板夹煤层巷道围岩变形破坏机制及控制［J］．煤炭学报，2014（1）：47-56.

[3] 殷帅峰，蔡卫，何富连，等．高预紧力桁架锚索与单体锚索平行布置支护原理及应用［J］．中国矿业大学学报，2014（5）：823-830.

[4] 赵洪亮，姚精明，何富连，等．大断面煤巷预应力桁架锚索的理论与实践［J］．煤炭学报，2007（10）：1061-1065.

[5] 谢生荣，何富连，张守宝，等．大断面复合泥岩顶板切眼桁架锚索组合支护技术［J］．中国矿业，2008（9）：90-92.

[6] 何富连，殷东平，严红，等．采动垮冒型顶板煤巷强力锚索桁架支护系统试验［J］．煤炭科学技术，2011（2）：1-5.

[7] 詹平．高应力破碎围岩巷道控制机理及技术研究［D］．北京：中国矿业大学（北京），2012.

端面顶板冒落高度影响因素的分析研究

王宇，孙波，解丰华，朱孟楠

（中国矿业大学(北京)资源与安全工程学院，北京　100083）

摘　要：基于数理统计知识设计正交实验方案，利用离散元数值软件 UDEC 对端面顶板冒落高度的影响因素进行分析研究。将顶板冒落高度作为判断指标，通过极差分析得出各影响因素的影响程度，最终得出裂隙发育程度 > 风化岩体强度 > 推进速度 > 端面距的结论，其中前两者的影响程度最大，在支护过程中属于自然外界因素。所以应对推进速度、端面距等可控因素进行重点控制。

关键词：端面顶板；冒落高度；影响程度；正交试验；极差分析

0　引言

采场端面顶板的稳定性对工作面煤壁的稳定性具有重要影响[1]，是制约煤矿安全、高效生产的主要因素之一。在综采放顶煤开采（简称综放开采）条件下，未支护部分是支架前梁端部到煤壁部分的顶板，因此工作面正常生产及高产高效的前提是保证端面顶板稳定。钱鸣高[2,3]曾研究分析了端面冒顶的力学机理、端面顶板的成拱条件，并在现场监测的基础上，分析了影响端面冒顶的影响因素；方新秋等[4,5]利用 UDEC 软件模拟分析了端面距与支架工作阻力及其支撑角度对端面顶板稳定性的影响。同时，分析了不同顶煤条件下端面顶板的稳定性；康立勋[6]等在统计大同综采端面冒顶的基础上介绍了地质构造、开采技术条件和支护系统 3 大类 12 亚类因素对综采端面顶板漏冒事故的影响。曹胜根、刘长友[7,8]等分析了支架与顶板的相互作用机理，认为支架阻力与端面顶板下沉量之间的类双曲线关系是控制高产高效综放工作面端面顶板稳定的基础。谢生荣等[9]采用现场测试和回归计算分析方法研究了大倾角孤岛综采面冒漏片帮与支护参数的相关性，并提出了减少端面顶板冒高的综合控制技术。此外，刘金海[10]、郭卫彬[11]等通过实测和理论计算对综采工作面端面的稳定性进行了探讨；王家臣[12]、杨胜利[13]等对大采高综放工作面端面进行了数值优化分析。但是考虑到现场观测样本的选取具有一定的局限性，而且现场生产条件一般都是确定的，影响因素难以全部涵盖；为了得到更加普遍的结论，采用数值模拟的方法对端面顶板冒落高度的影响因素进行分析研究。

1　正交试验的设计

基于前人的研究成果和现场总结可知[14,15]，影响端面冒顶的主要影响因素有采高、端面距、推进速度、围岩强度、支

基金项目：国家自然科学基金重点项目（编号 51234005），中国矿业大学（北京）大学生创新项目资助。

作者简介：王宇（1991—），男，河北沧州人，现于中国矿业大学（北京）攻读研究生学位。

架初撑力、岩块块度等，若全面考虑各种影响因素，设计的模拟方案将非常多，计算分析工作将非常繁重。因此，拟采用正交试验法对模拟方案进行设计。正交试验以有限的方案反映各影响因素的本质规律。本次试验考虑4个因素，每种因素取3个水平。选取面顶板裂隙发育高度作为试验指标，各因素水平值见表1。

表1　参数的水平值

试验号	端面距/m	推进速度/m·d^{-1}	围岩抗拉强度/MPa	顶板初始裂隙高度/m
1	0.5	2	1	0.1
2	1.0	4	2	0.2
3	1.5	6	3	0.4

采用L9正交试验表进行试验，计算方案见表2。

表2　数值计算设计方案

方案	端面距/m	推进速度/m·d^{-1}	围岩抗拉强度/MPa	顶板初始裂隙间距/m
1	0.5	6	2	0.2
2	1.0	2	1	0.1
3	1.5	4	3	0.4
4	0.5	4	1	0.1
5	1.0	6	3	0.2
6	1.5	2	2	0.4
7	0.5	2	3	0.2
8	1.0	4	2	0.1
9	1.5	6	1	0.4

2　数值模拟模型的建立

采用离散元数值软件UDEC进行模拟分析，岩体本构模型采用摩尔-库仑塑性模型，该模型所涉及的计算参数包括：体积模量（$B = E/3(1-2\mu)$）、剪切模量（$S = E/2(1+\mu)$）、内聚力（C）、内摩擦角（φ）、密度（ρ）。

参考有关文献和相关研究报告，最终确定有效的岩体物理力学参数，并以此作为本次数值模拟的参数。岩体物理力学参数见表3。

表3　岩石物理力学性质

层位	内聚力/MPa	弹性模量/GPa	泊松比
顶板	8.0	8.0	0.25
直接顶	0.8	0.8	0.40
煤	4.8	4.0	0.25
底板	2.5	9.0	0.25
老底	3.0	2.8	0.35

3　模拟结果的分析

根据设计的正交试验方案，建立的UDEC模型如图1所示。

对不同方案的冒落高度与影响因素之间进行正交分析，结果见表4。

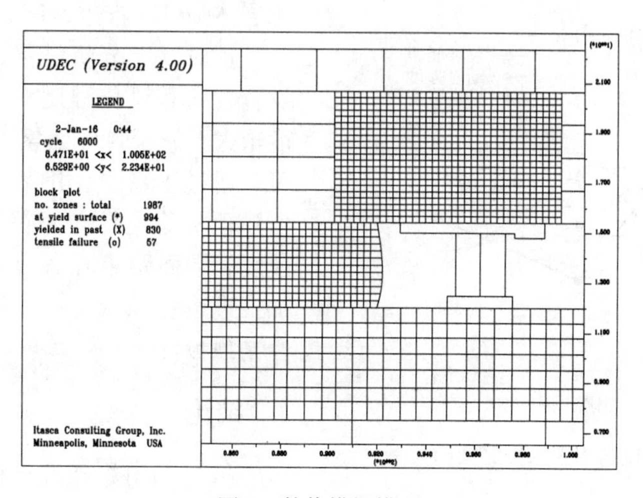

图1　数值模拟模型

表 4　各方案对应的顶板冒落高度

试验号	端面距/m	推进速度/m·d^{-1}	围岩抗拉强度/MPa	顶板初始裂隙间距/m	端面顶板冒落高度/m
1	0.5	6	2	0.2	0.2
2	1.0	2	1	0.1	1.3
3	1.5	4	3	0.4	0.5
4	0.5	4	1	0.1	0.9
5	1.0	2	3	0.2	0.3
6	1.5	6	2	0.4	0.6
7	0.5	2	3	0.2	0.5
8	1.0	4	2	0.1	0.8
9	1.5	6	1	0.4	0.6

通过对数值模拟结果进行极差分析，得到表 5 所示结果。

表 5　各方案顶板冒落高度的极差分析

k_{1j}	1.6	2.4	2.8	3.0	顶板冒落高度 $=k_{1j}+k_{2j}+k_{3j}=5.7$
k_{2j}	2.4	2.2	1.6	1.0	
k_{3j}	1.7	1.1	1.3	1.7	
R_j	0.8	1.3	1.5	2.0	

上表中 k_{ij} 是因素 j 的第 i 水平所在试验中的指标值之和（$j=1, 2, 3, 4$ 分别代表 4 个因素；$i=1, 2, 3$ 分别代表 3 个水平），以各因素试验水平为横坐标，试验指标即端面顶板冒落高度为纵坐标作图，如图 2 所示。

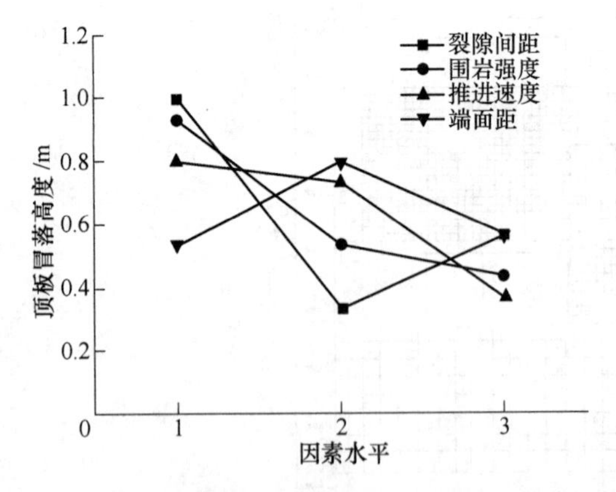

图 2　顶板冒落高度与因素水平之间的关系

如图 2 所示，当端面距从 0.5m 变为 1.0m 时，端面顶板冒落高度增大，再由 1.0m 变为 1.5m 时，冒落高度又减小，根据现场观测，端面距越小端面顶板越稳定，因此，端面距取 0.5m 较好。工作面推进速度对端面顶板的影响规律为，推进速度越大端面顶板的冒落高度越小，因此，在条件允许的情况下工作面推进速度越大越好。围岩强度越高，端面顶板冒落高度越小，顶板的稳定性就越好，因此，有必要时需强化顶板。当裂隙间距由 0.1m 增大到 0.2m 时，端面顶板冒落高度大幅度减小，当裂隙间距由 0.2m 增到 0.4m，顶板冒落高度又快速增大，故裂隙间距对端面顶板的稳定性影响很大，但是其形成原因却是受多方面影响的，除了采场老顶断裂的扰动影响，还受到岩体自身的力学特性的影响，控制裂隙间距需综合工作面推进速度、支架初撑力等因素来改变。

一般情况下，不考虑因素间的交互作用，因素各水平的影响值变化越大，说明该因素的影响程度越大，通过极差分析可得到各因素的影响程度。R_j 代表第 j 列各方案试验指数的极差，$R_j=\max(k_{1j},k_{2j},k_{3j})-\min(k_{1j},k_{2j},k_{3j})$，分别为 $R_4=2>R_3=1.5>R_2=1.3>R_1=0.2$，即对端面顶板冒落高度影响因素的顺序为裂隙发育程度 > 风化岩体强度 > 推进速度 > 端面距。

针对以上分析结果，可知围岩的裂隙发育程度和风化程度对顶板冒落的影响程度很大，属于自然因素，人为可控性较低，可以通过注浆强化围岩，喷浆封闭围岩等增强顶板稳定性。而在回采工艺中，推进速度和端面距可控程度更高，可以通过增加推进速度和减小端面距等更有效的方式控制顶板冒落。

4　结论

（1）利用数理统计的方法对影响端面顶板稳定性的四大因素进行了正交分析，

以端面顶板冒落高度为试验指标，结果表明端面顶板冒落高度影响因素的敏感性顺序分别为裂隙发育程度 > 风化岩体强度 > 推进速度 > 端面距。

（2）端面顶板岩体裂隙发育程度与强度对端面冒落高度的影响最大，因此当端面顶板风化、氧化严重强度较低时或者裂隙较为发育时，应首先考虑从回采工艺加以控制，如采用减小端面距、加快推进速度等综合措施；其次考虑采用注浆加固强化、喷浆封闭围岩等技术综合控制端面顶板的稳定。

参 考 文 献

[1] 袁永，屠世浩，马小涛，等．“三软”大采高综采面煤壁稳定性及其控制研究［J］．采矿与安全工程学报，2012，29（1）：21-25.

[2] 钱鸣高，殷建生，刘双跃．综采工作面直接顶的端面冒落［J］．煤炭学报，1990，15（1）：1-9.

[3] 钱鸣高，何富连，李全生，等．综采工作面端面顶板控制［J］．煤炭科学技术，1992（1）：41-45.

[4] 方新秋，万德钧，钱鸣高．离散元法在分析综放采场矿压中的应用［J］．湘潭矿业学院学报，2003，18（4）：11-14.

[5] 彭永伟，齐庆新，李宏艳．高强度地下开采对岩体断裂带高度影响因素的数值模拟分析［J］．煤炭学报，2009，34（2）：145-149.

[6] 康立勋，杨双锁，贾喜荣，等．大同综采端面顶板漏冒事故的影响因素分析［J］．矿山压力与顶板管理，1998（2）：13-16.

[7] 曹胜根，钱鸣高，缪协兴，等．综放开采端面顶板稳定性的数值模拟研究［J］．岩石力学与工程学报，2000，19（4）：472-475.

[8] 刘长友，曹胜根，万志军，等．高产高效综放工作面端面顶板稳定性监测［J］．岩土力学，2003，24（增刊）：423-426.

[9] 谢生荣，张广超，张守宝，等．大倾角孤岛综采面支架-围岩稳定性控制研究［J］．采矿与安全工程学报，2013，30（3）：343-347.

[10] 刘金海，冯涛，谢红．深厚表土综放面支架载荷时间效应实测研究［J］．湖南科技大学学报（自然科学版），2014，29（1）：19-23.

[11] 郭卫彬，鲁岩，黄福昌，等．仰采综放工作面端面煤岩稳定性及控制研究［J］．采矿与安全工程学报，2014，31（3）：406-412.

[12] 王家臣，魏立科，张锦旺，等．综放开采顶煤放出规律三维数值模拟［J］．煤炭学报，2013，38（11）：1905-1911.

[13] Fan L J，Yang S L. Technological optimization of fully mechanized caving mining face with large mining heights［J］. Journal of Coal Science & Engineering，2013，19（3）：290-294.

[14] 龚红鹏，李建伟，陈现辉．东曲煤矿综采工作面端面顶板失稳规律及其控制研究［J］．煤炭工程，2014，46（1）：86-89.

[15] 朱涛，宋敏，王恩鹏，等．破碎厚煤层工作面端面顶板冒漏机理与防治［J］．煤矿开采，2014，19（2）：101-104.

大断面煤巷采动影响变形与控制研究

杨长德，李金波

（新疆工程学院采矿工程系，新疆乌鲁木齐　830023）

摘　要：在围岩结构、复杂地应力场和采动影响等综合因素作用下，大断面煤巷在开采后围岩呈现出非线性力学特征，其变形和稳定性控制问题越来越突出。传统支护采用全断面等强度对称支护方式，巷道围岩初期表现为关键部位的破坏，进而导致整个巷道的失稳。若提高全断面支护强度，满足关键部位等高应力破坏部位的支护强度，而对破坏变形较小的部位采用同等的支强度则会造成支护成本的增加和材料的浪费等问题，因此充分掌握大断面回采巷道非对称变形机理及其变形破坏特征，提出有效的非对称支护方案，对平衡采掘关系有重要的意义。

关键词：大断面；非对称；耦合支护

0　引言

近年来，伴随我国煤矿开采深度和强度的增加，新建矿井日趋高效、大型化，地质条件日趋复杂，矿井开采不断向纵深方向发展，巷道稳定性控制问题已成为保证矿井安全高效生产研究的焦点问题之一[1~3]，而通常采用的全断面等强支护方式已不能很好适应大断面破碎煤巷的支护要求，若提高全断面支护强度，满足关键部位等高应力破坏部位的支护强度，而对破坏变形较小的部位采用同等的支强度则会造成支护成本的增加和材料的浪费等支护问题，据有关资料表明，近10多年来巷道支护增加14倍左右，另外还有40%的巷道翻修量。

本文以某煤矿东四正巷为工程背景，详细研究了在不同支护方式下煤巷非对称变形破坏特征，指出了大断面破碎煤巷变形破碎力学机制，并针对巷道实际条件确定了非对称支护方案，取得了良好的控制效果。

1　巷道非对称变形破坏特征

1.1　工程背景

井田的地质储量为14.37亿吨，工业储量为10.36亿吨，可采煤层储量7.50亿吨，主采煤层平均厚度2.60m。煤层以亮煤为主，内生裂隙发育，煤层含1~2层泥质夹矸，厚度一般为0.02~0.1m，煤层中局部有冲蚀变薄现象。伪顶为高岭石泥岩厚度0.3m；直接顶为砂质泥岩平均厚度1.53m；老顶为软弱砂岩与泥岩互层，平均厚度2.38m；底板为灰黑色砂质泥岩，平均厚度1.96m。采动巷道不同地点的顶板岩性和赋存厚度变化很大，且巷道断面跨度大，顶板中部拉应力集中，离层破坏范围大。其中东四正巷是二次复用巷道，长1846m，巷道设计为矩形断面。

收稿日期：2016.1.30。

作者简介：杨长德（1984—），男，吉林白城人，主要从事矿业工程的教学与管理工作。E-mail：525837411@qq.com。

1.2 非对称变形破坏特征

（1）以底臌为主的非对称变形特征。东四正巷底板主要以泥岩和砂质泥岩为主，其中含有大量的膨胀性矿物，且局部有淋水现象，在水和外力作用下，底板岩石易发生砂化、泥化，甚至崩裂现象，从而导致岩体强度的减弱甚至失去承载力，发生底臌现象。

（2）顶底板变形的非对称性特征。该煤矿煤质松软，顶板为多层泥岩组成的复合顶板，并且层理裂隙发育，分层厚度0.1~0.3~0.5m，裂隙间距0.1~0.5m，节理裂隙发育，易产生离层破坏和垮落。巷道断面跨度大，顶板中部拉应力集中，离层破坏范围大。

（3）帮部鼓出，严重部位出现折断现象。采动剧烈影响下东四正巷除了出现恶性冒顶和严重离层下沉外，煤帮出现向巷道内整体大内移、垮帮现象，煤帮局部位移量达1~2m。

1.3 破坏原因分析

（1）围岩岩性。围岩性质是决定巷道变形与破坏的主要因素，地下岩体为一复杂的非连续地质体[4]，岩体的组成成分也不尽相同，力学参数也有很大差别，从而使围岩的变形趋于多元化。

（2）支护方式。传统的巷道的对称性支护结构在均布外力作用下具有很高的承载能力，但是在平面非对称不均匀外力作用下其承载能力将大为下降[5,6]。试验巷道周边的岩层结构是非对称的，导致应力分布的非对称性，进而表现出显著的非对称变形破坏特征。在此条件下，若巷道仍然采用对称支护形式，不仅支护强度低、支架受力不均匀，而且与巷道围岩变形不协调，无法抑制巷道变形。

（3）地应力。巷道稳定性直接由围岩应力特征决定，但根本上还是决定于原岩初始应力状态[7]。地应力作为工程岩体赋存环境，其量级、方向以及空间分布规律将在很大程度上影响着围岩的力学属性、应力的分布和演化规律、变形特征和破坏机制。

1.4 非对称变形的控制策略

耦合支护[8]是针对巷道出现的非线性变形破坏问题，通过一定的支护方式实现支护体与围岩结构之间在强度、刚度以及预应力等方面的耦合。通过锚网—围岩以及锚索—关键部位—支护的耦合，从而使变形相协调，同时最大限度发挥围岩自承能力，从而实现支护一体化、载荷均匀化，有效控制巷道围岩变形。

现场工程实践表明，对于软岩巷道，无论是初次支护的新巷道，还是实施了多次支护的翻修巷道，其巷道支护体破坏是一个过程。总是从某一个或几个部位首先产生变形、损伤，进而导致整个支护系统的失稳。这些首先破坏的部位，称之为关键部位。通过实现支护结构和围岩在关键部位的耦合[9]，改变围岩受力状态，使围岩和支护结构达到耦合支护力学状态。

2 巷道非对称支护优化模拟与结果

2.1 建立模型

根据工程实际，运用FLAC^{3D}数值软件建立计算模型如图1所示，模型尺寸为长×宽×高=316.5m×160m×45m，约束水平位移，底部为固定边界，约束水平位移和垂直位移，上覆岩层的重力按均布荷载施加在模型的上部边界，东四正巷顺槽平均埋深560m，施加荷载$q=\gamma h=2500\times9.8\times560=13.72$MPa，模型采用Mohr-Coulomb破坏准则，初始位移和速度均按零计算，模型中各岩层和煤体的力学参数设置见表1。

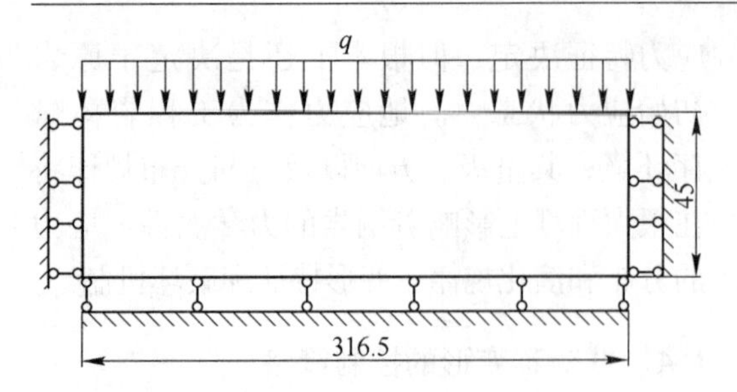

图 1　数值模拟计算模型

表 1　计算模型中岩层和煤体的力学参数

岩层种类	密度 /kg · m^{-3}	剪切模量 /GPa	体积模量 /GPa	内聚力 /MPa	内摩擦角 /(°)	抗拉强度 /MPa
粗粒砂岩	2590	3.3	6.87	3.01	27	2.01
细粒砂岩	2750	3.33	7.70	3.15	30	2.14
砂质泥岩	2500	2.80	3.68	2.86	25	2.2
4 号煤	1350	1.47	2.35	1.50	20	1.10

2.2　模拟结果分析

数值模拟计算结果如图 2 和图 3 所示。

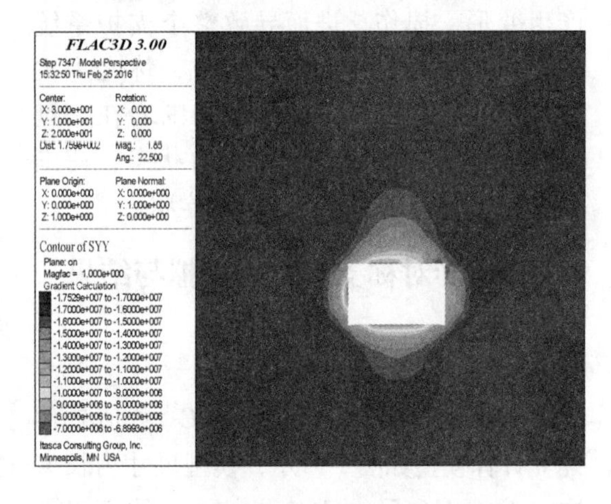

图 2　非对称形式支护结构 s_{yy} 云图

综合所有计算结果分析得出水平横向应力的最大值为 2.22N/m^2，虽有一定应力集中现象，但分布情况明显转好；s_{yy} 方向的应力等值线图分析的出水平纵向应力的最大值为 1.79N/m^2，通过 s_{zz} 方向的应力云图可以看出其最大值为 2.18N/m^2，底部的应力集中现象及范围显著减小，朝中部靠

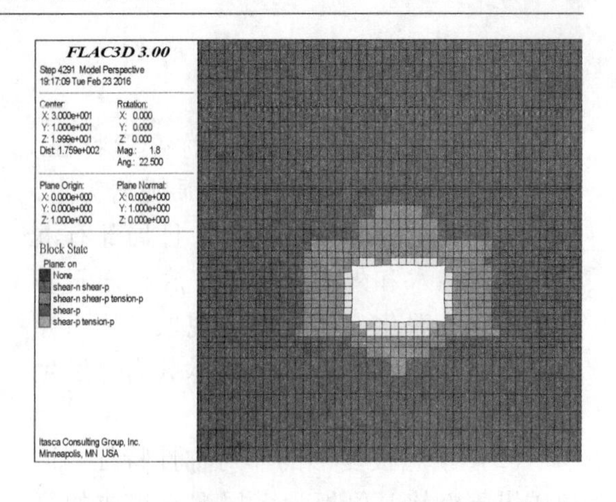

图 3　非对称形式支护结构围岩塑性区分布

近，非对称应力变形特点有了显著改善，呈现出较为对称的应力分布状态。在巷道变形，帮部最大位移值为 131mm，顶板最大下沉值 120mm，底臌最大值为 53mm，在非对称支护条件下巷道的位移特点和底臌现象显著减小，围岩塑性破坏范围得到了有效控制，非对称变形特征较对称支护条件下得到了显著改善。

3　工程实践

3.1　支护方式与设计参数

根据数值模拟的结果，可以认为在非对称支护条件下巷道围岩的变形破坏特征得到有效改善，应力载荷分布特征呈现出较均匀化现象，控制效果较为明显。优化后的非对称支护方案如图 4 所示。

与原对称支护设计方案相比，非对称支护方案有以下几点改进：

（1）顶板。将锚索改为 ϕ15.24mm × 8500mm，并于靠近左帮顶板处增设单体锚索，增加钢绞线抗拉强度到 1720MPa，加强巷道顶板的支护，控制巷道顶板下沉量。

（2）两帮。左帮支护密度改为 6 根，锚杆支护长度改为 2.4m，并增设单体锚

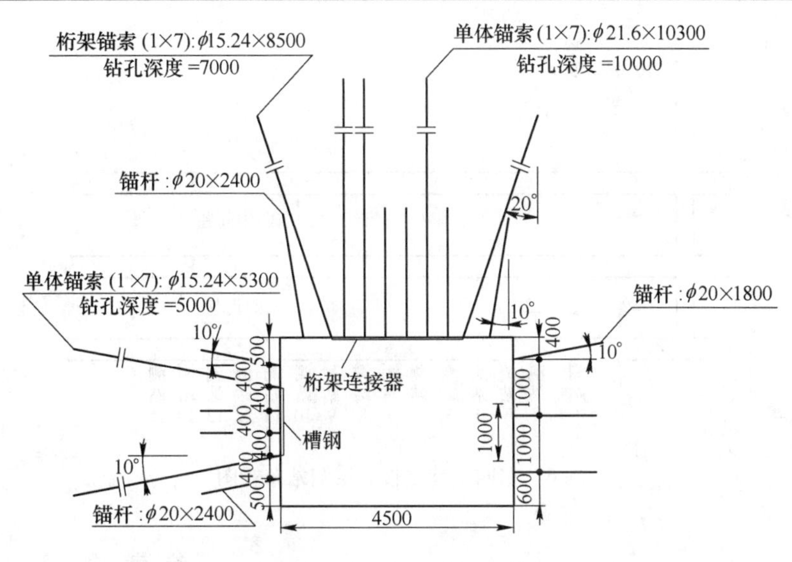

图4 非对称支护方案布置图（单位：mm）

索，将两帮锚杆种类改为高强度无纵筋左旋螺纹钢锚杆，加强巷帮锚杆的支护强度，控制巷道帮部围岩变形量。

3.2 非对称支护效果评价

（1）巷道位移监测。采用顶板动态仪和DB-Ⅱ巷道断面收敛计进行巷道围岩表面位移监测，顶板动态仪的目的是连续监测巷道顶底板移近量；DB-Ⅱ巷道断面收敛计的目的是监测巷道两帮围岩移近量。东四正巷试验段长度为200m，巷道围岩表面位移观测共安设3个测站。

由图5可以看出，东四正巷测站1在开掘后20天内收敛速度较大，30天后趋于稳定，两帮移近量不超过150mm，顶板下沉量不超过100mm。在50天后，由于受310103回采工作面采动的影响，收敛速度增加，直至120天后重新趋于稳定，两帮移近量不超过400mm，顶板下沉量不超过300mm。

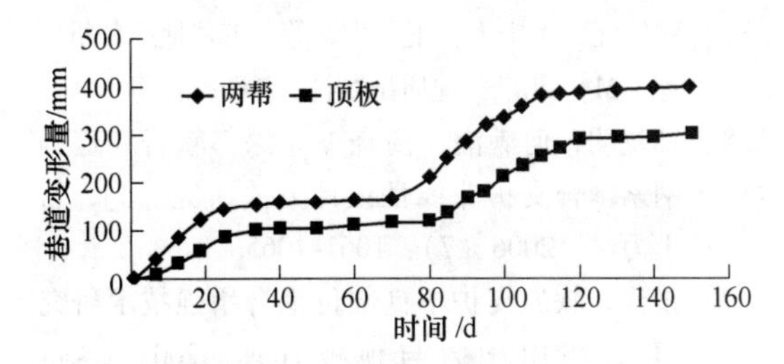

图5 东四正巷围岩表面位移测站1数据曲线

东四正巷测站2在开掘后28天内收敛速度较大，35天后趋于稳定，两帮移近量不超过200mm，顶板下沉量不超过120mm。在65天后，由于受310103回采工作面采动的影响，收敛速度增加，直至120天后重新趋于稳定，两帮移近量不超过500mm，顶板下沉量不超过320mm。

（2）巷道离层监测。在东四正巷试验段（长度为200m）安设KZL-300型巷道顶板离层自动监测报警装置，总计安设15个顶板位移传感器及配套的报警器，测站间距为15m，如图6所示。

东四正巷试验段实验长度为200m。过顶板离层的监测结果比较分析可以得出，东四正巷试验段测站1、测站4、测站7、测站11的离层值分别为13.5mm、15mm、6mm和7mm，顶板离层平均值不超过11mm，顶板处于稳定状态。

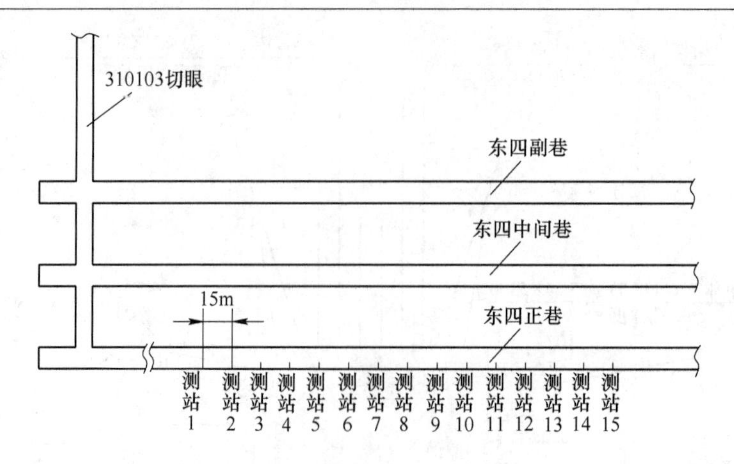

图6　东四正巷顶板离层测站布置图

4　结论

（1）通过工程地质条件和工程岩体分析，结合 $FLAC^{3D}$ 数值模拟软件对大断面破碎煤巷的变形破坏过程进行分析，表明围岩变形破坏存在显著的非对称性，多与两帮肩角处等关键部位首先发生失稳变形。

（2）分析了大断面破碎煤巷非对称变形破坏的原因：地应力、支护方式、水理作用，并总结了以顶底板和两帮为主的非对称变形破坏特征，表明实现关键部位和支护结构之间的耦合作用是实现巷道围岩稳定性控制的关键。

（3）由理论分析及数值模拟结果可知，受工程地质环境和采动影响，东四正巷处于高应力环境中，加上支护体与关键部位的不耦合作用，巷道易产生大变形破坏，改进支护方式后，巷道顶底板移近量降低了20.3%，两帮变形量降低了50.2%，其中左帮变形量降低了65.7%，巷道围岩的变形得到了显著控制。

（4）工业性试验与矿压监测表明，非对称支护技术有效保障了复杂应力条件下大断面破碎煤巷围岩的稳定性，对类似的巷道支护问题具有借鉴意义。

参考文献

[1] 何满潮，钱七虎. 深部岩体力学研究进展［C］//中国岩石力学与工程学会. 第九届全国岩石力学与工程学术大会论文集，2006：14.

[2] 何满潮，谢和平，彭苏萍，等. 深部开采岩体力学研究［C］//中国软岩工程与深部灾害控制研究进展——第四届深部岩体力学与工程灾害控制学术研讨会暨中国矿业大学（北京）百年校庆学术会议论文集，2009：10.

[3] 贺永年，韩立军，邵鹏，等. 深部巷道稳定的若干岩石力学问题［J］. 中国矿业大学学报，2006（3）：288-295.

[4] 伍永平，张永涛，解盘石，等. 急倾斜煤层巷道围岩变形破坏特征及支护技术研究［J］. 煤炭工程，2012（1）：92-95.

[5] 何满潮，王晓义，刘文涛，等. 孔庄矿深部软岩巷道非对称变形数值模拟与控制对策研究［J］. 岩石力学与工程学报，2008（4）：673-678.

[6] 陆士良，汤雷，杨新安. 锚杆锚固力及锚固技术［M］. 北京：煤炭工业出版社，1998.

[7] 张倬元，王士天，王兰生，等. 工程地质分析原理［M］. 北京：地质出版社，2002.

[8] 孙晓明，何满潮，杨晓杰. 深部软岩巷道锚网索耦合支护非线性设计方法研究［J］. 岩土力学，2006（7）：1061-1065.

[9] 张伐. 软岩支护不良部位耦合增强技术研究［J］. 矿山压力与顶板管理，2005（4）：74-75.

近距离下层煤综采面顶板稳定性与加固技术

李政，解广瑞，孟祥超，彭潇

（中国矿业大学(北京)资源与安全工程学院，北京 100083）

摘 要：针对五虎山煤矿近距离煤层10号煤和9号煤层之间顶板厚度较薄且分布不均匀、顶板破碎程度大的情况，分析了开切眼直接顶板的稳定性，得出顶板破坏的原因和条件，结合现场工程条件提出了顶板加固方法和相应的注浆加固参数，现场应用结果表明顶板加固效果较好，没有出现恶性冒顶事故。

关键词：近距离煤层；综采工作面；破碎顶板；注浆加固

0 引言

我国近距离煤层开采的矿区分布较广，开采时的顶板支护问题历来都是行业中有待解决的难题之一。由于近距离煤层顶板厚度小，采动裂隙发育，顶板松散破碎成块状结构[1,2]，易于发生顶板失稳，限制了煤矿的安全生产。国内众多学者对软弱破碎顶板和煤体片帮进行了注浆加固技术的研究，取得了一些成果[4~6]，也有学者利用井上钻孔注浆方法控制围岩变形与破坏[7]，但对极近距离煤层的夹层顶板进行注浆加固的研究并不多见。本文针对五虎山煤矿1001综采工作面的工程地质条件，对近距离煤层顶板加固机理与技术进行研究。

1 工程背景

1001综采面煤层顶板厚度分布为0.4～3.0m，平均厚度仅为2.0m，因此在工作面切眼掘进过程中就会遇到顶板厚度非常小的地段，且它所在的10号煤层受到上部9号煤层采动时期的影响（两煤层间距在0.4～3.0m，平均厚度为2.0m），顶板岩体节理发育，易发生失稳冒漏。采用注浆加固的方法，可以防止切眼在掘进和安装等服务期内出现顶板冒漏事故，从而满足综采工作面切眼的支护要求。

2 综采面顶板稳定性力学分析

2.1 煤矿地质

五虎山煤矿地质条件如下：工作面所采煤层为10号煤层，煤层为近水平煤层，工作面预计推进长度为400m，试验中模拟推进长度约50m，煤层平均厚度为2m。10号煤层直接顶为砂质泥岩，平均厚2m，上部为9号煤层采空区。

具体情况如图1所示。

2.2 下煤层开切眼顶板力学模型的建立

2.2.1 建立顶板力学模型

通过调研确定五虎山煤矿1001综采面

基金项目：国家自然科学基金重点项目（编号51234005），中国矿业大学（北京）大学生创新项目。

作者简介：李政，男，山西阳泉人，现于中国矿业大学（北京）攻读研究生学位。

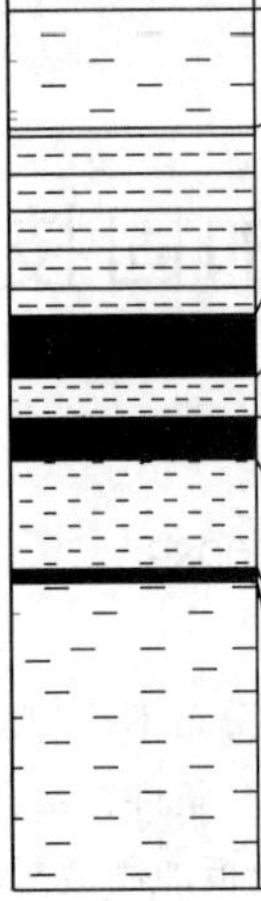

柱状图	岩石名称	厚度/m	岩性特征
	中砂岩	3.23～7.61 6.0	以粉砂岩，细砂岩为主，顶部有一层薄煤，可为8号、9号煤层之间的一辅助标志层
	泥　岩	5.14～13.19 9.4	一般为灰色，中夹有黄褐色薄层钙质砂岩和铁质结核
	9号煤	1.19～4.61 3.2	9号煤层结构简单，裂隙较发育，属较稳定煤层，平均厚度3.2m
	炭质泥岩	0.45～5.02 2.0	以灰黑色炭质泥岩为主，以胶结疏松、分选磨圆差、局部含砾和云母含量较多为主要特征
	10号煤	2.03～2.56 2.2	10号煤层结构较简单，裂隙较发育，平均厚度2.2m，煤层走向近南北，倾向近东西
	粉砂岩	2.39～6.63 5.4	以粉砂岩，细砂岩为主，顶部有一层薄煤，细砂岩一般为灰色，中夹有黄褐色薄层钙质砂岩和铁质结核
	11号煤	0.11～1.15 0.8	11号煤层，煤层走向近南北，倾向近东西
	中砂岩	7.92～12.49 10.9	中粒砂岩：灰白-白色，在区内由北向南颗粒变细以南渐被粉砂岩代替

图1　煤层综合柱状图

开切眼的空间位置，在分析其极近距离煤层开采顺序与时间效应的基础上，建立如图2所示的极近距离煤层9号煤采空条件下10号煤1001工作面开切眼的空间布置图。

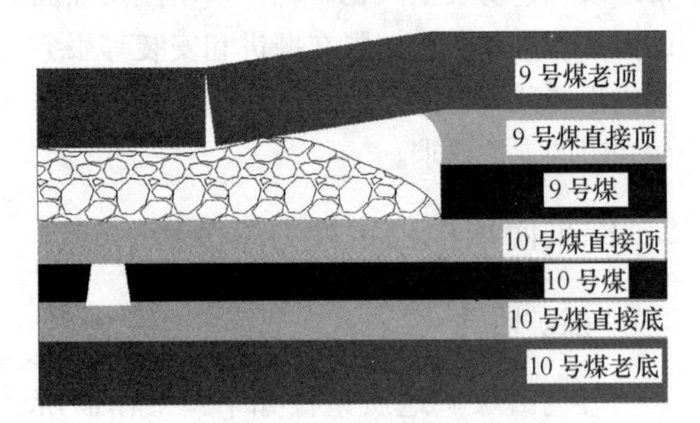

图2　1001开切眼空间布置图

由图2可以看出上部煤层采空以后，在采空区上9号煤老顶断裂形成了砌体梁结构。根据现场实测得到的资料可知，9号煤老顶断裂段位于1001工作面的正上方，经过一段时间的稳定之后，采空区的直接顶垮落后基本压实，老顶岩梁也趋于稳定。

针对现场的实际情况，作如下假设：

（1）9号煤老顶沿煤柱断裂后的岩梁可以简化为简支梁，其上部承受上覆岩层的分布力为$q(x)$。

（2）9号煤采空区内老顶以下岩体已经压实，达到稳定状态。

（3）9号煤煤柱和煤柱上方直接顶处于不可压缩状态。

（4）岩梁水平方向运动已经稳定，仅有向下方向的作用力。

据此可以建立1001综采面采空条件下顶板受力的空间力学模型如图3所示。

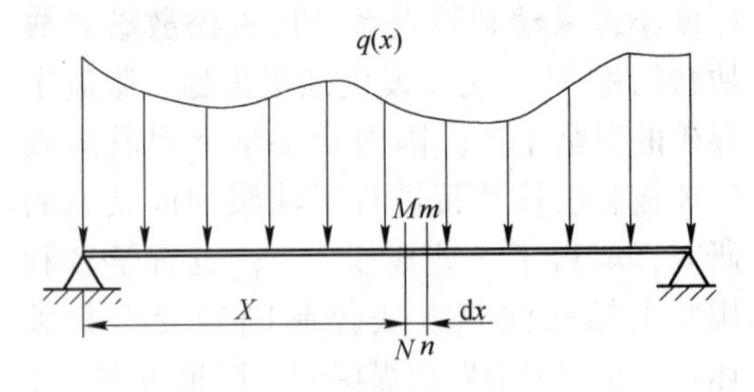

图3　顶板力学模型

2.2.2　顶板受力分析

对顶板进行受力分析[3]，取截面M-N，m-n，如图3所示梁中取出长为dx的一段，设截面M-N，m-n上的弯矩分别为M和$M+\mathrm{d}M$，再以平行于中性层且距离中性层为y的pr平面从这段梁中截出一部分，则在截出的部分左侧面上作用着因弯矩M引起的正应力，记为FN_1；而在右侧面上作用着因$M+\mathrm{d}M$引起的正应力，记为FN_2。在顶面pr上作用着切应力τ_1（其在大小上等于τ）。如图4所示。

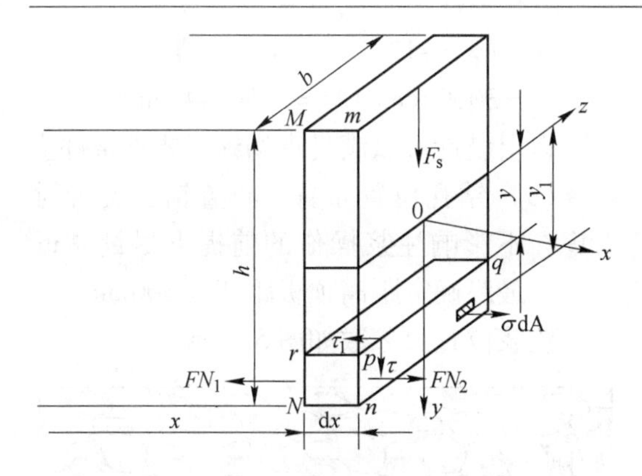

图 4 顶板受力分析

其中，左侧面上的内力系合力 FN_1 为：

$$FN_1 = \frac{M}{I_z} S_z^*$$

右侧面上由微内力 $\sigma \mathrm{d}A$ 组成的内力系的合力为：

$$FN_2 = \int_{A_1} \sigma \mathrm{d}A$$

式中，A_1为侧面的面积，则：

$$FN_2 = \int_{A_1} \sigma \mathrm{d}A = \frac{(M + \mathrm{d}M) y_1}{I_z} S_z^*$$

在顶面 pr 上，与顶面相切的内力系的合力为：

$$\mathrm{d}F_{S_1} = \tau_1 b \mathrm{d}x$$

因为FN_1、FN_2和 $\mathrm{d}F_{S_1}$ 都平行于 x 轴，应满足平衡方程：

$$FN_1 + FN_2 + \mathrm{d}F_{S_1} = 0$$

又因为 $\tau_1 = \tau$；则整理上述式子后可得：

$$\tau_1 = \tau = \frac{F_S S_z^*}{I_z b}$$

式中，F_S 为横截面上的剪力；b 为截面宽度；I_z 为整个截面对中性轴的惯性矩；S_z^* 为截面上距离中性轴为 y 的横线以外部分面积对中性轴的静矩。

随着离中性轴的距离 y 的增大，τ 逐渐减小。当 $y = h/2$ 时，此时取得最大弯曲正应力 FN_1、FN_2，且两者大小相等方向相反。取 FN_1 进行分析，

$$FN_1 = \frac{M}{I_z} S_z^* = \frac{M_{\max} y}{I_z}$$

$$= \frac{q l^2}{8} \times \frac{h}{2} \div \frac{b h^3}{12} = \frac{3 q l^2}{4 b h^2}$$

由公式可知，在其他条件不变时，梁的横截面所受的最大弯曲正应力与顶板厚度的平方成反比，即顶板厚度越薄，则顶板下端部所受的弯曲正应力越大，更容易发生断裂。

由于实际生产作业中，10 号煤直接顶厚度平均厚度在 2m 左右，局部甚至在 1m 以下，则顶板更容易发生断裂。

3 顶板加固

3.1 加固技术的选择

目前，在破碎煤层常用的加固材料有聚氨酯药卷木锚杆加固技术，超细水泥注浆加固，马丽散、永固 S 等加固煤壁等。

由于普通水泥浆液类的材料结石体虽然抗压强度高，但是其抗剪、抗拉强度低，内聚力小，具有腐蚀性，凝结时间长，操作工艺复杂，而马丽散等化学材料固结体在抗压、抗剪、抗拉强度等方面均能满足现场的需要，而且其对岩石材料具有较强的黏结性和渗透性，操作简单，适合大部分井下作业环境。结合工程地质条件，故选用马丽散作为加固顶板的首选材料。

3.2 马丽散注浆加固围岩机理

马丽散是一种低黏度双组分（树脂和催化剂）合成的高分子聚亚胺胶脂材料。产品的高度黏合力和良好的力学性能与煤岩体高度黏合，良好的柔韧性可以承受地层压力的长期作用，并且具有强渗透性能、抗磨、抗冲击性能和抗老化性能。

（1）当注入煤体时，马丽散以其低黏度的特性及液体状态保持几分钟后再在泵压作用下渗透到细小的裂隙，反应固结后，

马丽散在顶板断层区域形成了新的网络骨架后，当应力超过煤体强度发生较大变形时，固结材料的网络以其良好的韧性和黏结强度起到骨架作用，防止煤壁片帮。

（2）通过注浆，能够改变煤层弱面的力学性能[4]，即提高裂隙与煤岩体之间的内聚力和内摩擦角，增大煤岩体内部滑块之间相对位移的阻力，从而提高煤岩体的整体稳定性。

（3）当围岩中存在较大的裂隙，通过注马丽散填满压密后，将二向应力状态转变为三向应力状态，岩体强度增大，脆性减弱、塑性增强。从受力状态来看，注浆固化起到了转变岩体破坏机制的作用。

（4）利用马丽散自身所具备的优良性能有效加固周围围岩的松动，使煤岩体粘合补强成一个整体，形成承载结构，提高了煤岩体的稳定性和承载能力，保证了回采工作的安全正常运行。

3.3　马丽散注浆加固方案与实践

根据工程需求，马丽散的技术参数如下：

（1）注浆孔钻孔直径应与注浆锚杆直径和封孔器直径相匹配，故选择钻孔直径42mm。

（2）考虑到需要注浆区域的10号煤顶板的厚度不到1m，而且需要扩刷的巷道宽度为2.2m，确定注浆钻孔参数如下：钻孔深度为 $l=3000\text{mm}$，钻孔位置为顶板以下距离 $h_1=300\text{mm}$，钻孔的方位为垂直煤壁表面沿水平线向上夹角为12°。封孔位置为1400mm到1600mm。

这样钻孔末端深入煤层泥岩顶板的距离为：

$$h = l\times\sin 12^\circ - h_1 = 3000\times\sin 12^\circ - 300 = 323.7\text{mm}$$

钻孔深入煤壁方向的垂直距离为：

$$l_1 = l\times\cos 12^\circ = 3000\times\cos 12^\circ = 2934.44\text{mm}$$

以上设计可以满足现场施工要求条件。

（3）钻孔位置布置。布置钻孔位置时考虑在不影响注浆操作的前提下尽量靠近顶板，最终确定距离顶板距离为300mm。

注浆位置及参数如图5所示。

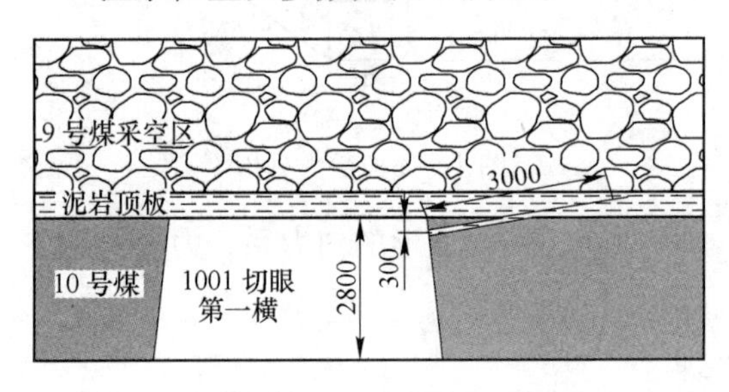

图5　马丽散注浆位置与参数

（4）其他参数。

1）注浆比例：树脂和催化剂按体积1:1注入。

2）注浆压力：考虑到工程地质实际，选取3MPa左右。

3）注浆量的控制：每个钻孔的复合注浆量估计为5桶左右。

根据设计的技术方案和注浆施工要求，1001开切眼第二横扩帮前开展了马丽散注浆加固煤岩体工程。通过现场实践，发现它很好地填充了顶板裂隙，胶结了顶板岩体，增加了顶板的抗拉强度及其整体性。在扩刷切眼第二横过程中，没有发生顶板破坏造成的冒顶片帮事故和延误工期，取得了很好的效果。

4　结论

通过论文的研究得出在极近距离煤层下层煤开采时，影响其安全回采的最关键因素就是夹层顶板的稳定性，研究得出综采直接顶板的稳定与顶板厚度的平方成反比，即顶板厚度越薄，则顶板下端部所受的弯曲正应力越大，更容易发生断裂。

10 号煤直接顶厚度不均匀，不能全部满足安全回采的要求，因此，在厚度小于1.0m 时需要对其进行注浆加固，相应的顶板加固技术实施保障了10 号煤的安全回采，取得了良好的效果。

参考文献

[1] 钱鸣高，石平五．矿山压力及岩层控制［M］．徐州：中国矿业大学出版社，2008：14-19.

[2] 王作棠，周华强，谢耀社．矿山岩体力学［M］．徐州：中国矿业大学出版社，2008：14-19.

[3] 刘鸿文．材料力学Ⅰ（第五版）［M］．北京：高等教育出版社，2010：139-141，147-149.

[4] 王家臣，王兆会，孔德中．硬煤工作面煤壁破坏与防治机理［J］．煤炭学报，2015，40（10）：2246-2247.

[5] 李鹏，王刚．综放工作面破碎顶板注浆加固技术研究［J］．煤炭工程，2014：37-38.

[6] 付文刚，张宝泰，王直亚，等．马丽散加固技术在破碎顶板工作面的应用［J］．煤炭科技，2010（1）：64-65.

[7] 许家林，钱鸣高．覆岩注浆减沉钻孔布置研究［J］．中国矿业大学学报，1998（3）：276-279.

近距离采空区下回采巷道位置研究

刘东升，段继荣，马强，沙吾拉提·叶尔扎曼，齐正

（新疆工程学院采矿工程系，新疆乌鲁木齐 830023）

摘 要：近距离煤层的有效开采越来越成为当今煤炭开采的难题。通过对某煤矿的实际调研和原有开采经验的总结得出制约下层煤开采的原因；分析了近距离煤层下层煤巷道的布置方式，并根据实际要求确定了下层煤采准巷道的布置原则为采准巷道运输巷和回风巷的布置方式采用平错式布置，开切眼的布置宜采用内错式；运用数值模拟方法详细研究了下层煤运输巷中心线与上层煤煤柱中心线距离与下层煤巷道的应力场与位移场关系，得出下层煤巷道布置的合理位置范围，并在1001工作面进行了工程应用，保证了1001工作面的安全有效开采。

关键词：近距离煤层；巷道布置方式；采空区下；下层煤；数值模拟

0 引言

我国煤炭资源非常丰富，其中存在有大量的近距离煤层。随着煤层间距离减小，上下煤层间开采的相互影响会逐渐增大，特别是当煤层间距很近时，在上部煤层开采完毕以后，下部煤层开采前顶板的完整程度已受上部煤层开采损伤影响，其上又为上部煤层开采时的直接顶冒落的矸石，且上部煤层开采后残留的区段煤柱在底板形成的集中压力，导致下部煤层开采区域的顶板结构和应力环境发生变化，从而使近距离煤层开采出现了许多新的矿山压力现象。在这样的条件下，下部煤层开采时的巷道布置位置的确定就需要进行详细的研究，以便能够满足安全生产的实际需要。

1 工程条件及存在的问题

某煤矿主要含煤地层为上石炭统太原组和下二叠统山西组，共含可采和局部可采煤层24层，其中主要煤层14层。现主要可采煤层为9号和10号，其中9号为上层煤，10号为下层煤。其中上层煤和下层煤层间为砂质泥岩，间距为0.5~3.0m，平均厚度为2.0m，属于近距离煤层，如图1所示。通过对上层煤底板即下层煤顶板砂质泥岩的取样和岩石力学试验表明，岩层分层厚度较小，节理裂隙发育，且其抗压强度在20~30MPa之间。

随着上层煤的开采资源越来越少，开采其下部的下层煤成为保持矿井可持续发展必须面临的问题。而在前期的下层煤巷道掘进过程中，由于原先上层煤的开采对底板扰动导致间隔层裂隙更加发育，巷道掘进后发生多次冒漏顶事故，而且巷道变形量显著，多次维护仍不能满足工业性回采的需要，维护难度极大、成本高，导致初次试采没有成功。

基金项目：新疆维吾尔自治区国家级大学生创新项目（编号：201510994010）。

作者简介：刘东升（1993—），男，新疆昌吉人，现为新疆工程学院采矿工程专业本科生。

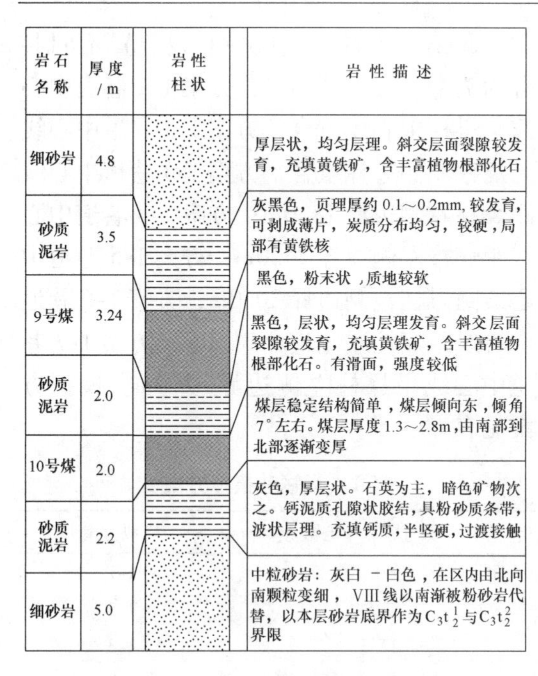

图1　上下层煤顶底板柱状图

通过对没有开采成功的原因进行分析，主要存在以下问题：

（1）下层煤层顶板即为上层煤层底板，其厚度小，其总厚度平均为2.0m，且分布不均匀，厚度最小处仅为0.15m，这对将来下层煤巷道掘进时期采取何种支护方式，实现对顶板的有效控制带来困难。

（2）由于上层煤层开采时预留有宽度为15m的煤柱，在开采后由于应力重新分布，煤柱下方易产生应力集中，从而对其下部的下层煤顶板及煤层产生大于原岩应力的应力分布，这就对下层煤层掘进时巷道位置的选择造成较大影响，一旦顶板破碎将造成较大变形甚至冒顶事故。

（3）下层煤层顶板强度低，且经过上层煤采动时期的扰动，极易产生扰动裂隙，因此下层煤开采时的采场顶板控制成为必须面临的问题，对近距离煤层下层煤开采时矿压显现特点和规律的掌握可以针对实际情况采取相应措施，实现下层煤的安全开采。

2　下层煤采准巷道布置方式的确定

上层煤在开采过程中，曾预留有15m的隔离煤柱，根据已有的矿压理论，煤柱下方的一定范围内的底板必然会产生应力集中，而在上层煤采空区底板的很大范围内则会有一定的应力释放，下层煤采准巷道的合理位置确定对于将来在掘进过程中确定合理的支护方式以及在巷道试用期内有效控制巷道冒漏顶现象起到关键作用。

2.1　上下煤层采准巷道相对位置的种类

根据几何关系，上下两层煤层相近位置工作面的布置方式大体有4种，即内错式、外错式、平错式及重叠式，如图2所示。

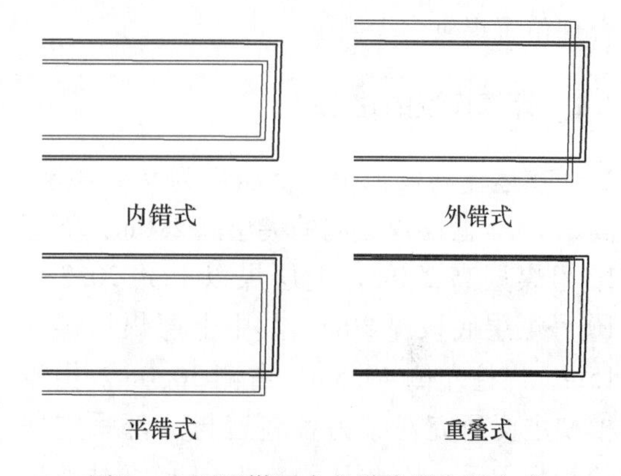

图2　上下两煤层内巷道位置布置方式

2.2　下层煤采准巷道布置方式的选择

根据实际情况首先确定利用原有上层煤开拓巷道对下层煤进行联合开采，鉴于前面所述下层煤开采存在的问题，巷道位置的选择标准应该符合以下条件：

（1）采准巷道布置首先要本着保护煤炭资源的角度，尽量提高煤炭资源回收率。

（2）采准巷道位置布置应该尽量避开上层留设煤柱的应力集中区。

（3）采区各工作面采准巷道的布置方式尽量选择一致。

(4) 采准巷道的布置应该有利于利用原有上层煤开拓巷道的衔接。

基于以上四条要求的内容，根据该煤矿上层煤开拓巷道的布置方式和下层煤层层位关系，初步确定下层煤采准巷道运输巷和回风巷的布置方式采用平错式布置，开切眼的布置宜采用内错式，这样不但可以把巷道布置在上层煤的煤柱应力集中区之外，而且还可以保证最大的煤炭资源回收率和对原有开拓巷道的利用。

3 下层煤采准巷道布置位置的模拟

为了研究下层煤采准巷道与上层留设煤柱之间的合理距离，拟采用 $FLAC^{3D}$ 数值模拟软件模拟，其间距不同时的巷道应力场与位移场，从而为最终确定采准巷道的合理位置提供参考数据。

3.1 计算模型的建立

在运输巷模拟中，上层煤为 9 号煤层，高 3. 2m，两层煤之间的夹层高 2. 0m，下层 10 号煤层高 2. 0m。上层煤以上共 20. 8m，10 号煤层底板厚 30m。其中上层煤层煤柱 15m，煤柱左侧 49. 5m，右侧 30. 0m。由于模型主要研究对象为各巷道与上部采空区的相互关系，因此认为 y 方向取值对模拟结果影响不大，取 40. 0m。原始模型图如图 3 所示。

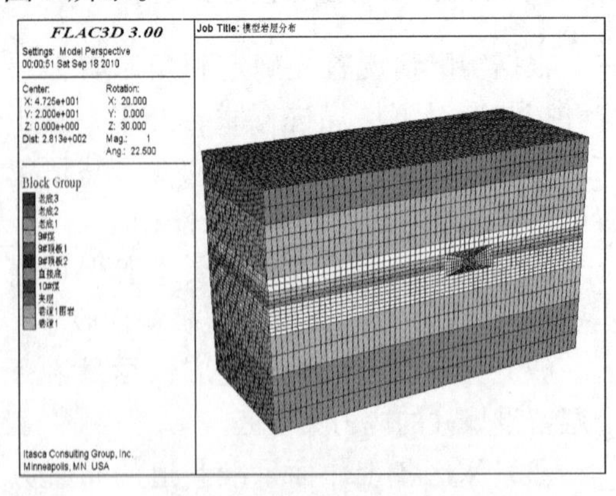

图 3 原始模型模拟网格图

此模型从右至左按中心线位置不同共分为 7 个方案，分别是：方案 1-1 巷道中心线与煤柱中心线重合；方案 1-2 巷道中心线与煤柱左侧边界重合；方案 1-3 巷道中心线距煤柱左侧边界 18. 0m；方案 1-4 巷道中心线距煤柱左侧边界 24. 0m；方案 1-5 巷道中心线距煤柱左侧边界 30. 0m；方案 1-6 巷道中心线距煤柱左侧边界 36. 0m；方案 1-7 巷道中心线距煤柱左侧边界 42. 0m。模拟方案见表 1。

表 1 运输巷模拟方案

巷道中心线与煤柱中心线距离/m	模拟方案
0	1-1
7. 5	1-2
22. 5	1-3
27. 5	1-4
32. 5	1-5
37. 5	1-6
42. 5	1-7

3.2 模拟结果的分析

3. 2. 1 巷道围岩变形与巷道位置的关系

在不同的相对位置下，巷道周边变形形态分两种，且变形量数值相差很大。顶、底、两帮各结构部位变形量的相对关系与巷道与煤柱相对位置都有着密切的联系。其中方案 1-1 与 1-2 的巷道两帮移近量分别达到了 999mm 和 455mm，顶板下沉量也达到了 597mm 和 399mm，因此可以确定不能满足开采的需要。其他 5 个方案的围岩变形量如图 4 所示。

方案 1-1 当中心线之间间距为 0m，即巷道位于煤柱正下方时，两帮移近量和顶底板移近量很大，可以达到方案 1-3 ~ 1-7 的 6 ~ 9 倍；方案 1-2 中当中心线之间的距离为 7. 5m，即巷道位于煤柱边缘时，两帮和顶底板移近量比方案 1-1 有所减小，但是仍然能达到方案 1-3 ~ 1-7 的 4 ~ 7 倍。

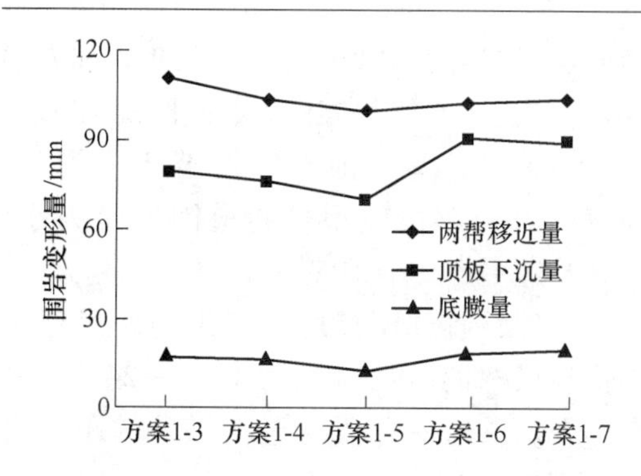

图4 中心线距离与围岩变形量的关系

从图4可以看出，方案1-3～1-5里当中心线之间距离由22.5m变到32.5m时，顶板下沉量、底臌量和两帮移近量都有所减少，而方案1-5～1-7由32.5m变到42.5m时，顶板下沉量明显增大，而底臌量和两帮移近量发生变化相对较小。由此可见，如果巷道位于煤柱正下方或者煤柱边缘下方，由于煤柱处的应力集中将使巷道有极大的变形，且由于应力集中导致巷道支护极为困难；巷道位于采空区时，随着巷道中心线与煤柱中心线距离的增加，巷道围岩的变形规律大致为先减小后增大，转折点在方案1-5附近，距离过大或过小都不利于巷道变形的控制。

3.2.2 巷道围岩塑性破坏区发育形态与巷道位置的关系

在巷道位置不同的情况下，巷道围岩塑性破坏区发育形态也不相同。其中在巷道围岩变形特征分析中，方案1-1和1-2的围岩变形值太大，极不利于顶板及两帮的支护，因此排除此两方案，仅讨论方案1-3～1-7。两帮的巷道围岩塑性破坏范围变化不是很大，从方案1-3的7m减小至方案1-5的6m，后增大至方案1-7的6.5m。

从巷道围岩塑性破坏区数据中分析可得，两帮破坏范围中方案1-3、1-4两帮破坏范围有明显区别，靠近煤柱侧的巷道破坏与煤柱原有破坏部分重合，导致受剪切破坏的面积更大，而远离煤柱一侧受到剪切破坏的长度虽然与靠近煤柱侧相差不大，但是面积远小于靠近煤柱侧受破坏面积，而方案1-5～1-7两帮破坏范围则较类似，因为这三个方案的巷道位置已超出了煤柱的集中载荷对底板造成的影响，巷道周围的破坏更多的是因为巷道的开挖造成的，破坏面积和破坏类型都与方案1-3、1-4远离煤柱一侧破坏类似。

3.2.3 巷道围岩应力与巷道位置的关系

从方案1-1～方案1-7各自的水平应力等值线图可以看出，无论巷道中心线与煤柱中心线距离为多少，巷道底板深部以及两个顶角和两个底角均处于应力集中状态，而两帮和底板浅部则处于卸压状态，例如：在方案1-1中，顶板深部水平应力值最大可达5.03MPa，两顶角为4.7MPa左右，两底角为3.8MPa左右，底板深部为2.8MPa左右；而两帮浅处水平应力仅为2.0MPa以内，顶底板浅处水平应力最低，仅0.79MPa。而从方案1-1～1-7的水平应力等值线图对比来看，虽然应力分布规律大体相同，但是方案1-1、1-2巷道周围及深部的围岩所受最大水平应力值远远大于方案1-3～1-7的巷道周围及深部围岩所受最大水平应力值，即方案1-3～1-7的应力集中程度有所减小，方案1-5的巷道周围及深部围岩所受到的最大水平应力值仅为1.01MPa，出现在巷道两底角处。

从方案1-1～1-7各自的铅垂应力等值线图可以看出，巷道中心线与煤柱中心线距离的变化对铅垂应力分布有显著的影响：方案1-1中巷道周围围岩铅垂应力分布集中在巷道两帮内2m及顶板内5m处，最大可达12.12MPa，为原岩应力的2.4倍左右，而巷道顶底板浅部的围岩铅垂应力处于卸压状态；方案1-2中靠近煤柱一侧应力分布与方案1-1类似，最大应力达10.9MPa，而远离煤柱一侧应力值降低至2.0MPa以内，巷道顶板左上角靠近采空区处甚至出现了拉应力区，与另一侧差别很大；方案1-3～1-7有较大的相似程度，大体规律为巷道两底角处出现应力集中，压应力最大值也仅为1.6～2.0MPa，顶板浅处应力降低，巷道两帮浅部与底板2m处产生拉应力区，拉应力最大值仅为0.53MPa。而从方案1-1～1-7的铅垂应力等值线图对比来看，方案1-3～1-7的巷道围岩铅垂应力分布规律类似，且数值上远小于方案1-1、1-2的围岩铅垂应力；而方案1-3～1-7中，随着巷道与煤柱的距离逐渐增大，巷道围岩铅垂应力分布受煤柱影响也越来越小，到了方案1-5、1-6时巷道左右围岩分布基本对称，而两帮和顶板受拉应力的范围也有变大的趋势。

3.3　运输巷合理位置的确定

通过以上模拟得出，对于煤柱底板内近距离煤层工作面的采准巷道，设置在煤柱正下方或煤柱边缘正下方，巷道围岩将受到很大的集中水平应力和铅垂应力，因此巷道两帮及顶底板变形将非常严重，且巷道围岩塑性区破坏范围分布广，使巷道周围围岩稳定性降低，都导致支护要求的提高及支护成本的大幅增加，不符合经济、高效的原则；对应地将巷道布置在距煤柱一段距离的采空区底板内，巷道围岩受到的水平和铅垂应力显著降低，相应的巷道两帮和顶底板变形量也显著减少，巷道围岩塑性破坏范围的面积也大幅度缩小，提高了巷道周围围岩的稳定性，从而可以降低巷道支护的难度和成本。在采空区不同位置布置巷道，也会有不同的效果，与方案1-5、1-6相比，方案1-3、1-4所在的位置仍处于煤柱集中应力的影响范围之内，因此巷道围岩应力分布不对称；而方案1-7巷道距离煤柱边缘达42.5m，已经处于采空区中间区域，而9号煤的老顶形成的压力拱结构，通过拱脚处采空区垮落岩石传递到采空区底板，进而影响到了方案1-7的巷道及其围岩。由此可见，方案1-5和方案1-6即巷道中心线与煤柱中心线距离为32.5～37.5m时，巷道围岩塑性破坏范围小、巷道围岩变形量较小且巷道围岩受力小，此时巷道更容易维护。

同理，通过模拟可以得出即回风巷中心线与煤壁的距离合理为17.5～24.5m左右，开切眼的中心线与老塘煤壁的距离合理值为内错12.5～17.5m。

4　工程实践

该煤矿下层煤1001工作面的运输巷中心线的位置应在采空区下且距离上层煤煤柱中心线32.5m，回风巷中心线的位置在采空区下且距离上层煤采空区煤壁边缘22.5m，而切眼巷道中心线应在采空区下且距离上层煤901工作面老塘煤壁12m。三条巷道采用的支护方式均为29U型钢梯形棚支护。

实践证明1001首采面运输巷和回风巷该巷从掘进到回采的整个服务期间，支护结构基本没有发生严重变形，巷道围岩没有发生影响生产的冒漏顶现象，巷道断面保持良好，无需维护即满足了回采的需要，取得了良好的投入产出效果。

5　结论

通过对近距离煤层的层位关系以及原有试验性开采经验的总结分析和数值模拟得出如下结论：

（1）下层煤采准巷道位置的布置方式：采准巷道运输巷和回风巷的布置方式采用平错式布置，开切眼的布置宜采用内错式。

（2）数值模拟结果表明下层煤运输巷中心线与煤柱中心线距离为32.5～37.5m时，回风巷中心线与煤壁的距离合理为17.5～24.5m左右时，巷道围岩塑性破坏范围小、巷道围岩变形量较小且巷道围岩受力小，此时巷道更容易维护。

（3）工程实践表明，根据此研究确定的巷道位置在施工完成后没有发生较大的变形和冒漏顶现象，取得了良好的应用效果。

参 考 文 献

[1] 程蓬，张剑，刘爱卿．近距离煤层采空区下巷道合理布置研究及应用［J］．煤炭科学技术，2014（S2）：8-10，13.

[2] 梁建民，杨战标．极近距离下位煤层巷道合理布置与支护设计［J］．煤炭工程，2016（4）：9-12.

[3] 陈苏社，朱卫兵．活鸡兔井极近距离煤层煤柱下双巷布置研究［J］．采矿与安全工程学报，2016（3）：467-474.

[4] 马龙．浅析近距离煤层巷道的布置与支护［J］．矿业装备，2015（12）：64-65.

[5] 李杨．极近距离煤层群回采巷道合理位置的柱宽效应研究［J］．中国煤炭，2016（2）：37-41，73.

[6] 樊永山，张胜云．近距离煤层群开采下煤层开切眼合理位置的确定［J］．西安科技大学学报，2015（2）：165-169.

双峰检